21世纪高等学校规划教材 | 计算机应用

网页设计与网站建设

董卫军 索琦 张靖 崔莉 编著

清华大学出版社
北京

内 容 简 介

《网页设计与网站建设》是国家级精品课程"计算机基础"课程群后继课程的配套教材,教材以改革计算机教学、适应新世纪教育需要为出发点,从全面掌握网站建设技术出发,介绍网页的设计方法和网站建设技术。

教材立足于"以理论为基础,以应用为目的",采用理论+技术的内容组织方式。全书共8章,系统地论述了静态网页设计技术和网站建设的基本理论和方法,在内容上分为两个层次:静态网页设计技术,网站的建设和管理。主要包括:网页设计基础、网站设计基础、网站运行环境、网页图像处理工具Fireworks CS5、网页动画制作工具Flash CS5、可视化网页设计工具Dreamweaver CS5、网站发布与维护、应用实例。

在编写过程中,力求使本书具有知识面宽、集成度高、实用性强和简明易懂的特点。教材凝聚了作者多年的计算机教学经验,体系完整,结构严谨,实用易学,注重应用,强调实践,原理知识与应用技术紧密结合。

本书可作为高等学校计算机专业和非计算机专业关课程的教材,也可作为网页设计、网站建设专业人员和业余爱好者的参考书和工具书。

图书在版编目(CIP)数据

网页设计与网站建设/董卫军等编著.--北京:清华大学出版社,2013(2019.1重印)
21世纪高等学校规划教材·计算机应用
ISBN 978-7-302-33581-8

Ⅰ.①网… Ⅱ.①董… Ⅲ.①网页制作工具-高等学校-教材②网站-建设-高等学校-教材
Ⅳ.①TP393.092

中国版本图书馆CIP数据核字(2013)第203922号

责任编辑:魏江江   薛   阳
封面设计:傅瑞学
责任校对:焦丽丽
责任印制:刘海龙

出版发行:清华大学出版社
　　　　网　　　址:http://www.tup.com.cn, http://www.wqbook.com
　　　　地　　　址:北京清华大学学研大厦A座　　　　　　邮　　编:100084
　　　　社 总 机:010-62770175　　　　　　　　　　　　邮　　购:010-62786544
　　　　投稿与读者服务:010-62776969, c-service@tup.tsinghua.edu.cn
　　　　质量反馈:010-62772015, zhiliang@tup.tsinghua.edu.cn
　　　　课件下载:http://www.tup.com.cn,010-62795954
印 装 者:北京建宏印刷有限公司
经　　销:全国新华书店
开　　本:185mm×260mm　　印　张:19.75　　插　页:4　　字　　数:495千字
版　　次:2014年1月第1版　　　　　　　　　　　　　　印　　次:2019年1月第6次印刷
印　　数:4201~4500
定　　价:34.50元

产品编号:047114-01

出版说明

  随着我国改革开放的进一步深化,高等教育也得到了快速发展,各地高校紧密结合地方经济建设发展需要,科学运用市场调节机制,加大了使用信息科学等现代科学技术提升、改造传统学科专业的投入力度,通过教育改革合理调整和配置了教育资源,优化了传统学科专业,积极为地方经济建设输送人才,为我国经济社会的快速、健康和可持续发展以及高等教育自身的改革发展做出了巨大贡献。但是,高等教育质量还需要进一步提高以适应经济社会发展的需要,不少高校的专业设置和结构不尽合理,教师队伍整体素质亟待提高,人才培养模式、教学内容和方法需要进一步转变,学生的实践能力和创新精神亟待加强。

  教育部一直十分重视高等教育质量工作。2007年1月,教育部下发了《关于实施高等学校本科教学质量与教学改革工程的意见》,计划实施"高等学校本科教学质量与教学改革工程(简称'质量工程')",通过专业结构调整、课程教材建设、实践教学改革、教学团队建设等多项内容,进一步深化高等学校教学改革,提高人才培养的能力和水平,更好地满足经济社会发展对高素质人才的需要。在贯彻和落实教育部"质量工程"的过程中,各地高校发挥师资力量强、办学经验丰富、教学资源充裕等优势,对其特色专业及特色课程(群)加以规划、整理和总结,更新教学内容、改革课程体系,建设了一大批内容新、体系新、方法新、手段新的特色课程。在此基础上,经教育部相关教学指导委员会专家的指导和建议,清华大学出版社在多个领域精选各高校的特色课程,分别规划出版系列教材,以配合"质量工程"的实施,满足各高校教学质量和教学改革的需要。

  为了深入贯彻落实教育部《关于加强高等学校本科教学工作,提高教学质量的若干意见》精神,紧密配合教育部已经启动的"高等学校教学质量与教学改革工程精品课程建设工作",在有关专家、教授的倡议和有关部门的大力支持下,我们组织并成立了"清华大学出版社教材编审委员会"(以下简称"编委会"),旨在配合教育部制定精品课程教材的出版规划,讨论并实施精品课程教材的编写与出版工作。"编委会"成员皆来自全国各类高等学校教学与科研第一线的骨干教师,其中许多教师为各校相关院、系主管教学的院长或系主任。

  按照教育部的要求,"编委会"一致认为,精品课程的建设工作从开始就要坚持高标准、严要求,处于一个比较高的起点上;精品课程教材应该能够反映各高校教学改革与课程建设的需要,要有特色风格、有创新性(新体系、新内容、新手段、新思路,教材的内容体系有较高的科学创新、技术创新和理念创新的含量)、先进性(对原有的学科体系有实质性的改革和发展,顺应并符合21世纪教学发展的规律,代表并引领课程发展的趋势和方向)、示范性(教材所体现的课程体系具有较广泛的辐射性和示范性)和一定的前瞻性。教材由个人申报或各校推荐(通过所在高校的"编委会"成员推荐),经"编委会"认真评审,最后由清华大学出版社审定出版。

目前，针对计算机类和电子信息类相关专业成立了两个"编委会"，即"清华大学出版社计算机教材编审委员会"和"清华大学出版社电子信息教材编审委员会"。推出的特色精品教材包括：

（1）21世纪高等学校规划教材·计算机应用——高等学校各类专业，特别是非计算机专业的计算机应用类教材。

（2）21世纪高等学校规划教材·计算机科学与技术——高等学校计算机相关专业的教材。

（3）21世纪高等学校规划教材·电子信息——高等学校电子信息相关专业的教材。

（4）21世纪高等学校规划教材·软件工程——高等学校软件工程相关专业的教材。

（5）21世纪高等学校规划教材·信息管理与信息系统。

（6）21世纪高等学校规划教材·财经管理与应用。

（7）21世纪高等学校规划教材·电子商务。

（8）21世纪高等学校规划教材·物联网。

清华大学出版社经过三十多年的努力，在教材尤其是计算机和电子信息类专业教材出版方面树立了权威品牌，为我国的高等教育事业做出了重要贡献。清华版教材形成了技术准确、内容严谨的独特风格，这种风格将延续并反映在特色精品教材的建设中。

清华大学出版社教材编审委员会

联系人：魏江江

E-mail：weijj@tup.tsinghua.edu.cn

前　言

　　"大学计算机"教学面向文、理、工科学生,学科专业众多,要求各不相同。另外,随着时间的推移,今天的"大学计算机"已经不是传统意义上的计算机基础,其深度和广度都已发生了深刻的变化。基于目前"大学计算机"课程教学中的现状,依托国家级精品课程"计算机基础",遵循教育部计算机基础教学指导委员会最新的高等学校计算机基础教育基本要求,构建"以学生为中心,以专业为基础"的"计算机导论+专业结合后继课程"的计算机基础分类培养课程体系。"计算机导论 + 网站开发与建设"是其中的一种教学模式。其核心是强化学生的计算机技能,培养学生的信息化素养,使学生能够主动利用信息化手段学习知识、更新知识、创新知识、提高技能。

　　本书是分类培养课程体系中"网页设计与网站建设"的配套教材。

　　教材以教育部计算机基础教育教学指导委员会关于高等学校计算机基础教育基本要求作指导,以静态网页设计技术和网站建设为主体建构教材的内容体系,培养学生构建网站和发布信息的能力。

　　全书采用"理论+技术"的内容组织方式,共分为8章。以 Fireworks CS5+Flash CS5+Dreamweaver CS5 为核心介绍网页设计的基本技术。在介绍网页制作基本技术的基础上以网站建设部分为实践应用,真正做到"学习、理解、应用"的教学要求。同时,在编写过程中,力求使教材具有知识面宽、集成度高、实用性强和简明易懂的特点,实现原理知识与应用技术紧密结合。

　　本书由多年从事计算机教学的一线教师编写。其中,董卫军编写第1章、第2章和附录,邢为民编写第3章,张靖编写第4章,索琦编写第5章和第7章,崔莉编写第6章,王安文编写第8章。本书由董卫军统稿,由西北大学耿国华教授主审。在成书之际,感谢教学团队成员的帮助。由于编者水平有限,书中难免有不妥之处,恳请广大读者指正。

编　者

于西安·西北大学

目　录

第 1 章 网页设计基础

相对于传统的平面设计,网页设计借助网络平台,将传统设计与计算机、互联网技术相结合,实现网页设计的创新应用与技术交流。想要设计出美观的网页,就需要了解网站和网页的有关概念、网页设计流程和网页制作软件的基本知识,并掌握网页设计的一些基本技巧。

1.1 Web 概述

对于普通的用户来说,Web 仅是一种互联网的使用环境、氛围、内容等。而对于网站制作、设计者来说,它是一系列技术的总称,包括网站的前台布局、后台程序、美工、数据管理等技术的概括性总称。

1.1.1 Web 中的基本概念

1. 网站与网页

网站、网页和主页是三个功能不同但又紧密联系的概念,一个网站由多个网页元素构成,若干个网页又通过主页链接成一个完整的网站系统。

1) 网站

网站(Website)是指在因特网上根据一定的规则使用 HTML 等工具制作的用于展示特定内容的相关网页的集合。简单地说,网站就像布告栏,人们可以通过网站来发布(或浏览)想要共享的资讯,利用网站来提供相关的网络服务。

2) 网页

网页(Web Page)是构成网站的基本元素,网页实际上是一个存放在一台联网计算机中的文件。网页经由网址(URL)来识别与存取,当用户在浏览器地址栏中输入网址之后,浏览器接收并处理来自服务器的网页文件,并将结果展示到用户的眼前。图 1.1 为中国教育和科研计算机网的主页。

网页可分为动态页面和静态页面。

静态页面内容是固定的,其扩展名通常为 .htm、.html、.shtml 等。静态页面多通过网站设计软件来进行重新设计和更改,技术实现上相对比较滞后。某些网站管理系统也可以直接生成静态页面,这种静态页面通常可称为伪静态。

动态页面是通过执行 ASP、PHP、JSP 等程序生成客户端网页代码的网页,通常可通过网站后台管理系统对网站的内容进行更新和管理。例如,发布新闻、发布公司产品、交流互动、博客和网上调查等,都是动态网站功能的一些具体表现。动态页面的常见扩展名有.asp、.aspx、.php、.jsp、.cgi等。

图 1.1　中国教育和科研计算机网主页

（1）.htm 与.html

.htm 与.html 并没有本质上的区别,表示的是同一种文件,不同的命名只是用于不同的环境。UNIX 系统的扩展名必须为.html,如果使用了扩展名.htm,那么当网上的 UNIX 系统用户浏览超文本文件时,只能看到超文本的源文件。若用户系统是 Windows,那么文件扩展名是.html 和.htm 是一样的。

（2）.shtml

.shtml 文件是一种使用 SSI(Server Side Include,SSI 服务器端包含)技术的文件。SSI 工作原理如下：内容发送到浏览器之前,可以使用 SSI 指令将文本、图形或应用程序信息包含到网页中。因为包含 SSI 指令的文件要求特殊处理,所以必须为所有 SSI 文件赋予 SSI 文件扩展名(默认扩展名是.stm、.shtm 和 .shtml)。

SSI 提供了一种简单、有效的方法来解决同模板内容更新问题。它将一个网站的基本结构放在几个简单的 HTML 文件中(模板),以后要做的只是将文本传到服务器,让程序按照模板自动生成网页,从而使管理大型网站变得容易。

（3）.asp 和.aspx

① .asp 是 ASP 文件的扩展名。

ASP 文件是微软在服务器端运行的动态网页文件,通过 IIS 解析执行后可以得到动态页面。ASP 使用脚本语言(JavaScript 和 VBScript 两种)编程,每次请求的时候,服务器调用脚本解析引擎来解析执行其中的程序代码。

② .aspx 是 ASP.NET 文件的扩展名。

.aspx 文件跟 .asp 文件差不多,也是微软推出的一种新的网络编程方法,ASP.NET 是动态网络编程的一种设计语言。它不是 ASP 的简单升级,因为它的编程方法和 ASP 有很大的不同,它是在服务器端靠服务器编译执行的程序代码。ASP.NET 可以使用多种语言编写,而且是全编译执行,速度比 ASP 快。

(4) .php、.jsp 与 .cgi

① .php 是 PHP 文件的扩展名。

PHP 是一种用来制作动态网页的服务器端脚本语言。通过 PHP 和 HTML 创建页面,当访问者打开网页时,服务器端便会处理 PHP 指令,然后把其处理结果送到访问者的浏览器。PHP 跟 ASP 不同之处在于,它是跨平台的开放源代码。PHP 可以在 Windows NT 以及很多不同的 UNIX 版本中执行,它也可以被编译为一个 Apache 模块,或者是一个 CGI 二进制文件。当被编译为 Apache 模块时,PHP 尤其轻巧方便。除了能够用来产生网页的内容之外,PHP 也可以用来传送 HTTP 头,访问很多数据库及 ODBC,还可与各式各样的外部库集成。

② .jsp 是 JSP 文件的扩展名。

JSP(Java Server Pages)是由 Sun Microsystems 公司倡导、许多公司参与建立的一种动态网页技术标准。JSP 技术是用 Java 语言作为脚本语言的,JSP 网页为整个服务器端的 Java 库单元提供了一个接口来服务 HTTP 的应用程序。

③ .cgi 是 CGI 文件的扩展名。

CGI(Common Gateway Interface)是 HTTP 服务器与你的或其他机器上的程序进行通信的一种工具,其程序必须在网络服务器上运行。

3) 主页

主页(Home Page)可以理解为网站的封皮,因此也被称为首页,它是整个网站的主索引页。网站首页名称是特定的,一般为 index.htm、index.html、default.htm、default.html、default.asp 或 index.asp 等。

2. 超文本与超媒体

1) 超文本

超文本(Hypertext)就是采用超链接方法,将各种不同空间的文字信息组织在一起的网状文本,用以显示文本及与文本相关的内容。超文本普遍以电子文档方式存在,其中的文字包含有可以链接到其他位置或者文档的链接,允许从当前阅读位置直接切换到超文本链接所指向的位置。超文本的格式有很多,目前最常使用的是超文本标记语言(HyperText Markup Language,HTML)及富文本格式(Rich Text Format,RTF)。图 1.2 示意了文本的线性结构与超文本的非线性结构。

超文本的基本特征就是可以超链接文档,可以指向其他位置,该位置可以在当前的文档中、局域网中的其他文档,也可以在因特网上的任何位置的文档中。这些文档组成了一个复杂的信息网。超链接(Hyperlink)使用标记符号<a>标记,有两个作用:一是在文档中创建一个热点,当用户激活或选中(通常是使用鼠标)热点时,浏览器会自动加载并显示同一文档或其他文档中的某个部分,或触发某些与因特网服务相关的操作,例如发送电子邮件或下载文件等;另一个作用是在文档中创建一个标记,该标记可以被超链接引用。

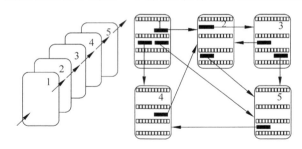

图 1.2　文本的线性结构与超文本的非线性结构

2) 超媒体

超媒体(Hypermedia)是超文本和多媒体在信息浏览环境下的结合。它是超级媒体的简称。用户不仅能从一个文本跳到另一个文本,而且可以激活一段声音,显示一个图形,甚至可以播放一段动画。超媒体不仅可以包含文字,还可以包含图形、图像、声音、动画或影视片段等多种媒体来表示信息,这些媒体之间也是用超链接组织的,而且它们之间的链接也是错综复杂的。

超媒体不仅是一个技术词汇,它还是新媒体意识与新商业思维的有机结合。事实上,从个人最常用的 E-mail、即时通信、博客,到 Google Earth 的超市地球,都是不同层面不同量级的超媒体产品。

3. HTTP 和 HTTPS

1) HTTP

HTTP 称为超文本传输协议(HyperText Transfer Protocol),是用于访问 WWW (World Wide Web)上信息的客户机/服务器协议。HTTP 协议建立在 TCP/IP 协议的应用层之上。其实现过程一般包括 4 个阶段:

(1) 客户端与指定的服务器建立连接;

(2) 由客户端提出请求并发送到服务器;

(3) 服务器收到客户端的请求后,取得相关对象并发送到客户端;

(4) 在客户端接受完对象后,关闭连接。

2) HTTPS

HTTPS 称为以安全为目标的 HTTP 通道(HyperText Transfer Protocol over Secure Socket Layer)。HTTPS 的安全基础是 SSL,它的主要作用可以分为两种:一种是建立一个信息安全通道,来保证数据传输的安全;另一种就是确认网站的真实性。

4. Web 浏览器

浏览器是指可以显示网页服务器或者文件系统的 HTML 文件内容,并让用户与这些文件交互的一种客户端软件。网页浏览器主要通过 HTTP 协议与网页服务器交互并获取网页。

由于浏览器使用图形用户界面(GUI)，用户在使用计算机时不必用键盘输入各种操作命令，只需用鼠标选择即可。个人电脑上常见的浏览器包括微软的 Internet Explorer、Firefox、Opera 和 Safari，其图标如图 1.3 所示。

图 1.3　常见浏览器及其图标

浏览器的常用功能主要包括：

(1) 使用 URL 向服务器申请资源服务；

(2) 使用超链接从一个页面跳转到另一个页面；

(3) 浏览历史页面；

(4) 查找自己感兴趣的附页；

(5) 存储、打印 Web 页；

(6) 收发 E-mail。

5．统一资源定位符

浏览网页时，通常需要输入资源的 URL(Uniform Resource Locator)。URL 称为统一资源定位符，是对因特网上资源的位置和访问方法的一种简洁表示。Web 浏览器用 URL 指出其他服务器的网络信息资源，从而达到超媒体的链接。统一资源定位符一般是区分大小写的，不过服务器管理员可以确定在回复询问时大小写是否被区分。

URL 一般包括协议、服务器地址、端口号、路径、文件名。

其格式为：协议://主机.域名[:端口]/路径/文件名。

1) 协议

协议用于指明通信网络中两台计算机之间进行通信所必须共同遵守的规定或规则，常见的协议有以下几种类型。

（1）File：本地文件服务。

（2）FTP：FTP 服务器文件。

（3）HTTP：WWW 服务器文件。

（4）NEWS：电子新闻组。

（5）Telnet：远程登录服务。

（6）Mailto：电子邮件服务。

2）主机.域名

主机.域名合起来就是所谓的服务器网址。

3）端口

端口表明请求数据的数据源端口号。默认情况下 WWW 服务使用 80 号端口，因此，对于使用标准端口号的服务器，用户在申请服务时，在 URL 中就可以省略端口号。

4）路径和文件名

路径和文件名指出所需资源（文件）的名称及其在计算机（服务器）中的地址。服务器经常将主页设置为默认路径下的默认文件，当申请默认文件时，文件的路径和名称可以省略，如 http://www.nwu.edu.cn。

6. Cookie 文件

Cookie 文件是浏览网页的时候网站服务器放在客户端的一个很小的 TXT 文件。Cookie 文件对互联网安全实际上不构成威胁，在这个文件里面存储了一些与被访问网站有关的一些信息。Cookie 里面包含的信息没有标准的格式，各个服务器的规范可能不同，但一般都会包括所访问网站的域名（Domain Name）、访问开始的时间、访问者的 IP 地址、访问者关于该站的一些设置等。为了安全起见，Cookie 的内容一般都是加密的，只有对应的服务器才能识别。

对于网站分析而言，Cookie 的作用在于帮助嵌入代码类的网站分析工具记录网站的访问和访问者的信息，没有 Cookie 就无法实现相关监测。诸如 Google Analytics、Omniture、HBX、WebTrends 等网络分析工具都需要在网站访问者的电脑上放置 Cookie 才能实现监测。

1.1.2　Web 的发展

Web 的发展可归结为三个阶段。

1. 静态网页阶段

在该阶段，用户使用客户机端的 Web 浏览器访问 Internet 上各个 Web 站点，在每个站点上都有一个主页（Home Page）作为进入 Web 站点的入口。每个 Web 页中都可以含有信息及超链接，通过超链接可以从当前页面链接到另一 Web 站点或是其他 Web 页。从服务器端来看，每一个 Web 站点由一台主机、Web 服务器及许多 Web 页组成。其以一个主页为首，其他的 Web 页为支点，形成一个网状结构。

每一个 Web 页都以 HTML 的格式编写，Web 服务器使用 HTTP 超文本传输协议将 HTML 文档从 Web 服务器传输到用户的 Web 浏览器上。这一阶段的 Web 服务器基本上只是一个 HTTP 的服务器,它负责客户端浏览器的访问请求,建立连接,响应用户的请求,查找所需的静态的 Web 页面,再返回到客户端。

静态页面存在以下不足。

1)不支持后台数据库

随着网上信息量的增加,以及企业和个人希望通过网络发布产品和信息的需求的增强,人们越来越需要一种能够通过简单的 Web 页面访问服务端后台数据库,这是静态页面所不能实现的。

2)不能有效地对站点信息进行及时更新

用户如果需要对传统静态页面的内容和信息进行更新或修改,只能采用逐一更改每个页面的方式。在互联网发展初期,网上信息较少,这种做法还可以接受。但是,随着网站内容的极大丰富,如何及时有效地更新页面信息急待解决。

3)不能实现动态显示效果

静态页面都是事先编写好的,因此访问同一页面的用户看到的都将只是相同的内容,静态页面无法对不同的用户显示不同的内容。

2. 动态网页阶段

为了克服静态页面的不足,人们将传统单机环境下的编程技术与 Web 技术相结合,通过在传统的静态页面中加入各种程序和逻辑控制,在网络的客户端和服务端实现动态和个性化的交流与互动,人们将这种使用网络编程技术创建的页面称为动态页面。动态网页以 .asp、.jsp、.php、.perl、.cgi 等形式为扩展名。

从浏览者的角度来看,无论是动态网页还是静态网页,都可以展示基本的文字和图片信息,但从网站开发、管理、维护的角度来看就有很大的差别,动态网页具有以下优点:

(1)动态网页以数据库技术为基础,可以大大降低网站维护的工作量;

(2)采用动态网页技术的网站可以实现更多的功能,如用户注册、用户登录、在线调查、用户管理、订单管理等;

(3)动态网页实际上并不是独立存在于服务器上的网页文件,只有当用户请求时服务器才返回一个完整的网页。

3. Web 2.0 阶段

Web 2.0 是该阶段各种技术和相关的产品服务的一个通称。可以把第一阶段的静态文档的 WWW 时代称之为 Web 1.0,把第二阶段的动态页面划为 Web 1.5。Web 2.0 是以博客(Blog)、网摘(Tag)、社会网络(SNS)、站点摘要(RSS)等软件的应用为核心,依据六度分隔、可扩展标记语言 XML、异步 JavaScript 和 XML 等新理论和技术实现的新一代互联网模式。

1)Blog

Blog 的全名应该是 Web log,后来缩写为 Blog。Blog 是一个易于使用的网站,可以在其中迅速发布想法、与他人交流以及从事其他活动,而且,所有这一切都是免费的。

2)Tag

Tag 源于美国网站 Del.icio.us 自 2003 年开始提供的一项叫做"社会化书签"(Social

Bookmarks)的网络服务,网友称之为"美味书签"。Tag 是一种更为灵活、有趣的日志分类方式,可以为每篇日志添加一个或多个 Tag,然后可以看到 BlogBus 上所有和自己使用了相同 Tag 的日志,并由此可以和其他用户产生更多的联系和沟通。

3)SNS

SNS(Social Network Software,社会网络)依据六度理论,以认识朋友的朋友为基础,扩展自己的人脉。可归纳为 Blog＋人和人之间的链接。所谓"六度分隔",用最简单的话描述就是:在人际脉络中,要结识任何一位陌生的朋友,这中间最多只要通过 6 个朋友就能达到目的。

4)RSS

RSS(Really Simple Syndication,聚合内容)是站点用来和其他站点之间共享内容的一种技术,最初源自浏览器"新闻频道"的技术,现在通常被用于新闻和其他按顺序排列的网站,例如 Blog。网络用户可以在客户端借助于支持 RSS 的新闻聚合工具软件,在不打开网站内容页面的情况下阅读支持 RSS 输出的网站内容。网站提供 RSS 输出,有利于让用户发现网站内容的更新。

1.1.3　Web 的特点

1. 一种超文本信息系统

Web 的一个主要的概念就是超链接,它使得文本不再是线性的,而是可以从一个位置跳到另外的位置。想要了解某一个主题的内容只要在这个主题上点一下,就可以跳转到包含这一主题的文档上,正是这种多连接性我们才把它称为 Web。

2. 图形化、易于导航

Web 流行的一个很重要原因就在于它可以在页面上同时显示图形和文本的能力。Web 提供将图形、音频、视频信息集合于一体的特性。同时,Web 易于导航,只需要从一个链接跳到另一个链接,就可以在各页面各站点之间进行浏览。

3. 平台无关性

无论系统平台是什么,都可以通过 Internet 访问 WWW。浏览 WWW 对系统平台没有什么限制。无论 Windows 平台、UNIX 平台、Macintosh 还是别平台都可以访问 WWW,对 WWW 的访问通过浏览器实现。

4. 分布式特性

大量的图形、音频和视频信息会占用相当大的磁盘空间,这些信息可以放在不同的站点上,只需在浏览器中指明站点就可以了,从而使在物理上分离的信息在逻辑上一体化。

5. 动态特性

由于各 Web 站点的信息包含站点本身的信息,信息的提供者可以经常对站点上的信息进行更新。如某个协议的发展状况、公司的广告等,所以 Web 站点上的信息是动态的、经常更新的。

6．交互特性

Web 的交互性首先表现在它的超链接上，用户的浏览顺序完全由自己决定。另外通过表单的形式可以从服务器方获得动态的信息。用户通过填写表单可以向服务器提交请求，服务器可以根据用户的请求返回相应信息。

1.1.4　Web 的工作原理

1．Web 系统的构成

Web 系统的构成如图 1.4 所示。

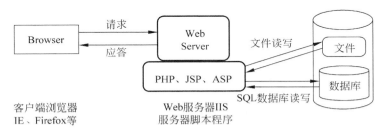

图 1.4　Web 系统的构成

由图 1.4 可以看出，Web 系统主要包括以下几部分。

（1）Web 客户机：通常，采用客户机/服务器结构的系统，有一台或多台服务器以及大量的客户机。客户端安装专用的软件，负责数据的输入、运算和输出。

（2）Web 服务器：服务器配备大容量存储器并安装数据库系统，用于数据的存放和数据检索。

（3）接口部件：Web 服务器调用其他应用程序的接口，常用的接口部件有 CGI、WebAPI 等。

2．工作原理

访问网络资源时，通常先要在浏览器上输入网页的统一资源定位符，或者通过超链接方式链接到那个网页或网络资源。系统首先进行域名解析，获得资源所在服务器的 IP 地址。

接下来，向服务器发送一个 HTTP 请求。在通常情况下，HTML 文本、图片和构成该网页的一切其他文件很快会被逐一请求并发送回用户。网络浏览器接下来的工作是把 HTML、级联样式表（Cascading Style Sheet，CSS）和其他接收到的文件所描述的内容，加上图像、链接和其他必需的资源，显示给用户。这些就构成了所看到的"网页"。大多数的网页自身包含有超链接指向其他相关网页，可能还有下载、源文献、定义和其他网络资源。

3．Web 数据库中间件技术

随着 Internet 的发展，Web 与数据库连接技术已成为基于 Web 的信息管理系统的核心，并已成为 Internet 上的电子商贸的重要基础。实现 Web 数据库系统的连接和应用一般可采取两种方法：一种是在 Web 服务器端提供中间件来连接 Web 服务器和数据库服务器；另一种是把应用程序下载到客户端并在客户端直接访问数据库。一般来说，中间件解决方案是通过 Web 页实现对数据库访问的关键技术，中间件负责管理 Web 服务器和数据库服务器之间的通信并提供应用程序服务，它能够直接调用外部程序或脚本代码来访问数据库，因此可以提供与数据库相关的动态 HTML 页面，或执行用户查询，并将查询结果格式化成 HTML 页面。常见的中间件技术有三种。

1）CGI 技术

CGI(Common Gateway Interface，通用网关接口)是外部应用程序（CGI 程序）与 Web 服务器之间的接口标准，是在 CGI 程序和 Web 服务器之间传递信息的规程。CGI 规范允许 Web 服务器执行外部程序，并将它们的输出发送给 Web 浏览器。现在的服务器软件几乎都支持 CGI，开发人员可以使用任何一种 WWW 服务器内置语言编写 CGI，其中包括流行的 C、C++、VB 和 Delphi 等。

从体系结构上来看，用户通过 Web 浏览器输入查询信息，浏览器通过 HTTP 协议向 Web 服务器发出带有查询信息的请求，Web 服务器按照 CGI 协议激活外部 CGI 程序，由该程序向 DBMS 发出 SQL 请求并将结果转化为 HTML 页面后返回给 Web 服务器，再由 Web 服务器返回给 Web 浏览器。这种结构体现了客户/服务器方式的三层模型，其中 Web 服务器和 CGI 程序实际起到了 HTML 页面和 SQL 语言转换的网关的作用。

CGI 的典型操作过程是：

分析 CGI 数据→打开与 DBMS 的连接→发送 SQL 请求并得到结果→将结果转化为 HTML→关闭 DBMS 的连接→将 HTML 页面结果返回给 Web 服务器。

CGI 主要有以下缺点。

（1）客户端与后端数据库服务器通信必须通过 Web 服务器，且 Web 服务器要进行数据与 HTML 页面的互相转换，当多个用户同时发出请求时，必然在 Web 服务器上形成信息和发布瓶颈。

（2）CGI 应用程序每次运行都需打开和关闭数据库连接，效率低，操作费时。

（3）CGI 应用程序不能由多个客户机请求共享，即使新请求到来时 CGI 程序正在运行，也会启动另一个 CGI 应用程序，随着并行请求的数量增加，服务器上将生成越来越多的进程。影响了资源的使用效率，导致性能降低。

（4）由于 SQL 语言与 HTML 差异很大，CGI 程序中的转换代码编写烦琐，维护困难。

（5）安全性差，缺少用户访问控制，对数据库难以设置安全访问权限。

2）API 技术

API(Application Programming Interface，应用程序编程接口)是一些预先定义的函数。与 CGI 相比，API 应用程序与 Web 服务器结合得更加紧密，占用的系统资源也少得多，而运行效率却大大提高，同时还提供更好的保护和安全性。

服务器 API 一般作为一个 DLL 提供，是驻留在 WWW 服务器中的程序代码。各种 API 与其相应的 WWW 服务器紧密结合，用 API 开发的程序比用 CGI 开发的程序在性能上提高了很多，但开发 API 程序要比开发 CGI 程序复杂得多。API 应用程序需要一些编程方面的专门知识，如多线程、进程同步、直接协议编程以及错误处理等。

虽然基于服务器扩展 API 的结构可以方便、灵活地实现各种功能，连接所有支持 32 位 ODBC 的数据库系统，但缺点也是明显的。

（1）各种 API 之间兼容性很差，缺乏统一的标准来管理这些接口；

（2）开发 API 应用程序也要比开发 CGI 应用复杂；

（3）API 只能工作在专用 Web 服务器和操作系统上。

3）JDBC 技术

JDBC(Java Data Base Connectivity，Java 数据库连接)是一种用于执行 SQL 语句的 Java API，可以为多种关系数据库提供统一访问，它由一组用 Java 语言编写的类和接口组成。JDBC 为开发者提供标准的数据库访问类和接口，能够方便地向任何关系数据库发送 SQL 语句，同时 JDBC 是一个支持基本 SQL 功能的低层应用程序接口，也支持高层的数据库访问工具及 API。

JDBC 完成的工作是：建立与数据库的连接→发送 SQL 语句→返回数据结果给 Web 浏览器。

采用 JDBC 技术，在 Java Applet 中访问数据库主要有以下优点。

（1）直接访问数据库，不再需要 Web 数据库的介入，从而避开了 CGI 方法的一些局限性；

（2）用户访问控制可以由数据库服务器本地的安全机制来解决，提高了安全性；

（3）JDBC 是支持基本 SQL 功能的一个低层通用的应用程序接口，在不同的数据库功能的层次上提供了一个统一的用户界面，为跨平台跨数据库系统进行直接的 Web 访问提供了方案，从而克服了 API 方法的一些缺陷；

（4）可以方便地实现与用户的交互，提供丰富的图形功能和声音、视频等多媒体信息功能。

1.1.5 HTML 简介

HTML(Hypertext Markup Language)称为超文本标记语言，它是 Web 上的专用表述语言，HTML 是 WWW 的核心。HTML 不是程序设计语言，它只是标记语言，它可以规定网页中的信息格式，指定需要显示的图片，嵌入其他浏览器支持的描述型语言，以及指定超文本链接对象等。

HTML 的格式非常简单，只要明白各种标记的用法便可。HTML 文件是纯文本文件，虽然可以使用任何文本编辑器来进行编辑，但是如 Frontpage、Dreamweaver 等专用编辑器等提供了一整套编辑工具，提供"所见即所得"的可视化编辑功能，比一般的文本编辑器要方便许多。

1. HTML 语言的组成

元素是一个文档结构的基本组成部分，例如文档中的头(heads)、表格(tables)、段落(paragraphs)、列表(lists)等都是元素。HTML 就是使用标记表示各种元素，用于指示浏览器以什么方式显示信息。

编制一个 HTML 页面就是使用 HTML 规定的标记，将各个元素要显示的格式、风格、位置等给予说明。不同标记的使用、搭配以及嵌套、链接，就构成了不同风格的网页。因此，正确地使用 HTML 中的标记是建立 HTML 页面的关键。

任何一个 HTML 文档都是由头部(head)和正文(body text)两个部分组成。头部的内容不在页面中显示，只是用于对页面中元素的样式、标题(title)等进行的说明或设置。页面上显示的任何东西都包含在正文标记之中,正文中含有实际构成段落,列表、图像和其他元素的文本,这些元素都应用一些标准的 HTML 标记来说明。头部和正文两个部分由一对 HTML 标记包含起来,形成一个 Web 页面。

下面通过记事本创建一个名为 index.html 的 HTML 文件,具体的操作步骤如下。

(1) 打开记事本程序之后,程序自动创建一个名为"文本文档.txt"的文本文件,输入如下代码(如图 1.5)。

```
< html >
< head >
< title >HTML 语言示例说明</title >
</head >
< body >
< b >Web 页面设计</b>< p >
①什么是网页< p >
②构成网页的元素< br >
③网页的类型
</body >
</html >
```

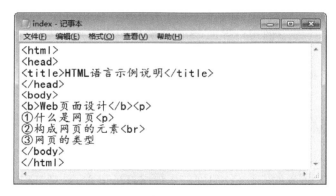

图 1.5　输入代码

(2) 在程序代码输入完毕之后,选择"文件"→"另存为"命令,打开"另存为"对话框,保存类型选择"所有类型",文件名为 index.html。

(3) 双击打开文件 index.html,在浏览器中预览所创建的网页(如图 1.6)。

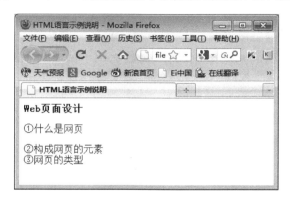

图 1.6　显示效果

2．HTML 基本语法

HTML 语法由标签（tags）和属性（attributes）组成。标签又称标记符，HTML 是影响网页内容显示格式的标签集合，浏览器主要根据标签来决定网页的实际显示效果。在 HTML 中，所有的标签都用尖括号"＜　＞"括起来。

1）标签的分类

标签可分为单标签和双标签两种类型。

（1）单标签

单标签的形式为＜标签 属性＝参数＞，最常见的如强制换行标签＜br＞、分隔线标签＜hr＞、插入文本框标签＜input＞。

（2）双标签

双标签的形式为＜标签 属性＝参数＞对象＜/标签＞，如定义"新春快乐"4 个字大小为 8 号，颜色为红色的标签为＜font size＝8 color＝red＞新春快乐＜/font＞。

需要说明的是，在 HTML 语言中大多数是双标签的形式。

2）HTML 中的常用标签

（1）＜br＞和＜p＞标签

在 HTML 文档中无法用多个回车键、空格键和 Tab 键来调整文档段落的格式，要用 HTML 标签来强制换行和分段。

＜br＞（即 break）是换行标签，它是单独出现的，＜br＞的作用相当于回车符。

＜p＞（即 paragraph）是分段标签，作用是插入一个空行，可单独使用，也可成对使用。

（2）＜img＞显示图片标签

＜img＞标签常用的属性有 src（图片资源链接）、alt（鼠标悬停说明文字）和 border（边框）等。

（3）＜title＞…＜/title＞标题栏标签

＜title＞标签用来给网页命名，网页的名称将被显示在浏览器的标题栏中。

（4）＜a＞创建链接标签

＜a＞标签常用的属性有 href（创建超文本链接）、name（创建位于文档内部的书签）、target（决定链接源在什么地方显示，参数有_blank、_parent、_selft 和_top）等。

（5）＜table＞…＜/table＞创建表格标签

＜table＞标签常用的属性有 cellpadding（定义表格内距，数值单位是像素）、cellspacing（定义表格间距，数值单位是像素）、border（表格边框宽度，数值单位是像素）、width（定义表格宽度，数值单位是像素或窗口百分比）、background（定义表格背景）、＜tr＞和＜/tr＞（表格中一个表格行的开始和结束）、＜td＞和＜/td＞（表格中行内一个单元格的开始和结束）。

（6）＜form＞…＜/form＞创建表单的标签

＜form＞标签常用的属性有 action（接收数据的服务器的 URL）、method（HTTP 的方法，有 post 和 get 两种方法）和 onsubmit（当提交表单时发生的内部事件）等。

（7）＜marquee＞…＜/marquee＞创建滚动字幕标签

在＜marquee＞和＜/marquee＞标签内放置贴图格式则可实现图片滚动。常用的属性有 direction（滚动方向，参数有 up、down、left 和 right）、loop（循环次数）、scrollamount（设置或获取介于每个字幕绘制序列之间的文本滚动像素数)、scrolldelay(设置或获取字幕滚动的速度)、scrollheight(获取对象的滚动高度)等。

(8)＜!--->生成注释标签

注释的目的是为了便于阅读代码,注释部分只在源代码中显示,并不会出现在浏览器中。

上面仅列举了 HTML 中最常用的几种标签和解释,对于初学者来说并不需要全部背出来,简单地了解即可。在后面的学习中将会发现,Dreamweaver 标签库可以很方便地帮助用户找到所需的标签,并根据列出的属性参数使用它。

3) 应注意的问题

在使用 HTML 语言时,有以下几点需要注意。

(1) HTML 标记不区分大小写,例如,＜body＞、＜BODY＞或＜bOdY＞含义相同,都是正文标记。另外标记符中间不能插入空格,例如,＜bo dy＞是一个错误的标记。

(2) HTML 标记中的所有标记符号都是用 ASCII 码来书写的。如果用其他编码书写(如中文字符编码),Web 浏览器将不能识别,只是将其作为页面的内容显示在页面上,或忽略掉。

(3) 并非所有的 WWW 浏览器都支持所有的标记,如果一个浏览器不支持某个标记,通常会忽略它。

(4) HTML 提供了多种标记,每一种标记都有自己特定的作用。也就是说,页面中的任何一个元素都应用标记给予标记说明。

1.1.6　CSS 简介

CSS(Cascading Style Sheets),中文译作层叠样式表单,是一种用来为结构化文档(如 HTML 文档或 XML 应用)添加样式(字体、间距和颜色等)的计算机语言。相对于传统 HTML 而言,CSS 能够对网页中对象的位置排版进行精确控制,支持几乎所有的字体字号样式,拥有网页对象和模型样式的编辑能力,并能够进行初步交互设计,是目前基于文本展示最优秀的表现设计语言。

1. CSS 的优点

CSS 的主要目的是将文件的内容与显示分离。这样可以加强文件的可读性,使得文件的结构更加灵活。CSS 还可以控制其他参数,例如声音(假如浏览器有阅读功能的话)或给视障者用的感受装置。

2. CSS 的语法规则

CSS 由多组规则组成。每个规则由选择器(selector)、属性(property)和属性值(value)组成。

1) 选择器

选择器是 CSS 中很重要的概念,所有 HTML 语言中的标记都是通过不同的 CSS 选择器进行控制的。用户只需通过选择器对不同的 HTML 标签进行控制,并赋予各种样式声明,即可实现各种效果。严格来讲,选择器可以分为三种:标记选择器、类选择器和 ID 选择器。而所谓的继承选择器和群组选择器只不过是对前三种选择器的扩展应用。

2）属性

CSS1、CSS2、CSS3 规定了许多属性,目的在于控制选择器的样式。

3）属性值

属性值指属性接受的设置值,多个关键字时大都以空格隔开。属性和值之间用半角冒号隔开,属性和值合称为"特性"。多个特性间用";"隔开,最后用"{ }"括起来。

3. 选择器的定义

1）标签选择器

为了定义的样式表方便阅读,可以采用分行的书写格式,例如:

```
p { text - align: center;
    color: black;
    font - family: arial;
}
```

P（段落）获得新样式：段落排列居中,段落中文字为黑色,字体是 Arial。

2）类选择器

类选择器用类选择符能够把相同的元素分类定义不同的样式,定义类选择符时,在自定义类的名称前面加一个点号。

假如想要两个不同的段落,一个段落向右对齐,一个段落居中,可以先定义两个类选择器:

```
p. right { text - align: right;}
p. center { text - align: center;}
```

然后用在不同的段落里,只要在 HTML 标记里加入定义的 class 参数。

```
< p class = "right"> 段落向右对齐 </p>
< p class = "center"> 段落居中排列 </p>
```

类名称可以是任意英文单词或以英文开头与数字的组合,一般以其功能和效果简要命名。

在选择符中省略 HTML 标记名,可以把几个不同的元素定义成相同的样式:

```
.center
  { text - align: center;}
```

定义.center 的类选择符为文字居中排列。

这样的类可以被应用到任何元素上。下面的例子使 h1 元素（标题 1）和 p 元素（段落）的样式都跟随".center"这个类选择符。

```
< h1 class = "center">
    标题是居中排列
</h1 >
< p class = "center">
    段落也是居中排列
</p>
```

省略 HTML 标记的类选择符是最常用的 CSS 方法,使用这种方法,可以很方便地在任意元素上套用预先定义好的类样式。

3）ID 选择符

在 HTML 页面中 ID 参数指定了某个单一元素,ID 选择符是用来对单一元素定义单独的样式。定义 ID 选择符时,要在 ID 名称前加上一个"♯"号。和类选择符相同,定义 ID 选择符的属性也有两种方法。

下面例子中,ID 属性将匹配所有 id="intro"的元素。

```
♯intro
{
font-size:120%;
font-weight:bold;
color:♯0000ff;
background-color:transparent;
}
```

字体尺寸为默认尺寸的 120%,粗体,蓝色,背景颜色透明。

下面例子中,ID 属性只匹配 id="intro"的段落元素。

```
p♯intro
{
font-size:120%;
font-weight:bold;
color:♯0000ff;
background-color:transparent;
}
```

ID 选择符局限性很大,只能单独定义某个元素的样式,一般只在特殊情况下使用。

4. 简单应用举例

CSS 样式信息可以包含在一个附件中或包含在 HTML 文件内。用户可以使用多个样式表,在重复的情况下可以选择其中之一。不同的媒体可以使用不同的样式表。比如一个文件在显示器上的显示效果可以与在打印机中的打印效果不同。

下面通过记事本创建一个名为 index.html 的 HTML 文件,具体的操作步骤如下:

（1）打开记事本程序之后,程序自动创建一个名为"文本文档.txt"的文本文件,输入如下代码。

```
<html>
<head>
    <style type="text/css">
    body{
        background:♯fff;
        color:♯777;
    }
    h1{
        font:bold italic sans-serif;
        color:green;
    }
    </style>
</head>
```

```
<body>
    <h1>绿色、粗体和斜体字格式</h1>
    <p>普通字.</p>
    <h1 style="color:red; background:green;"><br>
    取代通用的 h1 样式,新样式为:绿色背景,文字为红色斜体。
    </h1>
    <h1 style="color: green;"><strong>
    <em>绿色、粗体和斜体字</em></strong></h1>
</body>
</html>
```

（2）在程序代码输入完毕之后,选择"文件"→"另存为"命令,打开"另存为"对话框,保存类型选择"所有类型",文件名为 index. html。

（3）双击打开文件 index. html,在浏览器中预览所创建的网页（如图 1.7）。

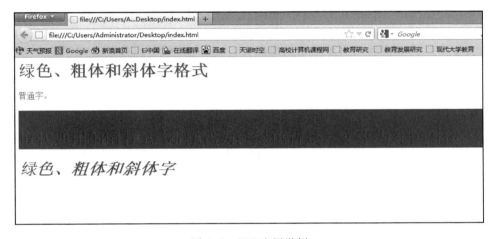

图 1.7　CSS 应用举例

1.2　网页设计

在进行网页设计之前,需要了解一些网页的基础知识,并对网站的运行原理与制作过程有一个宏观把握。

1.2.1　网页的构成元素

网页是构成网站的基本元素,是承载各种网站应用的平台。在网页上右击鼠标,选择菜单中的"查看源文件",就可以通过记事本看到网页的实际内容。可以看到,网页是一个纯文本文件,它通过各式各样的标记对页面上的文字、图片、表格、声音等元素进行描述（例如字体、颜色、大小）,而浏览器则对这些标记进行解释并生成页面。图片、声音、视频等元素在网页文件中只存放链接,它们与网页文件独立存放,甚至可以不在同一台计算机上。

1．感知信息

感知信息一般包括以下几种。

1）文本

文本是网页上最重要的信息载体与交流工具，网页中的主要信息一般都以文本形式为主。

2）图像

图像元素在网页中具有提供信息并展示直观形象的作用，图像包括静态图像和动态图像两类。静态图像在页面中可能是光栅图形（通常为 GIF、JPEG 或 PNG 格式）或矢量图像（通常为 SVG 或 Flash 格式）。动态图像通常动画为 GIF 和 SVG 格式。

3）Flash 动画

动画在网页中的作用是有效地吸引访问者更多的注意。

4）声音和视频

声音是多媒体和视频网页重要的组成部分，视频文件的采用使网页效果更加精彩且富有动感。

5）表格

表格在网页中用来控制页面的布局方式。

6）导航栏

导航栏在网页中是一组超链接，其链接的目的端是网页中重要的页面。

7）交互式表单

表单在网页中通常用来联系数据库并接受访问用户在浏览器端输入的数据。利用服务器的数据库为客户端与服务器端提供更多的互动。

2．互动信息

互动信息用于和系统进行交互，通常包括以下几种。

1）交互式文本：DHTML

DHTML 是 Dynamic HTML 的简称，就是动态的 HTML，是相对传统的静态 HTML 而言的一种制作网页的概念。动态 HTML（Dynamic HTML，DHTML）是 HTML、CSS 和客户端脚本的一种集成，即一个页面中包括 HTML＋CSS＋JavaScript（或其他客户端脚本），其中 CSS 和客户端脚本是直接在页面上编写而不是链接的相关文件。

2）互动插图

例如"点击此处进入系统"。

3）按钮

例如"百度一下"。

4）超链接

超链接的目的端可以是网页，也可以是图片、电子邮件地址、文件和程序等。

3．内部信息

内部信息通常包括以下几种。

1）注释

例如＜!--参数实体--＞。

2）通过超链接链接到某文件

例如,链接到 DOC 文件。

3）样式信息

提供的项目的信息(如图像大小属性)和视觉规范,层叠样式表(CSS)、文档样式的语义和规范语言(DSSSL)。

4）脚本

通常是 Java 脚本(JavaScript),提供交互性以及相关功能的补充(比如倒计时关闭窗口等)。

1.2.2 网页的布局设计

打开一个网站,首先呈现在眼前的就是网站的布局,好的布局能使访问者容易找到他们所需要的信息,所以制作网页时应对网页布局的相关知识有所了解。

1. 网页布局类型

网页布局大致可分为国字型、拐角型、标题正文型、左右框架型、上下框架型、综合框架型、封面型、Flash 型等。

1）国字型

国字型也可以称为同字型,在网上见到的最多的一种结构类型,也是一些大型网站采用的类型。国字型的基本构成是:最上面是网站的标题以及横幅广告条,接下来就是网站的主要内容,左右分列一些小条内容,中间是主要部分,与左右一起罗列到底,最下面是网站的一些基本信息、联系方式、版权声明等。

2）拐角型

拐角型与国字型其实只是形式上的区别。拐角型的基本构成是:上面是标题及广告横幅,接下来的左侧是一窄列链接等,右列是很宽的正文,下面也是一些网站的辅助信息。在这种类型中,一种很常见的类型是最上面是标题及广告,左侧是导航链接。

3）标题正文型

标题正文型的基本构成是:最上面是标题或类似的一些东西,下面是正文,比如一些文章页面或注册页面等就是这种。

4）左右框架型

左右框架型是一种左右为分别两页的框架结构,这种类型结构非常清晰,一目了然,大部分的大型论坛采用左右框架型结构。左右框架型的基本构成是:左面是导航链接,有时最上面会有一个小的标题或标识,右面是正文。

5）上下框架型

上下框架型与左右框架型类似,区别仅仅在于是一种分为上下两页的框架。

6）综合框架型

左右框架型和上下框架型的结合,是相对复杂的一种框架结构,较为常见的是类似于拐角型结构的,只是采用了框架结构。

7) 封面型

封面型基本上是出现在一些网站的首页,大部分为一些精美的平面设计结合一些小的动画,放上几个简单的链接或者仅是一个"进入"的链接,甚至直接在首页的图片上做链接而没有任何提示。封面型大部分作为企业网站和个人主页的首页。

8) Flash 型

Flash 型与封面型结构类似,只是采用了流行的 Flash。由于 Flash 强大的功能,页面所表达的信息更丰富。

2. 首屏布局

首屏是指网站在不拖动滚动条时能够看到的部分。一般来讲,在 800×600 的屏幕显示模式下,在 IE 安装后默认的状态(即工具栏地址栏等没有改变)下,IE 窗口内能看到的部分为 778×435。导航栏是网页元素非常重要的部分,导航栏一定要清晰、醒目。一般来讲,导航栏要在首屏显示出来,但是有时第一屏可能会小于 435,基于这点,横向放置的导航栏要优于纵向的导航栏。

首屏如何布局,要具体情况具体分析。

(1) 如果内容非常多,就要考虑用国字型或拐角型。

(2) 如果内容不算太多,且说明性的东西比较多,则可以考虑标题正文型。

(3) 框架结构的一个共同特点就是浏览方便、速度快,但结构变化不灵活。

(4) 如果是一个企业网站想展示企业形象或个人主页想展示个人风采,封面型是首选。

(5) Flash 型更灵活一些,好的 Flash 大大丰富了网页,但是它不能表达过多的文字信息。

1.2.3　网页中的点线面协调

页面构成形式里,有空间构成(平面构成和立体构成)和时间构成(静和动)。创作就是要协调这里面的种种关系,顺应视觉感受,得到想要的效果。在这些形式里,点、线、面是其基本部件。

1. 点

网页中的点是指在空间里有非常少量的面积,无法形成一个视觉上感觉的图形,无论什么形状都可以。点有集中视线、紧缩空间、引起注意的功能。两个点相距不远而且形状不等时,一般由小向大看。近距离的点引起面的感觉。当点占据不同的空间时,它所引起的感觉是不同的。

(1) 居中:引起视觉集中注意。

(2) 上方:引起下跌落感。

(3) 下方中点:产生踏实感。

(4) 左下右下:增加了动感。

(5) 上左或上右:引起不安定感。

2. 线

点集合在一起就形成线,线又分为直线和曲线。

直线:给人以速度,明确而锐利的感觉,具男性感。直线又分为斜线、水平线及垂直线。

水平线代表平稳、安定、广阔,具踏实感。垂直线则有强烈的上升及下落趋势,可增加动感。斜线会造成不安定感。

曲线:优美轻快,富于旋律。曲线的用法各异,需结合自己的需要。

3.面

面指的是二度空间里的形。面为几何形和任意形,几何形有一些机械感,不同的几何形各自代表的含义不同。

(1)圆形:运动、和谐美。

(2)矩形:单纯、明确、稳定。

(3)梯形:最稳定,令人联想到山。

(4)正方形:稳定的扩张。

(5)正三角形:平稳的扩张。

(6)倒三角形:不安定,动态及扩张、幻想。

(7)平行四边形:有向一方运动的感觉。

4.点线面协调

日常生活中所看到的东西,都是形与形、图与底(背景)的相互关系。图形之间,图底之间,由于对比产生差异而被感知所接受。图与底的视差越大,图形越清晰,对视觉的冲击力越大。

1)易于成为视觉中心的条件

平面的东西,在以下情况下易于成为视觉中心。

(1)居于画面中心。

(2)垂直或水平的比倾斜的更易成为中心。

(3)被包围。

(4)相对于其他图形较大的。

(5)色感要素强烈。

(6)熟悉的图案,一定会成为焦点。

可以把认为最主要的东西做大一点,突出一点,色彩鲜艳一点,其他的东西小而且色调不那么鲜明。需要注意的是,图与底之间的关系是很重要的,做页面时如果将图与底的关系设置为1:1,会发现底与图的力场争夺非常激烈,即有时底被我们认为是图。一般来说,底要大于图,而图要鲜于底。

2)视觉美观效果图形的条件

一幅美图涉及到形、声、色的有机结合,打动视知觉,使观者产生美的共鸣。一般来说,有如下几点。

(1)稳定性:视觉总是试图找一个平衡点,若找不到则产生混乱。

(2)对称性:相应的部位等量,易产于统一的秩序感,但比较单调,可采用增加局部动势的方法,以取得鲜明、生动的效果。

(3)非对称平衡:以平衡为基础,调整尺寸形态结构。或者以形态各异的形,经视觉判断,放置在确定的位置,以得到预想的平衡,这和个人的审美有关系。

通过上述方法,主要是为了创造秩序,使相关元素能够在没有互相干扰的系统中起作用。通过平衡、比例、节奏、协调,形成自己的风格,形成自己作品的独特气质。

3）基本协调策略

反复、周而复始、单纯或渐变重复虽给人以视觉印象,但过于单调会使人疲劳并产生厌烦。必须在反复中寻找动与静的完美结合,在构成方式上多探索,多借鉴,求新求变。

（1）同质要素的统一。

（2）类似要素的统一。

（3）不一样的要素的统一。由于要素的差异,因此一般会形成对比,造成零散、不统一的感觉,要令它产生节奏,一般是在要形成强烈焦点时才使用。

总之,在相同中求变化,在不同中求统一。使大部分相同,使小部分相异,可取得统一又富有变化的感觉。但是,也要注意差异的大小问题。差异是对规律进行突破及形成对比。但差异过大,易失去总体协调,过小易被规律淹没,要注意把握尺度,以不失整体观感的适度对比为准。

4）图片的协调方法

图片协调的方法有以下几种。

（1）保留一个相近或近似的因素,自然地过渡。

（2）相互渗透。

（3）利用过渡形。

（4）在对比方面,必须有周密的编排。

① 方向对比:在基本有方向的前提下,大部分相同,小部分不同可形成对比;

② 位置对比:页面的安排不要太对称,以避免平板单调。应在不对称中找到均衡,由此得到疏密对比。

③ 虚实对比:虚与实是同等重要的,画黑则白出,造图则底成,应注意双方平衡。

④ 隐显对比:图与底比较,明度差大者显示,明度差小者隐藏。显与隐相辅相成,能造成丰富的层次感。

（5）在空间感方面,可以采用点、线、面的重叠、倾侧、旋转、深度、明度、透视等方法,形成不同的空间感。

1.2.4　网页设计里的一些标准尺寸

在进行网页布局设计时,在 800×600 及 1024×768 分辨率下,网页元素应该设计为多少像素才合适呢?太宽就会出现水平滚动条,下面我们就网页设计的相关尺寸进行讨论。

1．网页设计标准尺寸

（1）800×600 下,网页宽度保持在 778 以内,就不会出现水平滚动条,高度则视版面和内容而定。

（2）1024×768 下,网页宽度保持在 1002 以内,如果满框显示的话,高度应在 $612\sim615$ 之间,就不会出现水平滚动条和垂直滚动条。

（3）页面长度原则上不超过 3 屏,宽度不超过 1 屏。

2．标准网页广告尺寸规格

（1）88×31:主要用于网页链接,或网站小型 Logo。

（2）120×60:这种广告规格主要用于做 Logo 使用。

（3）120×90：主要应用于产品演示或大型 Logo。

（4）120×120：适用于产品或新闻照片展示。

（5）125×125：适于表现照片效果的图像广告。

（6）234×60：适用于框架或左右形式主页的广告链接。

（7）392×72：主要用于有较多图片展示的广告条，用于页眉或页脚。

（8）468×60：应用最为广泛的广告条尺寸，用于页眉或页脚。

（9）常见广告尺寸见表1.1。

表 1.1 常见广告尺寸大小

广 告 形 式	像 素 大 小	最 大 大 小	备 注
按钮形式	120×60	7KB	必须用 GIF
通栏形式	760×100	25KB	静态图片
巨幅广告	336×280	35KB	
竖边广告	130×300	25KB	
全屏广告	800×600	40KB	必须为静态图片或 Flash 格式
弹出窗口	400×300	40KB	尽量用 GIF
悬停按钮	80×80	7KB	必须用 GIF
流媒体	300×200	30KB	播放时间小于 5 秒 60 帧

1.2.5 页面的色彩搭配

色彩的运用在网页中的作用十分重要，有些网页看上去令人赏心悦目，但是页面结构却很简单，图像也不复杂，这主要是色彩运用得当。因此，在设计网页时，必须要高度重视色彩的搭配。

1. 色彩的基础知识

色彩有冷暖色之分，冷色（如蓝色）给人安静、冰冷的感觉；而暖色（如红色）给人热烈、火热的感觉。冷暖色的巧妙运用可以让网站产生意想不到的效果。另外，色彩与人的心理感觉和情绪也有一定的关系，利用这一点可以在设计网页时形成自己独特的色彩效果，给浏览者留下深刻的印象。一般情况下，各种色彩给人的感觉如表1.2所示。

表 1.2 常见色彩的代表含义

颜 色	含 义
红色	热情、活泼、热闹、温暖、幸福、吉祥
橙色	光明、华丽、兴奋、甜蜜、快乐
黄色	明朗、愉快、高贵、希望
绿色	新鲜、平静、和平、柔和、安逸、青春
蓝色	深远、永恒、沉静、理智、诚实、寒冷
紫色	优雅、高贵、魅力、自傲
白色	纯洁、纯真、朴素、神圣、明快
灰色	忧郁、消极、谦虚、平凡、沉默、中庸、寂寞
黑色	崇高、坚实、严肃、刚健、粗莽

2．色彩搭配的原则

色彩搭配既是技术性工作，同时也是一项艺术性很强的工作。因此，设计者在设计网页时除了考虑网站本身的特点外，还要遵循一定的艺术规律，从而设计出色彩鲜明、性格独特的网站。

1）特色鲜明

一个网站的用色必须有自己独特的风格，这样才能显得个性鲜明，给浏览者留下深刻印象。

2）搭配合理

网页设计虽然属于平面设计的范畴，但又与其他平面设计不同，它需要考虑人的生理特点。色彩搭配一定要合理，给人一种和谐、愉快的感觉，避免采用纯度很高的单一色彩，这样容易造成视觉疲劳。附录 A 解释了中国传统色彩，附录 B 分析了网页设计的常用色谱，附录 C 介绍了基本网页配色方案。

3）讲究艺术性

网站设计也是一种艺术活动，因此它必须遵循艺术规律，在考虑到网站本身特点的同时，按照内容决定形式的原则，大胆进行艺术创新，设计出既符合网站要求，又有一定艺术特色的网站。

1.2.6　网页设计中的常用背景

网页设计中的背景是相当重要的，好的背景能吸引注意力。在不同的网站上，甚至同一个网站的不同页面上，都会有各式各样的不同的背景设计。下面简单介绍常见的背景样式，以及它们的设计方法。

1．照片背景

把自己或朋友的照片作为页面的背景让大家看到，是令人激动的事情，但浏览器对图片的自动重复排列却使这一愿望难以实现。怎么办呢？这里通过简单的 CSS 来解决这一问题。

在网页文件 index．html 的＜head＞…＜/head＞之间加入下面的 CSS 语句。

```
< P class = style6 > </P></SPAN>< SPAN >
< TABLE width = "100 % ">
< TBODY >
< TR >
< TD class = ArticleTitle align = left >
< DIV id = divTitle style = "FONT - SIZE: 30px"><B></B> </DIV></TD></TR>
< TR >
< TD class = ArticleContent style = "FONT - SIZE: 30px; LINE - HEIGHT: 100 % " align = left >
< CENTER > </CENTER >
< STYLE type = text/css ><! -- body {background - image:url(myphoto.jpg);
background - repeat:no - repeat;
background - attachment:fixed;background - position:50 % 50 % }</STYLE>
</TD></TR></TBODY></TABLE></SPAN>
```

这样,在网页页面中,就可以看到照片位于页面的正中间(如图 1.8)。

图 1.8 照片作为网页背景

在拖动浏览器窗口的滚动条时,照片仍然位于页面的正中间而不随页面内容一起滚动。如果觉得照片位置不满意,只需要调整 background-position 的值就可以随意地调整它在页面中的位置。

2. 局部背景

前面所说的背景都是整个页面的背景,同时也可为某个局部内容设置背景。最为常见的是在表格的设计当中,可以为表格设置一个不同于页面的背景,甚至为不同的单元格设置各自的背景。

3. 条状背景

条状背景与沙纹背景比较相似,它适用于页面背景在水平或竖直方向上看是重复排列的,而在另一方向上看则没有规律的情况。它也是利用浏览器对图片背景的自动重复排列,与沙纹背景所不同的是它只让图片在一个方向上重复排列。

以在竖直方向上排列为例,首先用图像处理软件做一个从左到右为颜色渐变的水平条状图片,其长度与页面的宽度相当,然后通过<body background="picture">将其设为页面背景即可。当然,也可以用类似的方法实现条状背景在水平方向上的重复排列。

4. 沙纹背景

沙纹背景其实属于图片背景的范畴,它的主要特点是整个页面的背景可以看作是局部背景的反复重排,在这类背景中以沙纹状的背景最为常见,所以将其统称为沙纹背景。

沙纹背景的实现方法:找一个小的图片,越小越好,但注意要使最后的背景看起来要像一个整体,而不是若干图片的堆砌。其实现的 HTML 语法为＜body background＝"picture"＞,其中的 picture 表示背景图片的 URL 路径。

5. 颜色背景

颜色背景的设计是最为简单的,但同时也是最为常用和最为重要的。在网页文件中,一般通过＜body＞标签来指定页面的颜色背景,其 HTML 语法为＜body bgcolor＝"color"＞。

颜色背景设计虽然比较简单,但也有不少地方需要注意,如要根据不同的页面内容设计背景颜色的冷暖状态,要根据页面的编排设计背景颜色与页面内容的最佳视觉搭配等。

1.2.7　网页设计的常见技巧

网页设计时要有更好的创意,这只是一部分,掌握一些设计技巧也能起到很大作用。

1. 提升吸引力

1) 相比图像,文字更具吸引力

在浏览一个网站的时候,能够直接吸引用户目光的并不是图像。大多数通过偶然单击进入网站的用户,他们来寻觅的是信息而不是图像。因此,保证网站设计凸显出最重要的信息板块,这才是设计的首要原则。

2) 眼球的第一运动聚焦于网页的左上角

用户浏览网页的这一习惯应该在意料之中,在网站设计时,应该尽量保持这一格式。要知道,搭建一个成功的网站,就必须尊重用户的习惯。

3) 用户普遍的浏览方式呈现 F 形状

保证网站内容的要素集中于这些关键区域,以此确保读者的参与。在此放置头条、副题、热点以及重要文章,这样可以吸引到读者进行阅读。

4) 用数词来代替数字

如果使用数词取代数字的罗列,读者会发现在网站可以更容易发现真实资料。

5) 人们阅读文字广告最为专心

一般的互联网用户不会花费太多时间查看那些一眼就能看出是广告的内容。文字广告与网页的其他部分内容融为一体,减少了对读者的视觉刺激,也使这一广告形式获得成功的阅读率。

6) 干净、清晰的特写图片能吸引更多的视觉注意

那些抽象的艺术图片可能会让网站看起来很有味道,但它们并不会吸引多少读者的注意力。如果需要使用到这些图片,需确保所用图片清晰以及其表达内容的简单可读性。必须注意的是,那些"真人图片"比所谓的"模特图片"更能吸引人。

2. 用户容易忽略的内容

1) 会忽视横幅广告

用户常忽视大部分的横幅广告,如果想达到广告目的,必须创新广告位置以及合理配置

网站广告形式。

2）花哨的字体和格式易被忽视

用户很难在充满大量颜色的花哨字体格式里寻找到所需的信息，因为视觉线索告诉他们忽略这些内容。保持网站清爽，不要因为华而不实的表面使重要的信息被忽略。

3．应该避免的格式

1）避免呈现大块文本

一般的网络浏览者不会花费时间去阅读大块文本，无论它们有多重要或写得多好。因此，必须把这些大文本分解为若干小段落。突出重要的地方，放置单击的按钮也可以提高用户的注意力。

2）避免占满网页所有空间

要利用好空白，尽管把网页的每寸空间都填满这个想法十分诱人，但事实上让网站留出部分剩余更为不错。网站的信息过量会把用户淹没，同时他们也会忘记所提供的大部分内容。所以保持网页的简洁，给读者预留出一些视觉空间来供读者休息。

1.2.8　网页设计中的几点建议

1．配色要合理

（1）不要将所有颜色都用到，尽量控制在三至五种色彩以内。

（2）背景和文字的对比尽量要大（不要用花纹繁复的图案做背景），以便突出主要文字内容。

2．排版常见问题

（1）字间距太挤或太宽；

（2）行距太小或太大；

（3）段距太少或太多；

（4）每行字数太多或太少。

3．提升网页可用性

人们在线的阅读习惯和平时的阅读习惯是完全不一样的。访问者通常是有目的快速浏览网页的，他们急于获取真实、实用、有价值的信息。下面的三点指出提升网页可用性的方法。

1）精简的文本描述

文章必须围绕一个主题，这可以方便访问者快速获取主旨信息和中心思想。尽量把一段在3～4行之内叙述完整，然后再另起一段。

2）便于快速浏览的文本

网络用户一般不会在线精读文本内容，他们通常是快速浏览。因此，应该尽量使用简短、醒目的文本。可以通过超链接形式将重要信息从页面中分离出来，这样做会使得这段重要信息显得非常醒目。还有一点，学会在页面中使用副标题，浏览网页时，将重点挑选出来，并将它们写在标题标签内,这样可以给整个页面的信息分出层次,帮助阅读者在简单地浏览页面之后快速地获取所需信息。

3) 必须要客观公正

这里的"客观公正"是指:在网页上放上与网页内容相关的链接,让访问者做出自由的选择,是继续留在网页上,还是去别的网页上寻找信息。

1.3 网页设计的常用工具

网页所包含的内容除了文本外,还常常有一些漂亮的图像、背景和精彩的 Flash 动画等,以使页面更具观赏性和艺术性。在网页中添加这些元素,需要借助一些常用的网页制作软件。

1.3.1 网页制作软件

常见的网页制作软件有 Dreamweaver、Frontpage、Golive 等。

1. Dreamweaver

Dreamweaver 是一款优秀的可视化网页设计制作工具和网站管理工具,支持当前最新的 Web 技术。其包含 HTML 检查、HTML 格式控制、HTML 格式化选项、可视化网页设计、图像编辑、全局查找替换、处理 Flash 和 Shockwave 等多媒体格式,以及动态 HTML 和基于团队的 Web 创作等功能,另外,在编辑模式上,允许用户选择可视化方式或源码编辑方式。Dreamweaver 的工作界面如图 1.9 所示。

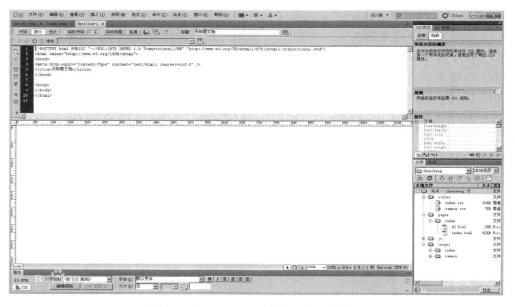

图 1.9　Dreamweaver 启动后的工作界面

目前,Dreamweaver 的主流版本是 Adobe Dreamweaver CS5。Dreamweaver CS5 是第一套针对专业网页设计师特别发展的视觉化网页开发工具,利用它可以轻而易举地制作出跨越平台限制和跨越浏览器限制的充满动感的网页。Dreamweaver CS5 具有以下优点。

1) 制作效率高

可以用最快速的方式将 Fireworks、FreeHand 或 Photoshop 等档案移至网页上;使用吸管工具选择荧幕上的颜色可设定最接近的网页安全色;对于选单、快捷键与格式控制,都只要一个简单步骤便可完成。

2) 便于网站管理

使用网站地图可以快速制作网站雏形,设计、更新和重组网页。改变网页位置或档案名称,Dreamweaver 会自动更新所有链接。使用 HTML 码、HTML 属性标签和一般语法的搜寻及置换功能使得复杂的网站更新变得迅速又简单。

3) 控制能力强

Dreamweaver 是唯一提供 Roundtrip HTML、视觉化编辑与原始码编辑同步的设计工具。它包含 HomeSite 和 BBEdit 等主流文字编辑器。帧和表格的制作速度非常快,Dreamweaver 支持精准定位,利用可轻易转换成表格的图层以拖拉置放的方式进行版面配置。

4) 所见即所得

使用 Dreamweaver 在设计动态网页时,不需要透过浏览器就能预览网页。Dreamweaver 设计的网页可以全方位地呈现在任何平台的热门浏览器上。使用浏览器检示功能,可以看到网页在不同浏览器上的显示效果。

2. FrontPage

FrontPage 沿袭了 Office 的风格,所以会用 Word 的人很容易学会 FrontPage。FrontPage 启动后的工作界面如图 1.10 所示。

FrontPage 使用方便简单,该软件结合了设计、程式码、预览三种模式。FrontPage 在数据库接口功能方面做了很大改进,特别是它提供的数据库接口向导功能可以替用户产生在线数据库所需要的一切功能,包含数据库的建立、窗体以及所需的各种页面。此外,FrontPage 还允许设定数据库的交互功能,利用该功能,用户可以设置让指定的访问者通过浏览器来编辑数据库中的记录,或者在数据库中新增记录,查看已有的资料等。

3. GoLive

GoLive 是一套工业级的网站设计、制作、管理软件,可让网站设计者轻易地创造出专业又丰富的网站。GoLive 启动后的工作界面如图 1.11 所示。

目前的最新版本是 Adobe GoLive CS2。使用交互式的 QuickTime 编辑器为网站加入影片。紧密结合其他 Adobe 的网站产品,包括 Adobe Photoshop、Adobe Illustrator 和 Adobe LiveMotion。Adobe GoLive 软件提供 360Code 功能,可保护你的网页原始码不被随便修改。此外,Adobe GoLive 还提供得奖的网站设计、管理功能。

使用 Adobe GoLive CS2 软件,可以借助直观的可视工具(如预先构建的 CSS 对象,可

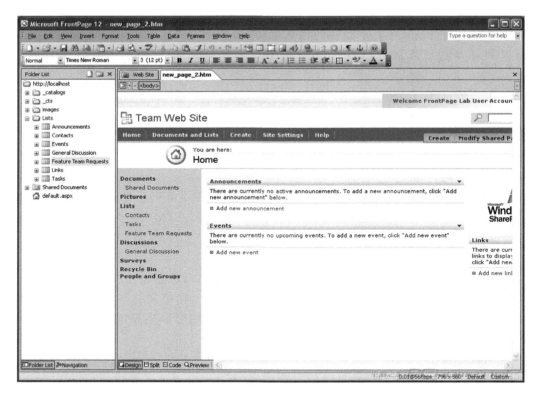

图 1.10　FrontPage 启动后的工作界面

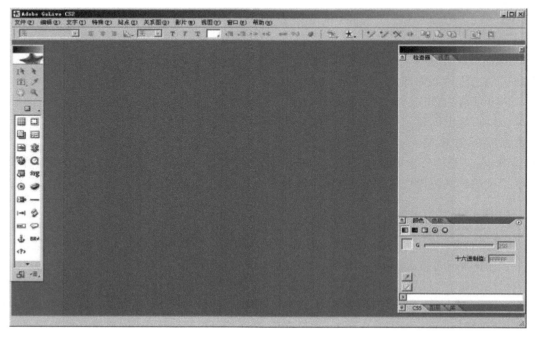

图 1.11　GoLive 启动后的工作界面

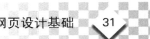

通过拖放这些对象来构建复杂的站点）充分利用 CSS 的功能。将 Adobe InDesign 版面方便地转换为 Web 页面，从而加快设计的速度。此外，还可以在基于标准的高级编码环境中设计 Web 和移动设备内容。

Adobe Golive CS2 作为一个类似 Dreamweaver 的网站制作软件，是目前最好用的 CSS＋Div 网站开发软件。在可视化操作方面要比 Dreamweaver 更加人性化，可以让设计师通过简单的步骤就将作品制作为网页。

1.3.2 图形图像处理软件

1. Photoshop

Photoshop 是真正独立于显示设备的图形图像处理软件，使用该软件可以非常方便地绘制、编辑、修复图像以及创建图像的特效。Photoshop CS5 支持宽屏显示器、集 20 多个窗口于一身的 dock、占用面积更小的工具栏、多张照片自动生成全景、灵活的黑白转换、更易调节的选择工具、智能的滤镜、改进的消失点特性等。另外，Photoshop 从 CS5 首次开始分为两个版本，分别是常规的标准版和支持 3D 功能的 Extended（扩展）版。Photoshop CS5 图形图像处理软件的启动界面如图 1.12 所示。

图 1.12　Photoshop CS5 工作界面

Photoshop CS5 引入了大量新技术。

（1）可将好几张不同曝光的照片结合成单一高动态范围照片（HDR），并由用户自行微调最后结果。

（2）自动镜头校正。根据 Adobe 对各种相机与镜头的测量自动校正，可轻易消除桶状和枕状变形、相片周边暗角，以及造成边缘出现彩色光晕的色像差。

（3）更新对高动态范围摄影技术的支持。此功能可把曝光程度不同的影像结合起来，产生想要的外观。可用来修补太亮或太暗的画面，也可用来营造阴森景观。

（4）内容自动填补能删除相片中某个区域（例如不想要的物体），遗留的空白区块由 Photoshop 自动填补，此功能也适用于填补相片四角的空白。

（5）先进的智能型选择工具，能轻易把某些物件从背景中隔离出来。

（6）Puppet warp 功能。能根据控制点和锚点，以自由形式的调整方式搬移场景的元素。

2. CorelDRAW

CorelDRAW 是 Corel 公司出品的矢量图形制作软件，其不但具有强大的平面设计功能，而且还具有 3D 的效果，同时提供矢量动画、位图编辑和网页动画等多种功能。CorelDRAW 图形图像处理软件的启动界面如图 1.13 所示。

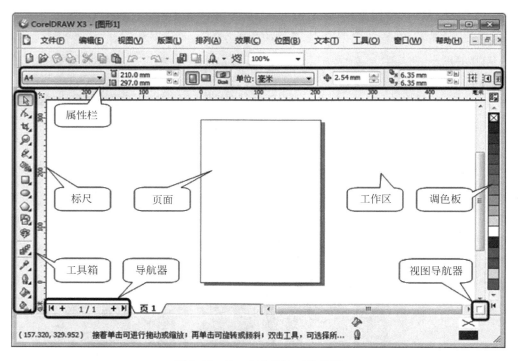

图 1.13　CorelDRAW 工作界面

目前，CorelDRAW 的最新版本是 CorelDRAW Graphics Suite X5。

CorelDRAW 的作用主要表现在 4 个方面。

（1）图文混排，制作报版、宣传单、宣传画册、广告等。

（2）绘画，绘制图标、商标以及各种复杂的图形。

（3）印前制作，易于进行分色，制成印刷用胶片。

（4）制作需要的各种平面作品，包括网页。

3. Fireworks

Adobe Fireworks 是 Adobe 推出的一款网页作图软件，是创建与优化 Web 图像和快速构建网站与 Web 界面原型的理想工具。Fireworks 启动成功后的工作界面如图 1.14 所示。

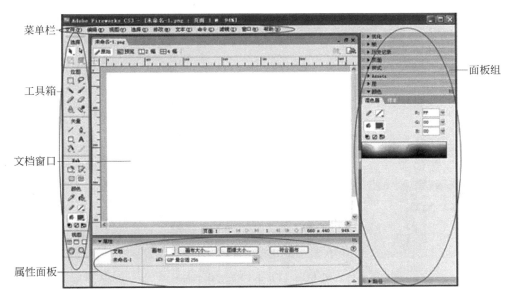

图 1.14　Fireworks CS5 工作界面

Fireworks 不仅具备编辑矢量图形与位图图像的灵活性，还提供了一个预先构建资源的公用库，并可与 Adobe Photoshop、Adobe Illustrator、Adobe Dreamweaver 和 Adobe Flash 软件省时集成。在 Fireworks 中将设计迅速转变为模型，或利用来自 Illustrator、Photoshop 和 Flash 的其他资源，然后直接置入 Dreamweaver 中轻松地进行开发与部署。

Fireworks 大大简化了网络图形设计的工作难度，无论是专业设计家还是业余爱好者，使用 Fireworks 不仅可以轻松地制作出十分动感的 GIF 动画，还可以轻易地完成大图切割、动态按钮、动态翻转图等。

1.3.3　动画制作软件

Adobe Flash Professional CS5 是一个创作工具，它可以创建出演示文稿、应用程序以及支持用户交互的其他内容。Flash CS5 动画制作软件的启动界面如图 1.15 所示。

Flash 项目可以包含简单的动画、视频内容、复杂的演示文稿、应用程序以及介于这些对象之间的任何事物。使用 Flash 制作出的具体内容就称为应用程序(或 SWF 应用程序)，尽管它们可能只是基本的动画，但可以在制作的 Flash 文件中加入图片、声音、视频和特殊效果，创建出包含丰富媒体的应用程序。SWF 格式大量使用了矢量图形，文件很小，十分适合在 Internet 使用。

图 1.15　Flash CS5 工作界面

1.3.4　网页制作工具的综合运用

使用 Photoshop,除了可以对网页中要插入的图像进行调整处理外,还可以进行页面的总体布局并使用切片导出。对网页中所出现的 GIF 图像按钮也可使用 Photoshop 进行创建,以达到更加精彩的效果。图 1.16 为用 Photoshop 绘制的几个网页按钮。

图 1.16　用 Photoshop 绘制的网页按钮

Photoshop 还可以为创建 Flash 动画所需的素材进行制作、加工和处理,使网页动画中所表现的内容更加精美和引人入胜。

使用 Fireworks 设计图形并使网页图形最优化。Fireworks 使用一整套的位图及矢量工具来创建、编辑并且动态生成网络图形,并可以输出到 Dreamweaver 及其他的 HTML 代码编辑软件中。通过在 Dreamweaver 或 Flash 中直接对 Fireworks 进行调用、编辑图形来实现流畅的工作流程。

如果网页中只有静止的图像,那么即使这些图像再怎么精致,也会让人感觉网页缺少生动性和活泼性,会影响视觉效果和整个页面的美观。因此,在网页的制作过程中往往还需要适时地插入一些动态图像。使用 Flash 主要是制作具有动画效果的导航条、Logo 以及商业广告条等,动画可以更好地表现设计者的创意,Flash 动画已成为当前网页设计中不可缺少的元素。

　　FrontPage 和 Dreamweaver 是使用最多的 HTML 网页制作工具。它们都支持多种媒体类型,可以通过 ActiveX 定义接口,与脚本编程语言 JavaScript 和 VBScript 配合,创建动态交互的 Web 系统。特别值得指出的是,Dreamweaver 以及 Flash 和 Fireworks 一起被人们称作网页制作三剑客,三者的有机结合,可以说是目前使用方便、功能强大的网站管理及 HTML 页面制作工具。

习题 1

一、填空题

1. 网站、网页和主页是三个功能不同但又紧密联系的概念,一个(　　　)由多个网页元素构成,若干个网页又通过(　　　)成一个完整的网站系统。

2. 网页可分为(　　　)和静态页面。

3. (　　　)采用超链接方法,将各种不同空间的文字信息组织在一起的网状文本,用以显示文本及与文本相关的内容。

4. (　　　)是超文本和多媒体在信息浏览环境下的结合。

5. HTML 不是程序设计语言,它只是(　　　),它可以规定网页中信息阵列的格式。

6. HTTPS 称为以安全为目标的 HTTP 通道,它的安全基础是(　　　)。

7. (　　　)是浏览网页的时候网站服务器放在客户端的一个很小的 TXT 文件,在这个文件里面存储了一些与访问的这个网站有关的一些信息。

8. HTML 语法由(　　　)和属性组成。

9. 一般来讲,在 800×600 的屏幕显示模式下,在 IE 安装后默认的状态,IE 窗口内能看到的部分为(　　　)。

10. 色彩有冷暖色之分,(　　　)给人安静、冰冷的感觉;而(　　　)给人热烈、火热的感觉,冷暖色的巧妙运用可以让网站产生意想不到的效果。

11. (　　　)是一套针对专业网页设计师特别发展的视觉化网页开发工具,利用它可以轻而易举地制作出跨越平台限制和跨越浏览器限制的充满动感的网页。

12. (　　　)是 Office 家族的一员,因为沿袭了 Office 的风格,结合了设计、程式码、预览三种模式。

13. (　　　)是一套工业级的网站设计、制作、管理软件,可让网站设计者轻易地创造出专业又丰富的网站。

14. (　　　)是真正独立于显示设备的图形图像处理软件,使用该软件可以非常方便地绘制、编辑、修复图像以及创建图像的特效。

15. (　　　)不但具有强大的平面设计功能,而且还具有 3D 的效果,同时提供矢量动画、位图编辑和网页动画等多种功能。

16. (　　　)是一款网页作图软件,是创建与优化 Web 图像和快速构建网站与 Web 界面原型的理想工具。

17. (　　　)是一个创作工具,它可以创建出演示文稿、应用程序以及支持用户交互的其他内容。

二、选择题

1. Internet 上的 WWW 服务器使用的主要协议是（　　　）。
   　A. FTP　　　　　　B. HTTP　　　　　　C. SMTP　　　　　　D. TelNet

2. 以下扩展名中不表示网页文件的是（　　　）。
   　A. .htm　　　　　　B. .html　　　　　　C. .asp　　　　　　D. .txt

3. 构成 Web 站点的最基本单位是（　　　）。
   　A. 网站　　　　　　B. 主页　　　　　　C. 网页　　　　　　D. 文字

4. 网页最基本的元素是（　　　）。
   　A. 文字与图像　　　B. 声音　　　　　　C. 超链接　　　　　　D. 动画

5. 下面不是网站的链接结构的是（　　　）。
   　A. 层状结构　　　　B. 分散点集合结构　　C. 线性结构　　　　　D. 网状结构

6. 单击网页中的超链接可以跳转到其他（　　　）。
   　A. 网页　　　　　　B. 操作系统　　　　　C. 文件　　　　　　D. 网站

7. 网站首页的名字通常是（　　　）。
   　A. Index.htm　　　B. Index.html　　　　C. WWW　　　　　　D. A 或 B

8. 在 HTML 中，单元格的标记是（　　　）。
   　A. <td>　　　　　　B. <span>　　　　　C. <tr>　　　　　　D. <body>

9. 在网页中最为常用的两种图像格式是（　　　）。
   　A. JPEG 和 GIF　　B. JPEG 和 PSD　　　C. GIF 和 BMP　　　D. BMP 和 PSD

10. body 元素用于背景颜色的属性是（　　　）。
    　A. alink　　　　　B. vlink　　　　　　C. bgcolor　　　　　D. background

11. 下列关于 HTML 标记不正确的是（　　　）。
    　A. a 标记 用来标记超级链接　　　　　　B. img 标记 用来插入图片
    　C. table 标记 用来插入表格　　　　　　D. div 标记 用来插入框架网页

12. 为了标识一个 HTML 文件开始应该使用的 HTML 标记是（　　　）。
    　A. <table>　　　　B. <body>　　　　　C. <html>　　　　　D. <a>

13. 关于网页中的换行，说法错误的是（　　　）。
    　A. 可以直接在 HTML 代码中按下回车键换行，网页中的内容也会换行
    　B. 可以使用
标签换行
    　C. 可以使用<p>标签换行
    　D. 使用
标签换行，行与行之间没有间隔；使用<p>标签换行，两行之间会
    　　 空一行

14. 在 HTML 语言中，如果要对文字的颜色进行修饰，则在代码段中会有代码（　　　）。
    　A. font-family："宋体";　　　　　　　B. font-size：9pt;
    　C. color：#990000　　　　　　　　　D. href="../example1/2.html"

15. 以下标记符中，用于设置页面标题的是（　　　）。
    　A. <title>　　　　B. <caption>　　　　C. <head>　　　　　D. <html>

16. 若要设置网页的背景图形为 bg.jpg，以下标记正确的是(　　)。

　　A. ＜body background＝"bg.jpg"＞　　　B. ＜body bground＝"bg.jpg"＞

　　C. ＜body image＝"bg.jpg"＞　　　　　D. ＜body bgcolor＝"bg.jpg"＞

17. 以下说法中，错误的是(　　)。

　　A. 网页的本质就是 HTML 源代码

　　B. 网页就是主页

　　C. 使用"记事本"编辑网页时，应将其保存为 .htm 或 .html 后缀

　　D. 本地网站通常就是一个完整的文件夹

18. (　　)的作用就是把浏览器划分为若干个区域，每个区域可以分别显示不同的网页。

　　A. 框架　　　　B. 表格　　　　　　C. 层　　　　　　D. 表单

19. 以下不属于"网页设计三剑客"的是(　　)。

　　A. Dreamweaver　　　　　　　　　B. FrontPage

　　C. Fireworks　　　　　　　　　　D. Flash

20. 下面不可以用来处理图形的软件是(　　)。

　　A. Fireworks　　　B. Flash　　　　C. FrontPage　　　D. Photoshop

三、简答题

1. 说明网页、网站和主页之间的关系。

2. Web 具有哪些特点？

3. Web 的发展经过了几个阶段？各有什么特点？

4. 简单说明 Web 的工作原理。

5. 说明 HTML 文档的基本构成。

6. 常见的 HTML 标记有哪些？

7. 常见的页面布局有哪些形式？首屏布局要考虑哪些因素？

8. 在页面的点、线、面设计中应注意哪些问题？

9. 网页的颜色设计时，应注意哪些问题？

10. 网页设计师常用的设计技巧有哪些？

11. 常用网页制作软件有哪些？各有什么特点？

12. 常用图形图像处理软件有哪些？各有什么特点？

第 2 章 网站设计基础

许多公司和个人都希望网站看起来尽可能专业,确保网站可以满足客户需求,使在线业务获得成功。网站制作不是简简单单地做网站,而是要考虑到好多外部因素。

2.1 网站设计概述

2.1.1 网站的组成要素

一个基本的网站最少包括域名、空间(静态空间、动态空间、视频空间等)、导航栏(公司介绍、产品展示、信息发布、成功案例、联系方式、新闻中心等)、首页(Flash 引导页、门户型首页、企业型首页)等要素。

1. 域名

通过 TCP/IP 协议进行数据通信的主机或网络设备都要拥有一个 IP 地址,但 IP 地址不便记忆。为了便于使用,常常赋予某些主机(特别是提供服务的服务器)能够体现其特征和含义的名称,即主机的域名。

域名系统(Domain Name System,DNS)提供一种分布式的层次结构,位于顶层的域名称为顶级域名,顶级域名有两种划分方法:按地理区域划分和按组织结构划分。域名层次结构如图 2.1 所示。

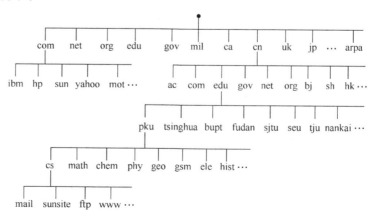

图 2.1　域名层次结构

网络数据传送时需要 IP 地址进行路由选择,域名无法识别,为此因特网提供了域名系统(DNS),DNS 的主要任务是为客户提供域名解析服务,将用户要访问的服务器的域名翻译成对应的 IP 地址。

域名服务系统将整个因特网的域名分成许多可以独立管理的子域,每个子域由自己的域名服务器负责管理。这就意味着域名服务器维护其管辖子域的所有主机域名与 IP 地址的映射信息,并且负责向整个因特网用户提供包含在该子域中的域名解析服务。基于这种思想,因特网 DNS 有许多分布在全世界不同地理区域、由不同管理机构负责管理的域名服务器。全球共有十几台根域名服务器,其中大部分位于北美洲,这些根域名服务器的 IP 地址向所有因特网用户公开,是实现域名解析服务的基础。

2. 首页

首页类型分为门户型和企业型首页。

1) 门户型首页

门户型首页一般包括几大功能模块。

(1) 公司简介:包括介绍、领导、企业文化、荣誉展示。

(2) 新闻系统:可以分为公司新闻和行业动态。

(3) 产品展示系统:分类展示,图片加上详细介绍,让客户能更好地了解产品。

(4) 人才招聘系统:实现在线招聘,也可以展示企业文化,让更多的人愿意加入。

(5) 留言系统:意见反馈或客户留言。

(6) 联系我们:留下联系方式以便客户与您联系。

(7) 订购系统:实现产品的在线订购。

(8) 会员管理系统:实现对会员的有效管理。

2) 企业型首页

企业型首页和门户型首页在功能上没有太大区别,主要区别在于内容相对比较少,比如门户网站关于新闻的分类可以达到无限,而企业型首页只能达到 3~5 个分类。

3. 空间

不同类型的网站需要不同类型的空间支持,一个合适的空间可以为网站提供很好的稳定性。空间一般主要分为静态空间、动态空间、视频空间等。

1) 静态空间

静态空间通常是指不带数据库功能开发,不支持网站动态语言开发的网站空间。一般只支持静态网页,如扩展名为.htm、.html 的页面。

2) 动态空间

动态空间通常是指支持动态程序设计语言的空间平台,如支持 ASP、JSP、PHP、CGI、.NET 等动态网站常用开发语言。使用动态网站空间,是为了开发带数据库功能的网站,也就是说通过程序实现对数据库中数据的存储、读取、更新、删除等操作。

3) 视频空间

视频的交互流量巨大,所以需要专门的视频空间来负责对流量的运转和资源的支撑,视频空间的容量比一般空间要大很多。

4．导航栏

网站使用导航栏是为了让访问者更清晰明朗地找到所需要的资源区域。例如百度主页眉页上的"新闻"、"网页"、"MP3"、"知道"等选项就是导航栏的一种范例。一般在导航栏中有公司介绍、产品展示、信息发布、成功案例、联系方式等。

2.1.2　网站的设计要素

设计一个网站，应该考虑以下基本因素，这些因素对网站的成功与否有着重要影响。

1．布局清晰

网页应该力求抓住浏览者的注意力，好的网站应该给人以干净整洁、条理清楚、专业水准、引人入胜的感觉。

1）谨慎使用框架

框架在网页上越来越流行。大多数网站在屏幕的左边有一个框架。但是使用框架时会产生一些问题，如果没有 17 英寸的显示屏几乎不可能显示整个网站。搜索引擎常常被框架混淆，从而不能列出的网站。

2）注意留白

注意留空白，不要用图像、文本和不必要的动画来充斥网页，利用空白会吸引更多的注意力。

2．内容正确

1）信息应该有价值

无论商业站点还是个人主页，只有提供有一定价值的内容才能留住访问者。所谓有价值并不是说必须提供某些免费的物品，而可以是信息、娱乐、劝告、对一些问题的帮助、提供志趣相投者联络的机会、链接到有用的网页等。如果是企业网站，应该提供容易理解、容易查询的产品服务信息。

2）词语无错误

一个网站如果词语错误连篇、语法混乱，一定是失败的，会给人粗心大意、懒惰、外行、没水平等印象。

3）可读性好

文字要在广告牌上突出，周围应该留有足够的空间。某些背景色令人阅读困难，而紫色、橙色和红色让人眼花缭乱。参考报纸的编排方式，为方便或快速阅读将你的内容分栏设计，甚至两栏也要比一满页的视觉效果要好。除了分栏之外（将页面纵向分割），也需要利用标题和副标题将文档分段。也可以将整句采用粗体或用不同的颜色突出某些内容。

另外，特殊字体的应用也要慎重。在一台计算机里看起来相当好的页面，在另一个不同的平台上看起来可能非常糟糕。最后，避免长文本页面。如果有大量的基于文本的文档，应当以 Adobe Acrobat 格式的文件形式来放置，以便访问者能离线阅读。

3．注意速度

页面下载速度是网站留住访问者的关键因素。如果几十秒还不能打开一个网页，一般人就会没有耐心。至少应该确保主页速度尽可能快，最好不要用大的图片。网站首页就像一个广告牌，当开车经过一个广告牌时，广告标志从眼前一闪而过，必须在一瞬间给人留下印象。网上访问者也是"一闪而过"，必须保证首页简单而快速。

4．科学地使用图形和动画

图形的版面设计关系到对主页的第一印象，图像应集中反映主页所期望传达的主要信息。如果有系列商业站点，不必让过分显眼的动画出现在首页。但如果网站是游戏站点，动画将是必不可少的一部分内容。

图片是影响网页下载速度的重要原因。把每页全部内容控制在30KB左右可以保证比较理想的下载时间。图像在6～8KB之间为宜，每增加2KB会延长1秒的下载时间。

阅读西方格式文本时，眼睛从左上方开始。逐行浏览到达右下方，插入图像时不要忘记这种特性。任何具有方向性的图片应该放置在网页中对眼睛最重要的地方，如果在左上角放置一幅小鸟的图片，鸟嘴应该放在把浏览者目光引向页面中部的地方，而不是把视线引走。

这种思路可以用于所有图片，例如：面部应该朝向网页中部，汽车面向网页中部；道路、领带等图片的放置都应该有助于吸引目光从左向右、从上向下移动。

对于图像的使用，还有以下几点需要注意。

1）避免使用过大的图像

不要使用横跨整屏的图像。避免访问者向右滚动屏幕。占75％屏宽是一个好的尺寸。

2）选择使用Flash动画

许多速度较慢计算机的访问者发现动画容易耗尽系统资源，使网站的操作变得很困难，因此，应该给用户一个跳过使用Flash动画的选择。

3）让用户先预览缩略图像

如果不得不放置大的图像在网站上，最好使用Thumbnails软件，把图像的缩略版本显示出来，这样用户就不必浪费时间去下载他们根本不想看的大图像。

4）动画与内容应有机结合

确保动画和内容有关联，它们应和网页浑然一体。

5．合理地设置导航

有效的导航条和搜索工具使人们很容易找到有用的信息，这对访问者很重要。

1）网站介绍

应当有一个很清晰的网站介绍，告诉访问者你的网站能够提供些什么，以便访问者能找到想要的东西。

2）导航按钮

人们习惯于从左到右、从上到下阅读。所以，主要的导航条应放置在页面左边，对于较长页面来说,在最底部设置一个简单导航也很有必要。

3)向前和向后按钮

应当避免强迫用户使用向前和向后按钮。设计应当使用户能够很快地找到他们所要的东西。绝大多数好的站点在每一页同样的位置上都有相同的导航条,使浏览者能够从每一页上访问网站的任何部分。

4)计数器

不要轻易在网站上放置一个醒目的单击计数器,大多数浏览者认为计数器毫无意义,且容易被做假。设计网站是为了给访问者提供服务,而不是推销你自己认为重要的东西。

6.良好的用户互动

1)保护用户隐私

对于商业网站来讲,最重要的事情之一是确保潜在客户的信心。应该明确地告诉人们,如何对其兴趣、爱好,尤其个人隐私保密,很有必要专门用一个页面详细陈述你的保护个人信息声明,包括对访问者的 E-mail 地址保密、如何接受订单、如何汇总信息、汇总这些信息的目的、谁可以看到这些信息等基本内容。

2)设计留言板

浏览者愿意把时间花在好的网站上,所以最好有一个留言板,这能激励访问者再次回到你的网站,还有助于扩充网站内容。访问者也想知道你的产品或服务现有客户的反映,所以如果能引用与你关系融洽的客户对你的积极评价,对可信度将很有帮助。

3)用户注册

如果能知道谁浏览了网站以及是怎样浏览网站的,那么就能得到大量有用的信息。但要求访问者在浏览网站之前进行注册。这样做是有风险的,因为这将赶走一批不愿意注册的人。

7.其他方面

1)测试与升级网站

在网站正式发布之前,必须进行有用的测试。在设计网站时要使用最新的软件,但是人们并不会使用最新的浏览器,所以要考虑到以前的浏览器,在上载网站时还要测试所有的链接和导航工具条。

时刻注意网站的运行状况,性能很好的主机随着访问人数的增加,可能会运行缓慢,一定要有升级计划。

2)慎用声音

声音的运用也应警惕,内联声音是网页设计者的另一个禁地,过多地使用声音会使下载速度很慢。首次听到鼠标发出声音可能会很有趣,但是多次以后肯定会很烦人。

3)慎用插件

在 Web 设计中,如果依赖于一些特别的插件,会减少网站的吸引力。如果访问者没有所要求的插件,将不得不到其他站点去下载,这样访问者有可能就不会返回了。如果网站上有声音或视频,要保证使用者通过某个知名的插件就能听到或看到。

4)避免错误链接

网站中可能与其他一些站点做了链接,一定要经常检查它们,保证链接有效。链接的网站可能很多,但不要链接到与内容无关的网站上。

2.2 网站的设计与建设

2.2.1 注册域名与申请空间

域名被誉为网络时代的"环球商标",是企业、机构或个人进入国际互联网必不可少的身份证明,也是宣传企业产品,提高企业知名度的重要手段。企业网站的命名其实很有学问,一个好的名字可以为商业网站带来巨大的利润。个人网站的命名也应有新意,切中主题,使之能引起浏览者注意,而又不落俗套。

1. 注册域名

拥有一个含义深刻且简单易记的域名,是一个网站成功的首要前提。注册域名是企业机构或个人在互联网上建立自己网站的第一步,只有注册了域名,才能在互联网上让客户知道自己的位置。下面,以耐思尼克域名注册平台注册为例,说明如何注册域名。

(1)进入耐思尼克官方网站(http://www.iisp.com),注册一个会员账号,然后单击域名注册页面,在查询栏内输入要注册的域名 nwujsj.com.cn(如图 2.2),单击"查询"按钮。

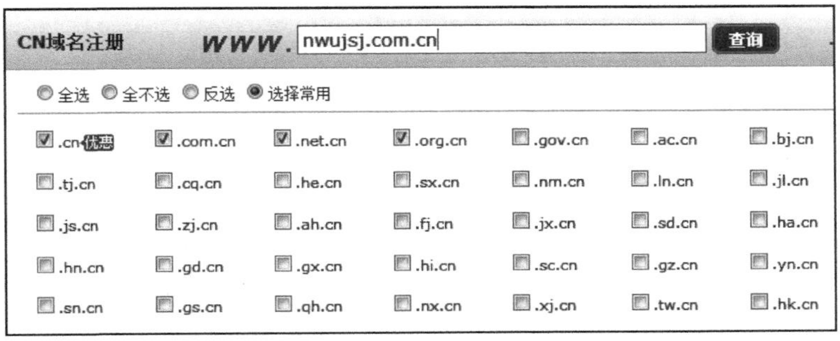

图 2.2　域名查询

(2)系统会自动转入"域名查询结果"页面(如图 2.3)。

图 2.3　域名查询结果

这时,发现该域名状态为"可注册"状态,即可单击"个人注册"或"企业注册"按钮。进行下一步操作。

(3) 单击个人注册后,进入"填写域名注册申请表"页面。

这里分三步进行操作。

① 选择域名接口和注册年限(如图 2.4),耐思尼克域名注册平台目前提供三种域名 NDNS 版本,即"NDNS 普通版(免费)"、"NDNS 智能版特惠(+ 🖒 10 元/年)"、"NDNS 全球版特惠(+ 🖒 38 元/年)"。

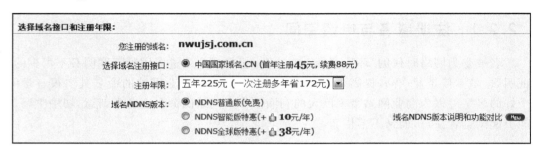

图 2.4　选择域名接口和注册年限

② 完成上述操作后,即可进行下一步操作。填写域名所有者信息(如图 2.5)。国内需要填写完整域名信息才可以正常注册,如果域名管理密码遗失,可以通过填写的域名身份信息找回域名。

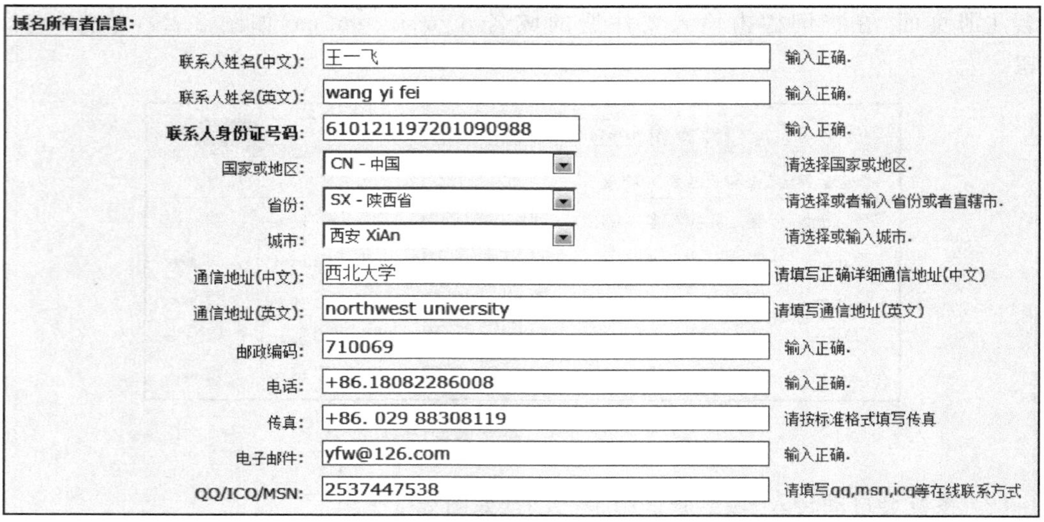

域名所有者信息:		
联系人姓名(中文)	王一飞	输入正确.
联系人姓名(英文)	wang yi fei	输入正确.
联系人身份证号码	610121197201090988	输入正确.
国家或地区	CN - 中国	请选择国家或地区.
省份	SX - 陕西省	请选择或者输入省份或者直辖市.
城市	西安 XiAn	请选择或输入城市.
通信地址(中文)	西北大学	请填写正确详细通信地址(中文)
通信地址(英文)	northwest university	请填写通信地址(英文)
邮政编码	710069	输入正确.
电话	+86.18082286008	输入正确.
传真	+86. 029 88308119	请按标准格式填写传真
电子邮件	yfw@126.com	输入正确.
QQ/ICQ/MSN	2537447538	请填写qq,msn,icq等在线联系方式

图 2.5　填写域名所有者信息

③ 上述资料填写完成后,选择域名解析服务器(默认采用我司域名解析服务器即可)和同意"国际域名在线注册服务条款",否则不予注册(如图 2.6)。最后单击"确认信息,进入下一步"。

根据注册局的相关规定,如果信息不准确或不够详细,域名将有可能被关闭。

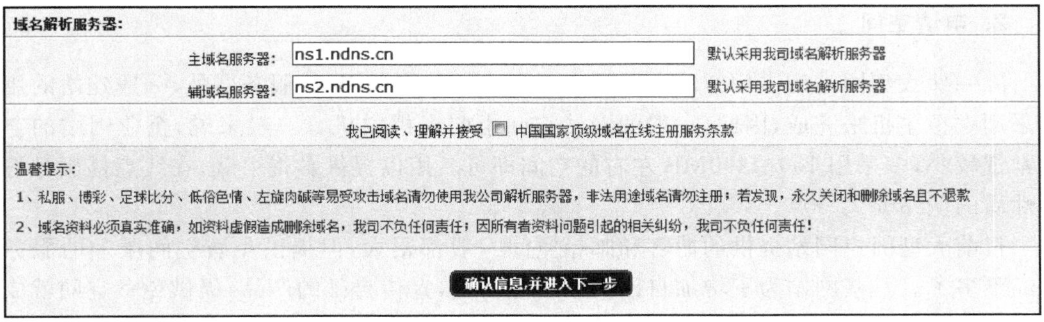

图 2.6　选择域名解析服务器

（4）完善第（3）步后，进入确认域名信息页面。确认信息无误后单击"确认信息，并进入下一步"，出现确认域名信息对话框（如图 2.7）。

图 2.7　确认域名信息对话框

（5）确认后即完成域名注册的相关流程了，现在这个域名还不是你的，还需要缴费开通，缴费成功后即可完成域名注册的全部流程。

（6）两种方式进行缴费，即网上支付开通和用预付款结算方式，缴费成功即可进入域名解析环节。

2. 申请空间

除一些大型网站和占用空间大的站点采用自己建设的 Web 服务器外,一般建站的用户均采用虚拟主机来完成,因此,一般的网站空间也叫虚拟主机。一般来说,企业网站的空间通常都较小,多采用 100～200MB 左右的空间即可。用以提供影视下载、在线点播服务等娱乐性质的网站要大一点。

目前大型门户网站提供的博客和邮箱空间一般都很大,但提供免费空间服务的服务器已经不多了。一些网站为了增加自己网站的点击量,宣传自己的产品,提供免费空间就成了一种有效的宣传手段。其实现在的收费空间也不贵,而且提供了稳定快速、多项扩展的服务,是企业用户的最佳选择。但对于个人主页,免费空间已经足够了。

下面以在 www.5944.net 上申请免费空间为例来说明免费空间的申请。

(1) 打开 5944 免费空间网(http://www.5944.net,如图 2.8)。

图 2.8　网站主页

(2) 单击"免费空间",出现免费空间登录界面(如图 2.9)。

图 2.9　免费空间登录

（3）单击"注册"，系统弹出注册对话框，填写内容（如图 2.10）。

用户名：	nwujsj	* 填写数字,字母,-字符及组合
密码：	●●●●●●●●	* 密码长度为：5-16位
确认密码：	●●●●●●●●	*
姓名或昵称：	风	*
身份证号：	610121197201090988	
QQ号码：	234475432	
电子邮件：	feng@126.com	*用于忘记密码,过期提醒等,请正确填写您的邮箱地址
联系电话：	+086 180822801100	
邀请码：	333	* 收听站长腾讯微博http://t.qq.com/jiangnanyao立刻获得邀请码
注册条款：	☑ 我已经阅读并同意注册协议 您还可以关注本站微信公众平台获得邀请码！扫一扫,

图 2.10　填写注册信息

（4）单击"注册"，即可完成免费空间的申请。

（5）申请成功后，用户将进入管理中心（如图 2.11）。

您使用的空间资源情况：	总大小:1000M	站点状态: 正常
有效期：	2013-3-16 15:51:56　增加使用时间　（永久免费,用户需每月登录此页面点击增加空间使用时间）
系统自动分配的域名：	http://6238.113300.info [默认]
您自主绑定的域名：	绑定域名
FTP上传地址：	199.115.96.90　复制　或　6238.113300.info　复制　上传文件
FTP上传账号：	6238　复制
FTP上传密码：	xdjszxdyf　复制
升级成为VIP：	升级SF专用下载空间☑　升级视频专用空间☑　升级成为全能VIP☑

图 2.11　管理中心设置

这样免费空间就开通了。

2.2.2　网站的系统分析

1. 项目立项

接到客户的业务咨询，经过双方不断的接洽和了解，并通过基本的可行性讨论后，初步达成制作协议。较好的做法是成立一个专门的项目小组，小组成员包括项目经理、网页设计员、程序员、测试员等人员。

2. 需求分析

需求分析处于开发过程的初期，它对于整个系统开发过程及产品质量至关重要。在该阶段,开发人员要准确理解用户的要求,进行细致的调查分析,将用户非形式的需求陈述转化为完整的需求定义,再由需求定义转化到相应的形式功能规约(需求说明书)。

很多客户对自己的需求并不是很清楚,有些客户可能对自己建什么样的网站根本就没有明确的目的,以及他的网站建好后来干什么也是一无所知。这就需要不断引导,仔细分析,挖掘出客户潜在的,真正的需求。

需求说明书要具备下面几点。

(1) 正确性:每个功能必须清楚描写交付的功能。

(2) 可行性:确保在当前的开发能力和系统环境下可以实现每个需求。

(3) 必要性:功能是否必须交付,是否可以推迟实现,是否可在削减开支情况下取消。

(4) 简明性:不要使用专业的网络术语。

(5) 检测性:如果开发完毕,客户可以根据需求检测。

2.2.3　网站的系统设计

1. 网站总体设计

需求分析后,就要进行总体设计。

1) 总体设计的任务

总体设计是非常关键的一步,它主要确定:

(1) 网站需要实现哪些功能;

(2) 网站开发使用什么软件,什么样的硬件环境;

(3) 网站开发要多少人,多少时间;

(4) 网站开发要遵循的规则和标准。

2) 编写总体设计说明书

同时需要写一份总体规划说明书,包括:

(1) 网站的栏目和板块;

(2) 网站的功能和相应的程序;

(3) 网站的链接结构;

(4) 如果有数据库,进行数据库的概念设计;

(5) 网站的交互性和用户友好设计。

3) 提交网站建设方案

在总体设计后,需要给客户一个网站建设方案。网站建设方案包括以下几个部分:.

(1) 客户情况分析;

(2) 网站需要实现的目的和目标;

(3) 网站形象说明;

(4) 网站的栏目板块和结构;

(5) 网站内容的安排,相互链接关系;

(6) 使用软件、硬件和技术分析说明;

(7) 开发时间进度表;

(8) 宣传推广方案;

（9）维护方案；

（10）制作费用等。

当方案通过客户认可，就可以进行详细设计了。

2．网站详细设计

总体设计阶段以抽象概括的方式给出了问题的解决办法。详细设计阶段的任务就是把解决办法具体化。详细设计主要是针对程序开发部分来说的。但这个阶段不是真正编写程序，而是设计出程序的详细规格说明，它们包含必要的细节，如程序界面、表单、需要的数据等。

3．网站的制作规范

1）网站目录规范

目录建立的原则：以最少的层次提供最清晰简便的访问结构。

2）文件命名规范

文件命名的原则：以最少的字母达到最容易理解的意义。

3）链接结构规范

链接结构的原则：用最少的链接，使得浏览最有效率。首页和一级页面之间用星状链接结构，一级和二级页面之间用树状链接结构。超过三级页面，在页面顶部设置导航条。

2.2.4　网站的制作

1．搜集材料

明确了网站的主题以后，就要围绕主题开始搜集材料了。要想让自己的网站能够吸引住用户，就要尽量搜集材料，搜集的材料越多，以后制作网站就越容易。

网站所包含的资源信息一般有如下几种。

1）文字资料

文字是一个网站的主体，如果离开了文字，即使再华丽的图片，浏览者也会觉得不知所云。所以要制作一个成功的网站，必须提供足够的文字资料。

2）图片资料

图文并茂的介绍才会使浏览者不觉得枯燥无味。文字解说的同时加上适当的图片，可以给浏览者留下更深刻的印象。

3）动画资料

动画可以增加页面的动感效果，让网站设计者所表现的内容更加栩栩如生。

4）其他资料

其他资料即不属于文字、图片和动画资料的其他一些资料，如需要提供给浏览者下载的软件、视频、音乐文件、交互表格以及其他演示资料等。

2．选择合适的制作工具

一款功能强大、使用简单的软件往往可以起到事半功倍的效果。网页制作涉及的工具比较多。首先就是网页制作工具,这其中首选是 Dreamweaver 和 FrontPage。如果是初学者,选择 FrontPage 比较合适。除此之外,还有图片编辑工具,如 Photoshop;动画制作工具,如 Flash、Cool3D、GIF Animator 等;还有网页特效工具,如有声有色等。

现在的网站几乎都是通过数据库进行驱动的,因此,用户如果想要访问其中的数据,就需要用到 ASP、JSP、PHP 等语言进行网页编程。

3. 制作网页

材料有了,工具选好了,下面就需要按照规划一步步地实现了。这是一个复杂而细致的过程,一定要按照先大后小、先简单后复杂来进行制作。所谓先大后小,就是说在制作网页时,先把大的结构设计好,然后再逐步完善小的结构设计。所谓先简单后复杂,就是先设计出简单的内容,然后再设计复杂的内容,以便出现问题时好修改。

2.3 网站建设中需要注意的问题

2.3.1 做好分析

1. 分析目标市场

做网站之前,一定要考虑的就是网站提供的服务到底需求大不大,能不能够转化为价值。做网站是做媒体,但是不同于电视、报纸。所以对于做网站的人来说,一定要明确他们的访问者、消费者两个目标市场。做互联网媒体,最好定位在中介,现在成熟盈利网站,比如前程无忧职业介绍的网站,其实都是中介。

成立一个网站,还要调查目标访问者的服务需求、访问习惯、目标消费者能够提供的市场到底有多大,这些调查分析看似简单,但是非常重要。

2. 搞清产品趋于哪个阶段

互联网站提供服务,服务也属于一种产品,任何产品都是有周期的,一般而言,产品周期包括导入期、成长期、成熟期、衰退期。在成长期,你就要进入了,越早进入越好,因为这个时候可以依靠概念找到投资,但是这个时期非常短,机遇就在弹指一挥间。

3. 分析竞争者

网站属于竞争市场的什么地位呢?市场领导者?市场挑战者?市场追随者?那么市场领导者采取的就是防守型战略,打压挑战者,挑战者就需要不断地想办法超越领导者,提供更好的服务,追随者就需要想办法用细分市场的办法,出奇制胜。

2.3.2 网站建设中的常见误区

很多建网站的企业与商家并不了解网站真正的重要性,它除了展示产品宣传企业的作用,更多的是要利用搜索引擎与客户的体验。

1．页面花哨纷乱

网站要清晰明了，不要太花哨。版块也要简洁，让来访者一进来就知道它的功能与作用。有很多客户喜欢漂亮的 Flash 作为首页，这样漂亮不实用。百度蜘蛛对于这样的网站无法检索。

2．目录太过烦琐

有很多网站进去以后和走迷宫一样，点开一个子目录，又是另一个目录，让访问者不停地点，最后点到的还不是自己想看的。目录或者导航尽量使用文字，尽量简单化。

3．联系方式

网站一定要有联系方式，同时联系方式也不能太让人反感，现在有很多网站设有漂浮QQ 或者电话。这是可以的，可是有很多网站的联系方式不停地跟随访问者的鼠标而漂动。不但遮挡了访问者的视线，而且不能关闭，容易让访问者反感。

4．会员注册

很多网站都设置了会员注册功能，诱导来访者注册，留下信息，否则很多版块无法浏览。有很多商家在意与注册时留下的电话和来访者电话营销，其实这种方法成功的概率非常低。

2.3.3 网站的基本盈利模式

世界上的网站成千上万，网站按照作用可以分为三种，分别为：内容型网站、服务型网站、电子商务型。这三种分类并不是绝对的，可以有交叉，一个网站可以既是内容型的也是服务型的。

1．内容型网站

内容型网站以提供内容为主要业务，这种网站是主流网站，要比服务型的网站多很多。这些网站提供的内容多种多样，有新闻、业界动态、技术知识经验、产品介绍、电子书籍、视频、图片、公司产品介绍等。

像 SINA、新华网、SOHU 等都提供新闻；像 DoNews，iResearch，IT168 等都提供业界动态；像 CSDN，博客园等提供技术知识经验。这些网站为人们提供内容，供大家了解事物，学习知识，在大家使用它们提供的内容的同时，了解了它们推广的产品，就是说这些内容衍生出了广告价值，这些网站赚的是广告费。

企业网站存在的意义是增加一个产品销售的渠道，通过企业网站让其产品消费者了解产品，进而转化为产品销售额。

靠广告生存的网站在内容型网站中又占了很大的比重，这些网站又可以分为大、小两种。大小不同做广告的策略也不同，大网站自己有广告系统，每一条链接，每一个不同尺寸的广告位都有专门的销售人员在做。它们的广告费往往很贵，一个 90×30 的小 banner（广告）往往每天几千元上万元，大条幅和大的开屏广告更贵，SINA、SOHU、网易都是这种类型的。

小网站由于没有那么多的受众，也没有品牌价值，所以只有靠 Google、AdSense、百度联盟、阿里妈妈（现称淘宝联盟）等广告联盟，但是收益很有限。

2．服务型网站

顾名思义服务型网站以提供服务为主。服务包括 E-mail、博客、SNS、在线办公软件、使用分析、网站可用性分析等。

这些服务又分为免费服务和收费服务，像 SINA 提供的 E-mail 服务就有企业版收费的和普通用户免费的两种。盈利模式也就是三种：广告、收费和衍生服务。当服务型网站要以广告作为主要收入时，这种服务就得有服务衍生内容了，像 E-mail、博客等都是这种情况，这种类型的网站也和内容型网站一样，要想产生高额的广告利润必须提高自己的网站的访问量和网站的知名度。

服务型网站靠收费作为收入的并不多，但是也有，比如 networkbench，这个网站为大网站提供网站的可用性分析，它的技术门槛比较高。这种网站往往是为企业提供服务的。

服务型网站还有一种方式就是和一些餐饮、礼品（鲜花、蛋糕）等公司合作，通过推介成交后收取中介费，或者网站足够强大，在各大城市建立自己的物流配送中心，靠给网民提供真实服务收取服务费用。

3．电子商务类型网站

作为网上贸易的平台，真实的在线交易像阿里巴巴、淘宝、慧聪、PPG 等都是这种类型，这类网站多以收取中介费用方式盈利。

2.3.4 其他相关问题

1．网络程序设计语言的选择

目前，最常用的三种动态网页语言有 ASP（Active Server Pages），JSP（Java Server Pages）和 PHP（Hypertext Preprocessor）。在 ASP、PHP、JSP 环境下，HTML 代码主要负责描述信息的显示样式，而程序代码则用来描述处理逻辑。

ASP、PHP、JSP 三者都是面向 Web 服务器的技术，客户端浏览器不需要任何附加的软件支持。

目前在国内 PHP 与 ASP 应用最为广泛，在国外 JSP 已经比较流行，尤其是电子商务类的网站，多采用 JSP。采用 PHP 的网站如新浪网（SINA）、中国人（Chinaren）等，但由于 PHP 本身存在的缺点（PHP 缺乏规模支持，缺乏多层结构支持），使得它不适合应用于大型电子商务站点，而更适合一些小型的商业站点，ASP 和 JSP 则没有以上缺陷。

1）ASP

ASP 全名 Active Server Pages，是一个 Web 服务器端的开发环境，利用它可以产生和执行动态的、互动的、高性能的 Web 服务应用程序。ASP 采用脚本语言 VBScript 或 JavaScript 作为自己的开发语言，具有以下特点。

（1）使用 VBScript、JavaScript 等简单易懂的脚本语言，结合 HTML 代码，即可快速地完成网站的应用程序。

（2）无须编译，容易编写，可在服务器端直接执行。

（3）使用普通的文本编辑器，如 Windows 的记事本，即可进行编辑设计。

（4）与浏览器无关，客户端只要使用可执行 HTML 码的浏览器，即可浏览 ASP 所设计的网页内容。ASP 所使用的脚本语言均在 Web 服务器端执行，客户端的浏览器不需要能够执行这些脚本语言。

（5）ASP 能与任何 ActiveX Scripting 语言兼容。还能通过 plug-in 的方式，使用由第三方所提供的其他脚本语言，譬如 REXX、Per、Tcl 等。

（6）可使用服务器端的脚本来产生客户端的脚本。

（7）ActiveX 服务器组件具有可扩充性。可以使用 Visual Basic、Java、Visual C++、COBOL 等程序设计语言来编写需要的 ActiveX 服务器组件。

ASP 是 Microsoft 开发的动态网页语言，继承了微软产品的一贯传统，只能执行于微软的服务器产品 IIS（Internet Information Server，Windows NT）和 PWS（Personal Web Server，Windows 98）上；UNIX 下也有 ChiliSoft 的组件来支持 ASP，但是 ASP 本身的功能有限，必须通过 ASP+COM 的群组合来扩充，UNIX 下的 COM 实现起来非常困难。

2）PHP

PHP 是一种跨平台的，完全免费的服务器端的嵌入式脚本语言。它大量地借用 C、Java 和 Perl 语言的语法，使 Web 开发者能够快速地写出动态产生页面。它支持目前绝大多数数据库，具有以下特点。

（1）PHP 可以编译成具有与许多数据库相连接的函数。

（2）PHP 与 MySQL 是现在绝佳的群组合。可以自己编写外围的函数去间接存取数据库。但 PHP 提供的数据库接口支持彼此不统一，这也是 PHP 的一个弱点。

PHP3 可在 Windows、UNIX、Linux 的 Web 服务器上正常执行，还支持 IIS、Apache 等一般的 Web 服务器，用户更换平台时，无须变换 PHP3 代码，可即拿即用。

3）JSP

JSP 是 Sun 公司推出的新一代网站开发语言，JSP 可以在 Serverlet 和 JavaBeans 的支持下，完成功能强大的站点程序，具有以下特点。

（1）将内容的产生和显示进行分离

使用 JSP 技术，Web 页面开发人员可以使用 HTML 或者 XML 标识来设计和格式化最终页面。使用 JSP 标识或者小脚本来产生页面上的动态内容。

（2）强调可重用的群组件

绝大多数 JSP 页面依赖于可重用且跨平台的组件（如 JavaBeans 或者 Enterprise JavaBeans）来执行应用程序所要求的更为复杂的处理。开发人员能够共享和交换执行普通操作的组件，或者使得这些组件为更多的使用者或者用户团体所使用。

（3）采用标识简化页面开发

JSP 技术封装了许多功能，标准的 JSP 标识能够存取和实例化 JavaBeans 组件，设定或者检索群组件属性，下载 Applet，以及执行用其他方法更难于编码和耗时的功能。

JSP 同 PHP3 类似，几乎可以执行于所有平台。如 Windows NT、Linux、UNIX。知名的 Web 服务器 Apache 已经能够支持 JSP。由于 Apache 广泛应用在 Windows NT、UNIX 和 Linux 上，因此 JSP 有更广泛的执行平台。

2．网络平台的选择

IIS 是随 Windows NT Server 4.0 一起提供文件和应用程序的服务器,是在 Windows NT Server 上建立 Internet 服务器的基本组件。它与 Windows NT Server 完全集成,允许使用 Windows NT Server 内置的安全性以及 NTFS 文件系统建立强大灵活的 Internet/Intranet 站点。IIS 包括 Web 服务器、FTP 服务器、NNTP 服务器和 SMTP 服务器,分别用于网页浏览、文件传输、新闻服务和邮件发送等方面,它使得在网络(包括互联网和局域网)上发布信息成了一件很容易的事。

3．数据库的选择

选择数据库时,最好选择能跨平台使用的数据库。

1) Oracle

Oracle(汉语译为"甲骨文")是世界领先的信息管理软件开发商,Oracle 的关系数据库是世界第一个支持 SQL 语言的数据库。Oracle 定位于高端工作站,以及作为服务器的小型计算机,整个产品线包括数据库、服务器、企业商务应用程序以及应用程序开发和决策支持工具。Oracle 数据库产品为大多数的大公司和大型网站使用。

2007 年推出数据库 Oracle 11g 是 Oracle 数据库的最新版本。其具有以下基本特性。

① 与无压缩格式下的存储数据相比,新的 Oracle 数据压缩技术能够确保以较小的开销节省 1/3 以上的磁盘存储空间。

② 自动诊断知识库(Automatic Diagnostic Repository,ADR)是专门针对严重错误的知识库。该知识库基本上能够自动完成一些以往需要由数据库管理员手动完成的操作。

③ 提供了 SPA(SQL 性能分析器)。SPA 是一个整体调整工具,管理员可以通过该工具在数据库上定义和重演(replay)一个典型的工作负载,之后管理员可以调节整体参数使数据库尽快达到最佳性能。由于获得了最优的初始参数,数据库管理员仅仅需要给定一个典型的负载,SPA 就会根据历史记录来决定 SQL 的最终设置。

④ 提供 AMM(自动内存管理)工具。AMM 工具其实就是一种探测机制。实际上,Oracle 11g 有很多随机访问存储池,当存储管理模式探测到某个存储池中已满时,它将整个随机存储器从一个区域分配到其他相对合适的区域。

2) Sybase

Sybase 是美国 Sybase 公司研制的一种关系型数据库系统,是一种典型的基于 UNIX 或 Windows NT 平台上客户-服务器环境下的大型数据库系统。Sybase 提供了一套应用程序编程接口和库,可以与非 Sybase 数据源及服务器集成,允许在多个数据库之间复制数据,适于创建多层应用。

Sybase 通常与 Sybase SQL Anywhere 用于客户-服务器环境,前者作为服务器数据库,后者为客户机数据库。该公司研制的开发工具 PowerBuilder 在我国大中型系统中具有广泛的应用。Sybase 主要有三种版本,一是 UNIX 操作系统下运行的版本,二是 Novell Netware 环境下运行的版本,三是 Windows NT 环境下运行的版本。在 UNIX 操作系统下,目前广泛应用的为 Sybase 10 及 Sybase 11 for SCO UNIX。

Sybase 数据库具有以下基本特点。

（1）基于客户-服务器体系结构

一般的关系数据库都是基于主/从式模型的。在主/从式结构中，所有的应用都运行在一台机器上。用户只是通过终端发命令或简单地查看应用运行的结果。而在客户-服务器结构中，应用被分在了多台机器上运行。一台机器是另一个系统的客户，或是另外一些机器的服务器。这些机器通过局域网或广域网连接起来。

（2）是真正开放的数据库

由于采用了客户-服务器结构，应用被分在多台机器上运行。更进一步，运行在客户端的应用不必是 Sybase 公司的产品。对于一般的关系数据库，为了让其他语言编写的应用能够访问数据库提供了预编译。Sybase 数据库，不只是简单地提供了预编译，而且公开了应用程序接口 DB-LIB，鼓励第三方编写 DB-LIB 接口。由于开放的客户 DB-LIB 允许在不同的平台使用完全相同的调用，因而使得访问 DB-LIB 的应用程序很容易从一个平台向另一个平台移植。

3）SQL Server

SQL Server 是由 Microsoft、Sybase 和 Ashton-Tate 三家公司共同开发的一个关系数据库管理系统，于 1988 年推出了第一个 OS/2 版本。在 Windows NT 推出后，Microsoft 公司将 SQL Server 移植到 Windows NT 操作系统上，专注于开发推广 SQL Server 的 Windows NT 版本。Sybase 公司则较专注于 SQL Server 在 UNIX 操作系统上的应用。

SQL Server 2008 是一个重要的产品版本，它增加了许多新的特性和关键的改进，使得它成为迄今为止最强大最全面的 SQL Server 版本。

SQL Server 2008 满足数据爆炸和下一代数据驱动应用程序的需求，提供了满足需求的解决方案，可以使用存储和管理多种数据类型，包括 XML、E-mail、时间/日历、文档等，同时提供一个丰富的服务集合来与数据交互，包括搜索、查询、数据分析、报表、数据整合和同步功能等。

4）MySQL

MySQL 是瑞典 MySQL AB 公司开发的一个小型关系型数据库管理系统。由于其体积小、速度快、成本低，尤其是开放源码这一特点，而被广泛地应用在 Internet 上的中小型网站中。MySQL 规模小、功能有限，但对于一般的个人使用者和中小型企业来说，MySQL 提供的功能已经绰绰有余，而且由于 MySQL 是开放源码软件，因此可以大大降低成本。

目前，Internet 上流行的网站构架方式是 LAMP（Linux＋Apache＋MySQL＋PHP），即使用 Linux 作为操作系统，Apache 作为 Web 服务器，MySQL 作为数据库，PHP 作为服务器端脚本解释器。由于这 4 个软件都是自由或开放源码软件，所以使用 LAMP 方式可以用很低的成本建立起一个稳定、免费的网站系统。

MySQL 具有以下基本特点：

（1）使用 C 和 C++编写，并使用了多种编译器进行测试，保证源代码的可移植性；

（2）支持 AIX、FreeBSD、HP-UX、Linux、Mac OS、Novell Netware、OpenBSD、OS/2 Wrap、Solaris、Windows 等多种操作系统；

（3）为多种编程语言提供了 API，其中包括 C、C++、Python、Java、Perl、PHP、Eiffel、Ruby 和 Tcl 等；

（4）支持多线程，充分利用 CPU 资源；

（5）优化的 SQL 查询算法,有效地提高查询速度;

（6）既可作为一个单独的应用程序用在客户端服务器网络环境中,也可作为一个库嵌入到其他的软件中提供多语言支持;

（7）提供 TCP/IP、ODBC 和 JDBC 等多种数据库连接途径;

（8）提供用于管理、检查、优化数据库操作的管理工具;

（9）可以处理拥有上千万条记录的大型数据库。

习题 2

一、填空题

1. （   ）提供一种分布式的层次结构,位于顶层的域名称为顶级域名。

2. 空间都是需要根据网站的内容进行量身定做的,一般主要分为（   ）、（   ）、视频空间等。

3. 除一些大型网站和占用空间大的站点采用自己建设的 Web 服务器外,一般建站的用户均采用（   ）来完成。

4. （   ）处于开发过程的初期,在该阶段,开发人员要准确理解用户的要求,将用户非形式的需求陈述转化为完整的需求定义。

5. 目前,最常用的三种动态网页语言有（   ）、（   ）和（   ）,三者都提供在HTML 代码中混合某种程序代码、由语言引擎解释执行程序代码的能力。

6. （   ）是随 Windows NT Server 4.0 一起提供的文件和应用程序服务器,是在Windows NT Server 上建立 Internet 服务器的基本组件。

7. （   ）是世界第一个支持 SQL 语言的数据库,定位于高端工作站。

8. （   ）是一种典型的基于 UNIX 或 Windows NT 平台上客户-服务器环境下的大型关系型数据库系统。

9. 目前,Internet 上流行的网站构架方式是 LAMP,即（   ）。

二、选择题

1. 常见的三种网页关系不包括下面的（   ）。
   A. 顺序关系　　　　B. 网状关系　　　　C. 环形关系　　　　D. 树形关系

2. 在进行网站设计时,属于网站建设过程规划和准备阶段的是（   ）。
   A. 网页制作　　　　B. 确定网站的主题　　C. 后期维护与更新　　D. 测试发布

3. 在网站整体规划时,第一步要做的是（   ）。
   A. 确定网站主题　　　　　　　　　B. 选择合适的制作工具
   C. 搜集材料　　　　　　　　　　　D. 制作网页

4. 下面说法错误的是（   ）。
   A. 规划目录结构时,应该在每个主目录下都建立独立的 images 目录
   B. 在制作站点时应突出主题色
   C. 人们通常所说的颜色,其实指的就是色相

D. 为了使站点目录明确,应该采用中文目录

5. 在客户端网页脚本语言中最为通用的是(　　)。

    A. JavaScript   B. VB   C. Perl   D. ASP

6. 以下(　　)不是网站规划书包含的内容。

    A. 网页设计方案   B. 网站

    C. 网站技术解决方案   D. 建设网站目的

7. LOGO 是指(　　)。

    A. 网站标识   B. 导航栏   C. 广告条   D. 以上都不对

8. Banner 是指(　　)。

    A. 网站标识   B. 导航栏   C. 广告条   D. 栏目

9. 每个栏目对应一个(　　)。

    A. 图片   B. 程序   C. 目录   D. 网站

10. 以下允许为主页的扩展名的是(　　)。

    A. DBF   B. ASP   C. DOC   D. JPG

11. 适用于企业、事业单位的网站的颜色是(　　)。

    A. 红色   B. 绿色   C. 蓝色   D. 粉色

12. 红色适用于(　　)单位的网站。

    A. 农业   B. 政府   C. 学校   D. 企业

13. 网站制作完成之后我们便进入了(　　)阶段。

    A. 规划   B. 设计   C. 运营   D. 以上都不对

14. 网站合法运营必须要备案的部门是(　　)。

    A. 财政部   B. 国务院   C. 工业和信息化部   D. 商务部

15. 以下(　　)不属于搜索引擎网站。

    A. 百度   B. 谷歌   C. 雅虎   D. 淘宝

16. 网站的改版是指(　　)。

    A. 变换网站版面风格   B. 重新设计后台代码

    C. 更新网站内容   D. 改变网站颜色

17. CGI (Common Gate Interface)作为标准接口,连接的是 Web 服务器和(　　)。

    A. 客户端的应用程序   B. 服务端的应用程序

    C. 浏览器   D. Web 服务器

三、简答题

1. 网站设计时,应考虑那些基本因素?

2. 如何申请免费空间?

3. 如何发布网站?

4. 简述网站建设的基本步骤。

5. 网站建设中存在哪些误区?

第 3 章 网站运行环境简介

网站运行环境是指除了网站所需的服务器硬件之外,还要在服务器上安装一些支持软件。就像我们用计算机办公一样,首先一台计算机,还要安装 Windows 系统和 Office 这样的办公软件支持。比如 Windows 自带的 IIS 就是一个支持网站运作的软环境,初期学习可以搭建练练手,了解下网站运行的基本架构等。

3.1 网站服务器的选择

网站服务器是指在互联网数据中心中存放网站信息的服务器,主要用于网站在互联网中的发布和应用。

3.1.1 服务器选择原则

服务器是网站建设的主要设备,在选择服务器时须谨慎,选择适合本单位所需要的服务器。下面介绍几个服务器选型原则。

1. "不间断运行"的高可靠性、可用性原则

随着 Internet 的发展,网络规模越来越大、覆盖面越来越广,"不间断运行"已经成为各企业中心服务器支持企业开展基于 Internet 的各种应用关键原则。如果网站的服务器因故障而被迫停止,则会产生很大的影响和损失。

(1) 故障涉及面广,企业中心服务器处于企业级网络的中心位置。一旦意外停机,往往使整个网络瘫痪。

(2) 故障后果严重,运行关键任务的企业中心服务器如果发生意外故障,每停机一分钟往往造成数以万计的经济损失,声誉、信用、安全和其他方面的损失更是不能完全用金钱来衡量的;企业中心服务器必须容易管理、出了故障容易维修,能够在最短的时间内恢复正常运行。

2. "不间断扩展"的可伸缩性原则

企业中心服务器必须具有较好的可伸缩性,能够"不间断扩展",并且具有尽可能高的向后扩展能力。这是从许多企业网站系统建设的实践中提出的要求。

(1) 必然性。实践经验表明,在刚开始建设网站时尽管规模不大,但扩展速度往往很快。设计者很难预料系统的最终规模和对服务器系统最终要求。因此,要求服务器具有尽可能大和方便的向后扩展能力。

(2) 经济性。由于计算机技术更新换代很快、性能价格比越来越高,逐步增加投资,符合市场经济规律,也有利于更好地发挥投资效益。

(3) 可行性。在许多实际网站建设中,单位往往一下子拿不出全部投资,必须逐步投资和扩展系统。因此,要求服务器系统能够逐步扩展,并保持兼容、保护投资,从而使许多网站应用能够尽快起步。

3. "全方位安全"的网络连接原则

企业中心服务器必须支持"全方位安全"的网络连接功能。一方面,要求企业中心服务器支持所有人,无论在任何地方、任何时间都能合法地浏览网站信息的网络通信功能。另一方面,企业中心服务器又必须支持网络通信系统的安全保密功能,保证网上信息的安全,不被泄漏和窃取。

4. "不间断快速"服务和支持原则

随着基于 Internet 的各种新颖应用的开展,厂商的服务能力越来越重要,要求厂商能够提供全面的解决方案和对服务器"不间断"的服务和支持,提供设备范围,提供在不同环境中进行系统集成的水平和经验。

3.1.2 网站服务器类型

服务器(server)在不断地发展,为了满足各种不同功能、不同环境的需求出现了各种不同类型的服务器,服务器的分类标准也多种多样。

1. 按应用层次划分

按应用层次划分为入门级服务器、工作组级服务器、部门级服务器和企业级服务器4类。

1) 入门级服务器

入门级服务器通常只使用一块 CPU,并根据需要配置相应的内存和大容量 IDE 硬盘,必要时也会采用 IDE RAID(一种磁盘阵列技术,主要目的是保证数据的可靠性和可恢复性)进行数据保护。

2) 工作组级服务器

工作组级服务器一般支持1~2个处理器,可支持大容量的 ECC(一种内存技术,多用于服务器内存)内存,功能全面。可管理性强且易于维护,具备了小型服务器所必备的各种特性,如采用 SCSI(一种总线接口技术)总线的 I/O(输入/输出)系统,可选装热插拔硬盘、热插拔电源等,具有高可用性特性。适用于为中小企业提供 Web、Mail 等服务,也能够用于学校等教育部门的数字校园网等。

3) 部门级服务器

部门级服务器通常可以支持2~4个处理器,具有较高的可靠性、可用性、可扩展性和可管理性。首先,集成了大量的监测及管理电路,具有全面的服务器管理能力,可监测如温度、电压、风扇、机箱等状态参数。此外,结合服务器管理软件,可以使管理人员及时了解服务器的工作状况。同时,大多数部门级服务器具有优良的系统扩展性,当用户在业务量迅速增大时能够及时在线升级系统,可保护用户的投资。目前,部门级服务器是企业网络中分散的各基层数据采集单位与最高层数据中心保持顺利连通的必要环节。适合中型企业(如金融、邮电等行业)作为 Web 站点等应用。

4) 企业级服务器

企业级服务器属于高档服务器,普遍可支持 4～8 个处理器,拥有独立的双 PCI 通道和内存扩展板设计,具有高内存带宽,大容量热插拔硬盘和热插拔电源,具有超强的数据处理能力。这类产品具有高度的容错能力、优越的扩展性能和系统性能、超长的系统连续运行时间,能在很大程度上保护用户的投资。可作为大型企业级网络的 Web 服务器。

2. 按处理器构成划分

按处理器构成划分是指按服务器 CPU 所采用的指令系统划分,把服务器分为 CISC 构成服务器、RISC 构成服务器和 VLIW 构成服务器三种。

1) CISC 构成服务器

CISC 的英文全称为 Complex Instruction Set Computer,即"复杂指令系统计算机",计算机诞生以来,人们一直沿用 CISC 指令集方式。早期的桌面软件是按 CISC 设计的,并一直延续到现在,所以,微处理器(CPU)厂商一直在走 CISC 的发展道路,包括 Intel、AMD,还有其他一些厂商,如 TI(德州仪器)、Cyrix 等。CISC 构成的服务器主要以 IA-32 构成(Intel Architecture,英特尔构成)为主,而且多数为中低档服务器所采用。

2) RISC 构成服务器

RISC 的英文全称为 Reduced Instruction Set Computing,中文即"精简指令集",它的指令系统相对简单,它只要求硬件执行最常用的部分指令,大部分复杂的操作则使用成熟的编译技术,由简单指令合成。目前在中高档服务器中普遍采用这一指令系统的 CPU,特别是高档服务器全都采用 RISC 指令系统的 CPU。

3) VLIW 构成服务器

VLIW 是英文 Very Long Instruction Word 的缩写,中文意思是"超长指令集构成",VLIW 构成采用了先进的 EPIC(清晰并行指令)设计,我们也把这种构成叫做"IA-64 构成"。每时钟周期假如 IA-64 可运行 20 条指令,而 CISC 通常只能运行 1～3 条指令,RISC 能运行 4 条指令,可见 VLIW 要比 CISC 和 RISC 强大得多。VLIW 的最大优点是简化了处理器的结构,删除了处理器内部许多复杂的控制电路,这些电路通常是超标量芯片(CISC 和 RISC)协调并行工作时必须使用的,VLIW 的结构简单,也能够使其芯片制造成本降低,价格低廉,能耗少,而且性能也要比超标量芯片高得多。目前基于这种指令构成的微处理器主要有 Intel 的 IA-64 和 AMD 的 x86-64 两种。

3. 按服务器用途划分

按服务器用途划分为通用型服务器和专用型服务器两类。

1）通用型服务器

通用型服务器是没有为某种特殊服务专门设计的、可以提供各种服务功能的服务器,当前大多数服务器是通用型服务器。这类服务器因为不是专为某一功能而设计,所以在设计时就要兼顾多方面的应用需要,服务器的结构就相对较为复杂,而且要求性能较高,当然在价格上也就更贵些。

2）专用型服务器

专用型(或称"功能型")服务器是专门为某一种或某几种功能专门设计的服务器。在某些方面与通用型服务器不同。如光盘镜像服务器主要是用来存放光盘镜像文件的,在服务器性能上也就需要具有相应的功能与之相适应。光盘镜像服务器需要配备大容量、高速的硬盘以及光盘镜像软件。

4．按服务器的机箱结构来划分

按服务器的机箱结构来划分,可以把服务器划分为台式服务器、机架式服务器、机柜式服务器和刀片式服务器4类。

1）台式服务器

台式服务器也称为"塔式服务器"(如图3.1)。有的台式服务器采用大小与普通立式计算机大致相当的机箱,有的采用大容量的机箱。低档服务器由于功能较弱,整个服务器的内部结构比较简单,所以机箱不大,都采用台式机箱结构。

2）机架式服务器

机架式服务器的外形看来不像台式计算机,而像交换机,机架式服务器安装在标准的19英寸机柜中(如图3.2)。

图 3.1 塔式服务器

图 3.2 机架式服务器

机架式服务器也有多种规格,例如1U(4.45cm 高)、2U、4U、6U、8U 等。通常1U的机架式服务器最节省空间,但性能和扩展性较差,适合一些业务相对固定的使用领域。4U以上的产品性能较高,可扩展性好,一般支持4个以上的高性能处理器和大量的标准热插拔部件,这种结构的多为功能型服务器。管理也十分方便,厂商通常提供相应的管理和监控工具,适合大访问量的关键应用,但体积较大,空间利用率不高。

3）机柜式服务器

在一些高档企业服务器中由于内部结构复杂,内部设备较多,有的还具有许多不同的设备单元或几个服务器都放在一个机柜中,这种服务器就是机柜式服务器(如图3.3)。

4）刀片式服务器

刀片式服务器是一种 HAHD(High Availability High Density,高可用高密度)的低成本服务器平台(如图3.4),它是专门为特殊应用行业和高密度计算机环境设计的,其中每一块"刀片"实际上就是一块系统母板,类似于一个个独立的服务器。在这种模式下,每一个母板运行自己的系统,服务于指定的不同用户群,相互之间没有关联。

图 3.3　联想机柜式高性能服务器　　　　　图 3.4　刀片式服务器

3.1.3　代理服务器

代理服务器(Proxy Server)是一种重要的安全功能,它的工作主要在开放系统互联(OSI)模型的对话层,从而起到防火墙的作用。代理服务器大多被用来连接 Internet(国际互联网)和 Internet(局域网)。

代理服务器的功能就是代理网络用户去取得网络信息。形象地说,它是网络信息的中转站。在一般情况下,我们使用网络浏览器直接去连接其他 Internet 站点取得网络信息时,须送出 Request 信号来得到回答,然后对方再把信息以 bit 方式传送回来。代理服务器是介于浏览器和 Web 服务器之间的一台服务器,有了它之后,浏览器不是直接到 Web 服务器去取回网页而是向代理服务器发出请求,Request 信号会先送到代理服务器,由代理服务器来取回浏览器所需要的信息并传送给你的浏览器。而且,大部分代理服务器都具有缓冲的功能,就好像一个大的 Cache,它有很大的存储空间,它不断将新取得的数据储存到它本机的存储器上,如果浏览器所请求的数据在它本机的存储器上已经存在而且是最新的,那么它就不重新从 Web 服务器取数据,而直接将存储器上的数据传送给用户的浏览器,这样就能显著提高浏览速度和效率。

3.2　网站运行平台

一个网站的运行平台都必须建立在计算机、网络设备硬件和应用软件的基础上。

3.2.1　网络拓扑结构

计算机网络在设计之前,需要解决在给定计算机的位置及保证一定的网络响应时间、吞吐量和可靠的条件下,通过选择适当的线路、线路容量、连接方式,使整个网络的结构合理,成本低廉。为了应付复杂的网络结构设计,人们引入了网络拓扑结构的概念。

所谓"拓扑"就是几何的分支,即它将实物抽象化为与其大小和形状无关的点、线、面,然后再来研究这些点、线、面的特征。计算机网络的拓扑结构是指将网络单元抽象为节点,通信线路抽象为链路,计算机网络是由一组节点和连接节点的链路组成。

目前比较流行的有三种基本拓扑结构:总线形结构、星形结构和环形结构。但在此三种基本拓扑结构的基础上可以连成树形、星环形和星线形。

选择网络拓扑结构主要是考虑不同的拓扑结构对网络吞吐量、网络响应时间、网络可靠性、网络接口的复杂性和网络接口的软件开销的影响,此外,还应考虑电缆的安装费和复杂程度、网络的可扩充性、隔离错误的能力以及是否易于重构等。

1. 总线形拓扑结构(Bus Topology)

总线拓扑结构通常用于规模较小、简单或临时性的网络。

在一个典型的总线形拓扑结构的网络里,通常只有一根或几根电缆,没有安装动态电子设备对信号进行放大,或将信号从一台计算机转发至另一台。也就是说,总线拓扑是一种无源拓扑。

总线形拓扑结构的网络中所有用户节点(计算机、终端、工作站、外围设备或电话机等)都同等地挂接在一条广播式公共传输总线上,它没有对网络进行集中控制的装置(如图3.5)。

图3.5 总线拓扑结构

计算机向电缆上发出报文信息以后,网络里的所有计算机都能接收这个信息,但其中只有一台才能真正接受信息。通常,目标地址已编码于报文信息内,只有与地址相符的计算机才能接受信息,其他的计算机尽管收到,但也是简单忽略了事。

2. 星形拓扑结构(Star Topology)

在星形拓扑结构网络里,所有的电缆都从计算机连到一个中心位置,在这个位置上,用一个名为Hub(集线器)的设备将所有的线缆连接起来(如图3.6)。

3. 环形拓扑结构(Ring Topology)

在环形拓扑结构里,每台计算机都连到下一台计算机,而最后一台计算机则连接第一台计算机(如图3.7)。

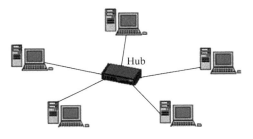

图3.6 星形拓扑结构

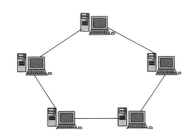

图3.7 环形拓扑结构

在一个环形网络里,每台计算机都和其他的计算机首尾相连,而且每台计算机都会重新传输从上一台计算机收到的信息。信息在环中向固定的方向流动,因为每台计算机都能转发自己收到的信息。环形网络是一种有源的网络,不会出现像总线网络那样的信号减弱和丢失问题。

3.2.2　网络协议

1. 协议概述

计算机网络是由多个互连的节点组成的,节点与节点之间的距离视网络类型而定,局域网中的节点可能是在一间房屋与另一间房屋之间,也可能是在一幢大楼与另一幢大楼之间,而广域网中的节点可能是在一个城市与另一个城市之间,也可能是在一个国家与另一个国家之间。因此,节点之间交换数据和控制信息时,每个节点都必须遵守一些事先约定好的规则,这些规则明确地规定了所交换数据的格式和时序,这些为网络数据交换而制定的规则、约定、标准称为网络协议。例如,IEEE 802 网络协议、TCP/IP 网络协议等。

一个网络协议主要是由语法、语义、时序这三要素组成。

(1) 语法指的是用户数据与控制信息的结构与格式。

(2) 语义指的是需要发出何种控制信息,以及完成的动作与做出的响应。

(3) 时序指的是对事件顺序的详细说明。

2. TCP/IP 协议

1) TCP/IP 的历史

TCP/IP 协议(Transmission Control Protocol/Internet Protocol)是为美国 ARPA 网设计的,目的是使不同厂家生产的计算机能在共同网络环境下运行。它涉及异构网通信问题,后来发展成为 ARPANet 网(Internet)标准,要求 Internet 上的计算机均采用 TCP/IP 协议,UNIX 操作系统已把 TCP/IP 作为它的核心组成部分。TCP 是传输控制协议,规定一种可靠的数据信息传递服务。IP 协议又称互联网协议,是支持网间互联的数据报协议。它提供网间连接的完善功能,包括 IP 数据报规定互联网络范围内的地址格式。目前已使用 TCP/IP 连接成全球网。

2) IP 地址及分类

IP 地址标识着网络中一个系统的位置。每个 IP 地址都是由两部分组成的:网络号和主机号。其中网络号标识一个物理的网络,同一个网络上所有主机需要同一个网络号,该号在互联网中是唯一的;而主机号确定网络中的一个工作端、服务器、路由器。对于同一个网络号来说,主机号是唯一的。

每个局域网络以及广域连接,必须有唯一的网络号,主机号用于区分同一物理网络中的不同主机。如果网络由路由器连接,则每个广域连接都需要唯一的网络号。所有的主机包括路由器间的接口,都应该有唯一的网络号。路由器的主机号,要配置成工作站的缺省网关地址。

IP 地址有两种表示形式:二进制表示和十进制表示。每个 IP 地址的长度为 4 字节,由 4 个 8 位域组成,通常称之为八位体。八位体由句点“.”分开,表示为一个 0~255 之间的十进制数。一个 IP 地址的 4 个域分别标明了网络号和主机号。

为适应不同大小的网络,Internet 定义了 5 种 IP 地址类型,可以通过 IP 地址的前 8 位来确定地址的类型。

这 5 类地址的特点如下。

（1）A 类地址可以拥有很大数量的主机，最高位为 0，紧跟的 7 位表示网络号，其余 24 位表示主机号，总共允许有 126 个网络。

（2）B 类地址被分配到中等规模和大规模的网络中，最高两位总被置于二进制的 10，紧跟的 14 位表示网络号，其余 16 位表示主机号，允许有 16384 个网络。

（3）C 类地址被用于局域网，高三位被置为二进制的 110，紧跟的 21 位表示网络号，其余 8 位表示主机号，允许大约 200 万个网络。

（4）D 类地址被用于广播组用户，高四位总被置为 1110，余下的位用于标明客户机所属的组。

（5）E 类地址是一种仅供试验的地址。

在分配网络号和主机号时应遵守以下几条准则。

（1）网络号不能为 127，该标识号被保留作回路及诊断功能，常用 ping 127.0.0.1 来检查网络适配器是否工作正常，相当于访问自己。

（2）不能将网络号和主机号的各位均置 1。如果每一位都是 1 的话，该地址会被解释为网内广播而不是一个主机号。

（3）不能将网络号和主机号的各位均置 0，否则该地址被解释为"就是本网络"。

（4）对于同一局域网络来说，主机号应该是唯一的。否则会出现 IP 地址已分配或 IP 地址有冲突之类的错误。

3.2.3　网站运行平台的要求和构成

网站运行环境的要求包括以下几个方面。

1．网站必须具有良好的可扩展性

网站的建设是不可能一步到位的，一方面随着电子信息技术的深入和发展，企业也不断发展，新的业务将不断在网上开通，网上业务的增加，网站浏览量的不断增长，其模型随时需要扩充，技术也随之而更新，所以，网站运行应具有良好的可扩展性。

2．强大的管理工具

维护一个网站的正常运行不是一件容易的事，一方面要及时更新网站的内容，另一方面要保证网站不出错，及时发现问题及时进行纠正。一个功能强大的网站管理与控制对于一个网站能良好运行是必不可少的。

3．高效的开发处理能力

因为网络的发展非常之快，新的内容不断出现，要适应这种快速发展的步伐，网站必须具有高效的开发处理能力。它不仅可以处理每日百万次的访问能力，甚至可以处理每日千万次的访问量及大量的开发请求。

4．兼容性好

所谓兼容性是指网站的运行平台能适应情况的范围大小，并具有可恢复性，一旦出现错误或意外的事故，能及时恢复有用的数据。

5. 资源整合

网站与单位已有的资源整合,并具有确保全天候 24 小时服务的能力。

3.3　Web 服务器架构

从逻辑上看,如果一个网站运行平台相关的硬件、软件、开发维护和提供的资源信息都抽象为逻辑部件,那么,一个网站要能够正常运行,必须包括计算机、网络接入设备、防火墙、Web 服务器、应用服务器、操作系统、数据存储系统等(如图 3.8)。

图 3.8　网站链接环境

这是构成网站的最小配置。此外,还可以根据应用的目的、层次和深度,适当地包括局域网、大型存储设备系统、数据库存储及检索系统、E-mail 服务器、FTP 服务器、应用服务器及应用程序、控制系统、群集系统、安全系统、备份系统及维护系统等各类可扩充组件等。

3.3.1　Web 服务器

Web 服务器也称为 WWW 服务器,主要功能是提供网上信息浏览服务。包含以下三方面的内容:

(1) 应用层使用 HTTP 协议;

(2) HTML 文档格式;

(3) 浏览器统一资源定位器(URL)。

Web 服务器是可以向发出请求的浏览器提供文档的程序。

我们几乎每天都会浏览形形色色的网站来获取各种各样的信息,Web 服务器就是提供此类服务的,目前有很多信息提供商提供 WWW 服务器架设的付费服务。其实,我们完全可以自己构造一台 Web 服务器,在网上发布一些个人信息。Web 服务器的架设有很多种方式,下面介绍一个简单的实现方法。

3.3.2　IIS 的安装与配置

目前很大一部分的 Web 服务器都架设在微软公司的 IIS 之上。它使用的环境为

Windows＋Internet Information Service(IIS)，多数用户现在使用的都是 Windows 7 系统，在 Windows 系统中，默认的情况下，它们在系统初始安装时都不会安装 IIS，因此得将这些组件添加到系统中去。

1. 安装 IIS

若在 Windows 7 操作系统中还未安装 IIS 服务器，可打开"控制面板"，然后单击"程序"项，在右边列出的项目中选择"程序和功能"中的"打开或关闭 Windows 功能"程序（如图 3.9）。

图 3.9 Windows 7 控制面板中"程序"的组件

在弹出的"Windows 功能"对话框中，把 Internet 信息服务的所有组件全部勾起来（如图 3.10），最后单击"确定"按钮完成安装。

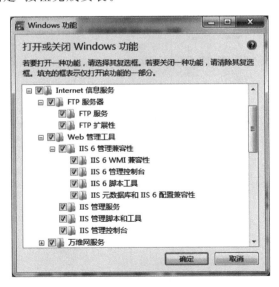

图 3.10 "Windows 功能"对话框

2. 启动 IIS

打开"控制面板",选择"系统和安全"项,在右边列出的项目中选择"管理工具"进入管理工具界面,其中的"Internet 信息服务(IIS)管理器"就是 IIS 了(如图 3.11)。

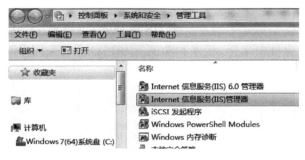

图 3.11 "管理工具"界面

单击"Internet 信息服务(IIS)管理器"工具项,即可启动 IIS(如图 3.12)。

图 3.12 "Internet 信息服务管理器"

3. 建立新网站

在图 3.12 所示的"Internet 信息服务"管理器中,展开左边的个人 PC 栏,右击"网站",在快捷菜单中选择"添加网站"项,弹出"添加网站"对话框(如图 3.13),在对话框中添加自己的网站名称(如教学练习)、物理路径(选择自己的网站目录)。

图 3.13 "添加网站"对话框

记得要设置网站文件夹的安全项,添加一个 Everyone 用户,设置所有权限控制即可,最后单击"确定"按钮完成自己网站的建立(如图 3.14)。

图 3.14 新建的一个"教学练习"网站

1）启用父路径

双击 IIS 中的 ASP，在 ASP 设置界面中把"启用父路径"改为 True（如图 3.15）。启用
父路径选项应选为 True，即启用，如不启用将对以后的程序运行有部分影响。

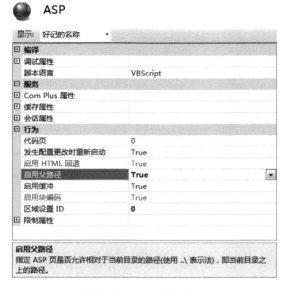

图 3.15　ASP 设置界面

2）配置站点

右击新建的"教学网站"，在快捷菜单中选择"管理网站"→"高级设置"项（如图 3.16），
在打开的"高级设置"对话框中可以对建立的网站进行进一步的设置。

3）设置主页文档

主页文档是在浏览器中输入网站域名，而未指定所要访问的网页文件时，系统默认访问的
页面文件。常见的主页文件名有 index.htm、index.html、index.asp、index.php、index.jap、
default.htm、default.html、default.asp 等。在图 3.15 所示的界面中间栏 IIs 项内，双击"默
认文档"标签，可切换到对主页文档的设置界面（如图 3.17）。根据需要，单击右边的"添加"
和"禁用"按钮，可为站点设置所能解析的主页文档。

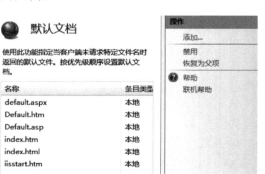

图 3.16　"管理网站"级联菜单　　　　　图 3.17　"默认文档"设置界面

完成上面的设置后，一个 Web 网站就发布成功了。用户可在浏览器中输入自己网站的 URL 地址试一试，如果没有联网或没有静态 IP 可以输入 http://localhost 或 http://127.0.0.1 访问网站，如果有静态 IP 而且已经与网站绑定可直接输入 IP 地址就可以看到建立的网站。

注意： 如果要访问该网站的虚拟目录则要在 URL 地址后加上虚拟目录名。

习题 3

一、填空题

1. 网站运行环境是指除了网站所需的服务器硬件之外，还要在服务器上安装一些支持（　　）。

2. 网站服务器是指在互联网数据中心中存放网站（　　）的服务器，主要用于网站在互联网中的发布和应用。

3. 按应用层次划分为入门级服务器、工作组级服务器、部门级服务器和（　　）4 类。

4. 按服务器用途划分为通用型服务器和（　　）两类。

5. 按服务器的机箱结构来划分，可以把服务器划分为台式服务器、（　　）、机柜式服务器和刀片式服务器 4 类。

6. 计算机网络的拓扑结构是指将网络单元抽象为（　　），通信线路抽象为链路，计算机网络是由一组节点和连接节点的链路组成。

7. 目前比较流行的有三种基本拓扑结构：总线形结构、（　　）和环形结构。

8. 节点之间交换数据和控制信息时，每个节点都必须遵守一些事先约定好的规则，这些规则明确地规定了所交换数据的格式和时序，这些为网络数据交换而制定的规则、约定、标准称为（　　）。

9. TCP 是（　　）协议，规定一种可靠的数据信息传递服务。

10. IP 地址有两种表示形式：二进制表示和（　　）。

11. 一个网站要能够正常运行，必须包括计算机、网络接入设备、防火墙、（　　）服务器、应用服务器、操作系统、数据存储系统等。

二、简答题

1. 简述选择服务器的基本原则。
2. 网站服务器有哪几类分法？
3. 简述代理服务器的作用。

三、操作题

用 IIS 架构一台 Web 服务器。

第4章
网页图像处理工具 Fireworks CS5

Adobe Fireworks CS5 是 Adobe 推出的一款网页图形设计的作图软件,是用于创建、编辑和优化 Web 图形的多功能程序。可以创建和编辑位图和矢量图像、设计 Web 效果(如变换图像和弹出菜单)、裁剪和优化图形以减小其文件大小以及通过使重复性任务自动进行来节省时间。可以将文档导出或保存为 JPEG 文件、GIF 文件或其他格式的文件。这些文件可与包含 HTML 表和 JavaScript 代码的 HTML 文件一同保存,以便在 Web 上使用它们。Fireworks 提供了一个预先构建资源的公用库,并可与 Adobe Photoshop、Adobe Illustrator、Adobe Dreamweaver 和 Adobe Flash 软件省时集成。在 Fireworks 中将设计迅速转变为模型,或利用来自 Illustrator、Photoshop 和 Flash 的其他资源。然后直接置入 Dreamweaver 中轻松地进行开发与部署。

4.1 . Fireworks CS5 简介

4.1.1 新增功能

1. 性能和稳定性提高

(1) 对 Fireworks 中常用工具的大量改进将帮助您提升工作效率;
(2) 更快的综合性能;
(3) 对设计元素像素级的更强控制;
(4) 更新了综合路径工具。

2. 像素精度

增强型像素精度可确保您的设计在任何设备上都能清晰显示。快速简便地更正不在整个像素上出现的设计元素。

3. Adobe Device Central 集成

使用 Adobe Device Central,可以为移动设备或其他设备选择配置文件,然后启动自动工作流程以创建 Fireworks 项目。

该项目具有目标设备的屏幕大小和分辨率。设计完成后,可以使用设备中心的仿真功能在各种条件下预览此设计,还可以创建自定义设备配置文件。

改进的移动设计工作流程包括使用 Adobe Device Central 整合的交互设计的仿真。

4．支持使用 Flash Catalyst 和 Flash Builder 的工作流程

创建高级用户界面及使用 Fireworks 和 Flash Catalyst 之间的新工作流程的交互内容。在 Fireworks 中设计并选择对象、页面或整个文档以通过 FXG(适用于 Adobe Flash 平台工具的基于 XML 的图形格式)导出。通过可自定义的扩展脚本将设计高效地导出至 Flash Professional、Flash Catalyst 和 Flash Builder。

5．扩展性改进

使用其他应用程序时将体验更强的控制：增强型 API 支持用户扩展导出脚本、批处理以及对 FXG 文件格式的高级控制。

6．套件之间共享色板

使用 Fireworks 中的功能可更好地控制颜色准确性以便在 Creative Suite 应用程序之间共享色板。共享 ASE 文件格式功能可鼓励在设计者(包括那些使用 Adobe Kuler 的设计者)之间统一颜色。

4.1.2　Fireworks CS5 用户界面

单击"开始"→"程序"→Adobe Fireworks CS5 命令启动 Fireworks CS5 软件，启动后主界面如图 4.1 所示。

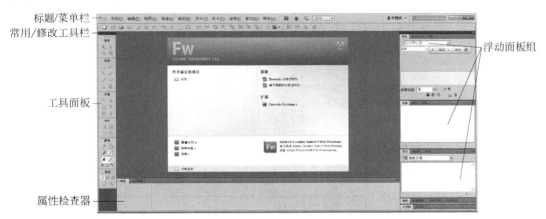

图 4.1　主界面

Fireworks CS5 的工作界面主要由标题/菜单栏、常用/修改工具栏、绘图工具箱、编辑窗口(工作区)、属性检查器以及多个浮动面板组成。

单击标题栏右上角的"展开模式"按钮，可以快速更换界面右侧的浮动面板组的显示模式(如图 4.2)，"展开模式"下拉菜单中列出的显示模式有多种，用户可根据个人使用习惯进行选择，图 4.3 中的显示模式为"图标模式"。

图 4.2　切换浮动面板组的显示模式

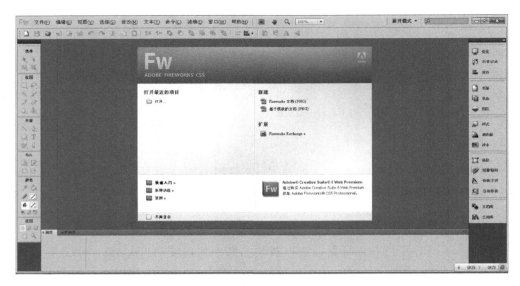

图 4.3　具有面板名称的图标模式

下面介绍 Fireworks 工具箱,它位于整个窗口的左边,主要由选择工具面板、位图工具面板、矢量工具面板、网页工具面板、颜色工具面板、视图工具面板这 6 部分构成(如图 4.4)。有的工具图标右下角有黑色三角箭头,则表明此工具是一个工具组,里面是相同类型的各种工具,例如钢笔工具 ,单击三角箭头,则在弹出菜单中显示工具组中的全部工具(如图 4.5),可以单击选择已展开菜单中的任意一个工具来使用。

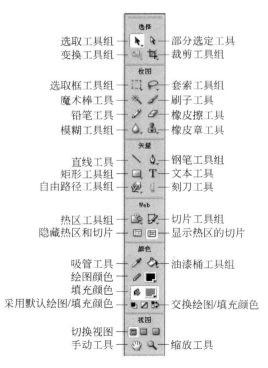

图 4.4　Fireworks CS5 工具箱　　　　　　图 4.5　钢笔工具组

4.1.3　Fireworks 文件操作

1．新建文档

Fireworks 首次启动后会弹出一个主面板,在主面板上单击"新建"区域中的"Fireworks 文档(PNG)"命令,弹出新建对话框(如图 4.6)。

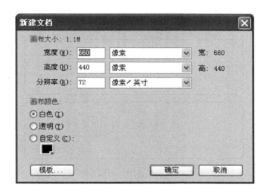

图 4.6　"新建文档"对话框

如果在主面板上选择"不再显示"复选框,则以后启动 Fireworks 时不会再显示该主面板,用户可以选择工具栏中的新建图标 ,或者选择"文件"菜单下的"新建"命令来建立新文档。

2．打开和保存

如果要编辑一个已经存在的图像文件,则先在 Fireworks 编辑区中打开该文件。步骤如下:

(1) 单击"文件"菜单中的"打开"命令,或按 Ctrl+O 组合键。

(2) 在"打开"对话框中选择要打开的图像文件,单击"打开"按钮,即可打开图像文件。

对图像文件编辑完毕后,保存文件的方式有三种。

(1) 单击"文件"菜单中"保存"命令,或按 Ctrl+S 组合键。

(2) 单击"文件"菜单中"另存为"命令,或按 Shift+Ctrl+S 组合键,将图片另存。

(3) 单击"文件"菜单中"另存为模板"命令,可以将当前编辑的图片保存为模板。

Fireworks 文件类型是扩展名为 png 的文件,也可以根据实际需要保存为其他文件类型,可以是 jpeg、gif 等。

3．图像文件的导入导出

单击"文件"菜单中"导入"命令,打开"导入"对话框,选择要导入的图片,单击"确定"按钮。在空白区域按下鼠标左键拖动出一个矩形区域,则将图片按原始比例导入至矩形区域内。也可以在空白区域单击鼠标,则图片按照原始大小导入。

单击"文件"菜单中的"导出"命令,可以将文件按指定方式导出并保存。

4．对画布的操作

Fireworks 允许在任何时候更改画布大小，画布的大小决定了图像可以存放的空间大小。更改方法如下。

（1）单击"修改"菜单中"画布"菜单下的"画布大小"命令（如图 4.7 和图 4.8）。

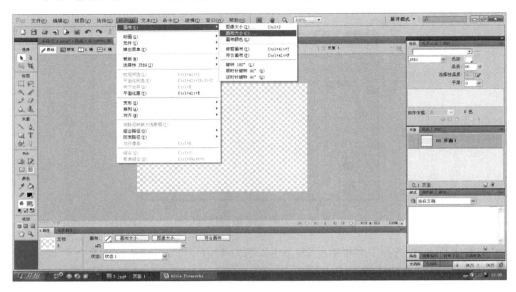

图 4.7　画布大小命令

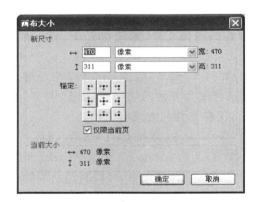

图 4.8　设置画布大小

（2）设置"画布大小"对话框中各项参数，单击"确定"按钮，设置完成。

① "新尺寸"：该区域中可输入画布宽和高的新尺寸数值，在后面的下拉列表选定合适的数值单位。

② "锚定"：该区域中的按钮表示，修改画布大小时，画布扩展或收缩的方向，可根据实际情况的来选择合适的方式。默认中间按钮处于选中的状态，表示画布向四周均匀地扩展或收缩。

③ "仅限当前页"：Firewoks CS5 支持在一个 PNG 文件中创建多个页面，如果只改变

当前页面画布的大小,则必须选中"仅限当前页"复选框。如果要修改当前文档中所有页面画布的大小,则取消选中该复选框。

此外,还可以使用工具栏中的裁剪工具 来改变画布的大小。在文档中拖动鼠标在原图片上选中一个矩形区域(如图4.9),在矩形区域中双击鼠标,则将画布大小改变为矩形框所包围的大小(如图4.10)。

图4.9　裁剪矩形区域　　　　　图4.10　画布大小更改为裁剪下来的矩形区域

注意:在修改画布大小时,画布大小变化等同于文档大小的变化,但是不等同于文档中图像对象的大小变化。也就是说改变画布大小仅改变画布的大小,画布上所绘制的图像比例并不改变。

有时会出现画布与对象大小不匹配的情况。例如,图像过小,只占据了画布的局部位置,四周都是空的画布,显得不协调,这时需要"修剪画布",使画布刚好容纳图像。操作步骤为,选择"修改"→"画布"→"修剪画布"命令。画布大小自动被缩小,直至刚好容纳图像(如图4.11)。

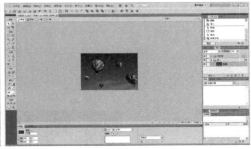

(a) 修剪前　　　　　　　　　　　　　　(b) 修剪后

图4.11　修剪画布

如果图像过大不能完全放在画布上,可以选择"符合画布"命令,使较小的画布适应较大的图像。图4.12中,图(a)为移动图像造成图像超出画布范围,图(b)是执行"符合画布"后的效果。

在"修改"菜单中还可以更改画布颜色、旋转画布等。

5. 属性检查器

当选定工具箱中的一个工具时,窗口正下方显示该工具的属性检查器,图4.13是一个星形矢量图形的属性检查器。

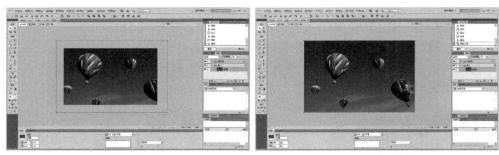

　　　(a) 符合画布前　　　　　　　　　　　　(b) 符合画布后

图 4.12　符合画布

图 4.13　属性检查器——星形

6. 辅助工具的使用

1) 标尺

标尺可以帮助放置和调整图片位置,并以像素为单位进行度量。选择"视图"→"标尺",则水平标尺和垂直标尺出现在编辑区文档窗口的边缘(如图 4.14)。

图 4.14　添加标尺的视图

2) 辅助线

辅助线是从标尺拖动到文档画布上的线条,可以帮助更加精确放置和调整对象位置。

从标尺开始拖动,至画布放开鼠标,即可创建辅助线。要删除辅助线,则拖动辅助线至画布以外,松开鼠标,辅助线删除成功。

3) 网格

网格在画布上显示一个由横线和竖线构成的体系以精确放置对象。单击"视图"→"网格"→"显示网格"命令,则可以在画布上显示网格。若要不显示网格,则再次单击"视图"→"网格"→"显示网格"命令即可删除画布上的网格。

4.2　Fireworks CS5 基础

4.2.1　位图与矢量图的区别

计算机以矢量图或位图格式来显示图形。Fireworks 中既包含矢量工具,又包含位图工具,能够打开或导入这两种格式的文件并加以处理。

矢量图形使用包含颜色和位置信息的直线和曲线(矢量)呈现图像。例如,一颗星星的图像可以使用一系列描述星形轮廓的点来定义。星星的颜色由其轮廓(即笔触)的颜色和该轮廓所包围区域(即填充)的颜色决定。矢量图形与分辨率无关,这意味着当更改矢量图形的颜色、移动矢量图形、调整矢量图形的大小、更改矢量图形的形状或者更改输出设备的分辨率时,其外观品质不会发生变化。

位图图形由排列在网格中的点(即像素)组成。在位图格式的星形中,图像是由网格中每个像素的位置和颜色值决定的。每个像素被指定一种颜色。在以正确的分辨率查看时,这些点像马赛克中的瓷片那样拼合在一起。编辑位图图形时,修改的是像素,而不是线条和曲线。位图图形与分辨率有关,这意味着描述图像的数据被固定到一个特定大小的网格中。放大位图图形将使这些像素在网格中重新进行分布,这会使图像的边缘呈锯齿状。在一个分辨率比图像自身分辨率低的输出设备上显示位图图形也会降低图像品质。

在图 4.15 中,左边的星形为矢量图格式,而右边的星形为位图格式,将这两个星形图形通过拖动句柄的方式放大后,效果如图 4.16 所示,左边的矢量图仍然清晰,但右边的位图由于放大而变得模糊了。

图 4.15　左边矢量图形,右边位图图形　　图 4.16　扩大后的矢量图形(左)和位图图形(右)

4.2.2　处理位图对象

位图是由称为像素的彩色小正方形组成的图形,这些小正方形就像马赛克中的瓷片那样拼合在一起形成图像。照片、扫描的图像以及用绘画程序创建的图形都属于位图图形。它们有时被称为栅格图像。

可以通过使用位图工具进行绘制和画画来生成位图,或者将矢量对象转换成位图图像,方法为选中矢量图像,选择"修改"→"平面化所选"菜单命令。也可以通过打开或导入图片等方法来创建位图图像。但是需要注意,位图图像不能转换成矢量对象。

1. 创建位图图像

(1)创建空位图

执行下列操作之一即可创建空位图,以便以后绘制位图图像。

① 选择"编辑"菜单,单击"插入"菜单的"空位图"命令。

② 选择"窗口"菜单"层"命令,则"层"面板出现在右侧,单击"图层"面板中"新建位图图像"按钮。关于"层"的概念,详见4.4节图层。

③ 任选画布空白区域中的一点作为起点,绘制一个选区选取框,然后对它进行填充。一个空位图随即添加到"图层"面板的当前层中。关于"层"的概念,详见4.4节图层。

(2)使用"选取框"工具、"套索"工具或"魔术棒"工具选择像素,将位图的某部分复制并粘贴到现有文档中显示为一个位图图像。

(3)选中矢量对象,选择"修改"→"平面化所选层",将矢量对象转换为位图图像。

注意:矢量到位图的转换是不可逆转的,只有使用"编辑"→"撤销"或撤销"历史记录"面板中的动作才可以取消该操作。

2. 选择对象(也适用于矢量对象)

在画布上对任何对象执行任何操作之前,请先选择该对象。这适用于矢量对象、路径或点、文本块、单词、字母、切片或热点、实例或者位图对象。若要选择对象,请使用"层"面板或选择工具(如表4.1)。

表 4.1 位图图形和矢量图形的选择工具

工 具	说 明
▶	"指针工具"用于在用户单击对象或在其周围拖动选区时选择这些对象
▶	"部分选定"工具用于选择组内的个别对象或矢量对象的点
▣	"选择后方对象"工具用于选择另一个对象后面的对象
▣	"导出区域"工具用于选择要导出为单独的文件的区域

除了可以通过单击、拖动的方式来选择对象以外,还可以选择其他对象后面的对象,对堆叠的对象重复单击"选择后方对象"工具,从顶部开始,直到选择需要的对象为止。

注意:对于通过堆叠顺序难以到达的对象,也可以在层处于扩展状态时,在"层"面板中单击该对象进行选择。关于"层"的概念,详见4.4节图层。

3. 选取位图像素区域

用户既可以在整个画布上编辑像素,也可以选择一种像素选取工具将编辑范围限制在图像的特定区域内,表4.2为位图像素区域的选取工具。

表 4.2　位图像素选取工具

工　具	说　明
⬚	"选取框"工具可在图像中选取一个矩形像素区域
○	"椭圆选取框"工具可在图像中选取一个椭圆形像素区域
⟳	"套索"工具可在图像中选取一个任意形状的像素区域
⟱	"多边形套索"工具可在图像中选取一个直边的任意多边形像素区域
✴	"魔术棒"工具可在图像中选取一个像素颜色近似的区域

1）规则区域的选取

用户可以通过矩形选取框 ⬚ 和椭圆选取框 ○ 对图像进行选取。按住 Shift 键可以选择正方形和圆形的图形区域,而且按住 Shift 键可以使多个选择区域叠加。若要从中心点绘制选取框,按下 Alt 键拖动鼠标即可。

在矩形或椭圆选取框的属性检查器中,可以设置"样式"和"边缘"。属性面板如图 4.17 所示。

图 4.17　属性检查器——椭圆形

"样式"下拉菜单中包含三个选项。

（1）正常：创建一个高度和宽度互不相关的选取框,即任意的矩形区域。

（2）固定比例：将高度和宽度约束为已定义的比例。

（3）固定大小：将高度和宽度设置为已定义的尺寸。

"边缘"下拉菜单中可以设置选取框的边界效果。

（1）实边：选取框所包含的区域边界不经过平滑处理。

（2）消除锯齿：防止选取框中出现锯齿边缘。

（3）羽化：柔化像素选区的边缘。用户也可以通过选择动态选取框来羽化现有选区。

注意："边缘"下拉菜单中的三种选择效果必须在画布上创建选区之前进行,否则不能起到其特殊的作用。

2）不规则区域的选取

（1）"套索"工具组

① 单击套索工具组的"套索"按钮 ⟳ 。

② 在属性检查器中设置套索工具的属性,设置方法与"选取框"工具相同。

③ 按住鼠标左键,围绕需选区的区域拖动鼠标,绘制出蓝色轨迹。

④ 释放鼠标,若所绘制线条的起点和终点不在一起,Fireworks 会自动用一条直线将轨迹的起点和终点连接起来,形成闭合区域。用户也可以将鼠标移动到起点附近,当鼠标指针右下角出现蓝色小方块时释放鼠标。

套索工具选取位图区域的效果如图 4.18 所示。

使用多边形套索工具可在位图图像上选取多边形区域,效果如图 4.19 所示。方法如下。

　　① 单击套索工具组的"多边形套索"工具按钮。

　　② 在属性检查器中设置多边形套索工具的属性,设置方法与"选取框"工具相同。

　　③ 在多边形起始点位置单击鼠标,移动鼠标,可以看见一条蓝色直线。

　　④ 在多边形的其他顶点位置分别单击鼠标,到多边形最后一个点或起始点时双击鼠标,完成选取。

图 4.18　使用套索工具选取的位图区域

（2）"魔术棒"工具

　　使用"魔术棒"工具可以选取位图图像中颜色相似的区域,使用方法如下。

　　① 单击工具箱"位图"栏的"魔术棒"工具按钮。

　　② 在属性检查器中设置魔术棒工具的属性值。其中,"容差"属性用于控制选取像素时相似颜色的色差范围。

　　③ 在位图图像上需要选取的位置单击鼠标,即可选中与单击之处颜色相似的区域。

　　④ 单击"选择"→"选择相似颜色"命令,可选取图上该颜色的所有区域。

　　使用魔术棒工具选取位图中的粉色蝴蝶结区域(如图 4.20)。要同时选中多个区域,需要选择的同时按下 Shift 键。

图 4.19　使用多边形套索工具选取位图区域　　　　图 4.20　魔术棒选取区域

　　在属性检查器中设置容差值,容差值越大,表示选取区域内颜色差异越大,容差值越小,表示选取区域内颜色的差异越小,越接近单色。图 4.21 中,图(a)为容差值 28 时的选取情况,图(b)为容差值为 102 时的选取情况。

(a) 容差值较小　　　　　　　　　　(b) 容差值较大

图 4.21　不同容差值下所选取的区域不同

　　选择整个文档中相似的颜色。

　　① 使用选取框工具、套索工具或魔术棒工具选择一个颜色区域(如图 4.22)。

　　② 单击"选择"→"选择相似"菜单命令。

　　注意:执行该菜单命令所选区域的范围仍然和容差设置有关系。图 4.23 中图(a)为容差值较小的情况,图(b)为容差值增大后的情况。

图 4.22　选择一个颜色区域
作为样本

　　若要删除已选好的选区虚线轮廓,可执行下列操作之一。

(a) 容差值较小　　　　　　　　(a) 容差值较大

图 4.23　按照样本在不同容差值下选择的相似颜色区域

　　① 绘制另一个选取框。

　　② 用选取框工具或套索工具在当前选区的外部单击。

　　③ 按 Esc 键。

　　有时很难将图中物体按轮廓选取,而纯色背景相对较好选取,则可以先选取背景,然后使用反选命令将物体选中。反转像素选区的方法如下。

　　① 使用任何位图选择工具进行像素选取(如图 4.24)。

　　② 单击"选择"→"反选"命令以选取之前未被选取的所有像素(如图 4.25)。

图 4.24　选取叶子周围白色背景像素区域　　　　图 4.25　执行反选命令后的选区

为了消除使用"魔术棒"工具后在像素选区或选取框的边缘出现的多余像素,可以平滑处理选取框边框。方法如下。

① 单击"选择"→"平滑选取框"命令。

② 输入取样半径指定所需的平滑度,然后单击"确定"按钮。效果如图 4.26 所示。

(a) 平滑前　　　　　　　　　　　　(b) 平滑后

图 4.26　平滑前后对比

4．编辑位图图像

1) 复制或移动选取框所选的内容

在使用选择工具将选取框拖到新位置时,选取框会移动,但是其内容不会移动。若要移动所选像素,执行下列操作之一。

① 使用"指针"工具 ▶ 拖动选区。

② 在使用任一位图工具时按住 Ctrl 键拖动选区。

若要复制所选像素,执行下列操作之一:

① 使用"部分选定"工具 ▶ 拖动选区。

② 按下 Alt 键的同时,用"指针"工具拖动选区。

③ 在按住 Ctrl＋Alt 键的同时,用任何位图工具拖动选区。

"编辑"菜单下的"克隆"命令和"重置"命令都可以复制选区,区别是,重置出来的选区副本相对之前的对象向下和向右各偏移 10 个像素;克隆的选区副本正好堆叠在原选区的前面。

2）图像的变形（也适用于矢量对象）

使用"修改"→"变形"菜单中各项命令，可以对所选对象、组或者像素选区进行缩放、倾斜、扭曲、旋转、翻转、数值变形等变形处理，旋转及翻转工具 ⬛ ⬛ ⬛ ⬛ 。选择"变形"菜单中除了旋转和翻转以外的其他变形工具时，会在所选对象周围显示变形手柄（如图 4.27）。变形效果如图 4.28 所示。

图 4.27　变形手柄和中心点

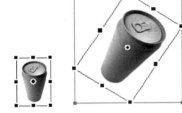

图 4.28　经旋转、缩放、倾斜、扭曲及垂直和水平翻转后的对象

3）绘制位图对象

选择"铅笔"工具 ✏ 或者"刷子"工具 🖌 ，绘图前先在属性检查器中设置好属性，然后拖动鼠标开始绘图。按住 Shift 键并拖动可以将路径限制为水平、竖直或 45°倾斜线。

在属性检查器中，刷子工具的属性设置主要是颜色、笔触等。铅笔工具属性检查器选项如下。

① 消除锯齿：对绘制的直线的边缘进行平滑处理。

② 自动擦除：当用"铅笔"工具在笔触颜色上单击时使用填充颜色。

③ 保持透明度：将"铅笔"工具限制为只能在现有像素中绘制，而不能在图形的透明区域中绘制。

4）填充颜色

选择颜色面板上的"油漆桶"工具 🪣 或者"渐变"工具 ▣ ，然后单击像素选区以应用填充。

5）采集颜色

使用"滴管"工具 🖊 从图像中采集一种颜色，可以用作笔触颜色或填充颜色。

注意：颜色框滴管指针与"滴管"工具不同。

采集方法如下。

（1）如果正确的属性尚未激活，请执行下列操作之一。

① 单击"工具"面板中"笔触颜色"框旁边的笔触属性图标 ✐▓，使其成为活动属性。

② 单击"工具"面板中"填充颜色"框旁边的填充属性图标 ▓▓，使其成为活动属性。

注意：不要单击颜色框本身。否则，将出现颜色框滴管指针，而不是"滴管"工具。

（2）打开一个 Fireworks 文档。

（3）从"工具"面板的"颜色"部分中选择"滴管"工具。然后在属性检查器中做"平均颜色取样"设置。

① 1 像素：用单个像素创建笔触颜色或填充颜色。

② 3×3 平均：用 3×3 像素区域内的平均颜色值创建笔触颜色或填充颜色。

③ 5×5 平均：用 5×5 像素区域内的平均颜色值创建笔触颜色或填充颜色。

（4）在文档中的任意位置单击"滴管"工具。

所选颜色即会出现在整个 Fireworks 中的所有"笔触颜色"或"填充颜色"框中。

6）擦除像素

选择"橡皮擦"工具 ✐，在属性检查器中，可以选择圆形或方形的橡皮擦形状。通过拖动滑块来设置"边缘"、"大小"和"不透明度"级别。在要擦除的像素上拖动"橡皮擦"工具即可擦除像素。

7）裁剪所选位图

可以隔离 Fireworks 文档中的单个位图对象，只裁剪该位图对象而使画布上的其他对象保持不变。

（1）使用位图选择工具选择一个位图对象，这里选择下层被遮罩了一角的照片（如图 4.29）。

（2）选择"编辑"→"裁剪所选位图"菜单命令，出现裁剪界定框，调整裁剪手柄，使界定框围在位图图像中想要保留的区域周围（如图 4.29）。

注意：若要取消裁剪选择，请按 Esc 键。

图 4.29　界定框

（3）在定界框内部双击或按回车以裁剪选区（如图 4.30）。

图 4.30　裁剪效果不影响其他位图图像

5. 修饰位图

Fireworks CS5 工具面板中提供了一套可以用来修饰位图图像的工具，如表 4.3 所示。

表 4.3　位图修饰工具

工　具	说　明
🖈	"橡皮图章"工具可以把图像的一个区域复制或克隆到另一个区域
💧	"模糊"工具用于减弱图像中所选区域的焦点
🖐	"涂抹"工具用于拾取颜色并在图像中沿拖动的方向涂抹该颜色
△	"锐化"工具用于锐化图像中的区域
🔍	"减淡"工具用于淡化图像中的部分区域
☁	"加深"工具用于加深图像中的部分区域
👁	"红眼消除"工具用于去除照片中出现的红眼
🖌	"替换颜色"工具可以用一种颜色覆盖另一种颜色

1）"橡皮图章"工具——克隆像素

要修复有划痕的照片或去除图像上的灰尘时（如图 4.31），可以使用"橡皮图章"工具复制照片的某一像素区域，然后用克隆的区域替代划痕或灰尘点。

步骤如下。

（1）选择"橡皮图章"工具🖈。

（2）单击图片某一区域将其指定为克隆源。单击的位置会出现一个十字形指针（如图 4.32），它用来指示克隆源的位置。若要重新指定另一个克隆源，请按住 Alt 键（在 Windows 中）或按住 Option 键（在 Mac OS 中）并单击另一个像素区域。

图 4.31　有杂点的花朵

（3）将鼠标移到图像的划痕部分,这时鼠标指针为一个圆形,如图 4.32 所示拖动鼠标开始克隆,十字形指针和圆形指针保持相对位置不变而随之移动,鼠标拖动所经过位置的像素即可被变成与克隆源相同的像素（如图 4.33）。

图 4.32　确定克隆源　　　　　　图 4.33　用"橡皮图章"克隆像素后的效果

"橡皮图章"工具属性检查器如图 4.34。

图 4.34　属性检查器——橡皮图章

橡皮图章属性检查器各选项含义如下。

（1）字号：确定图章的大小。

（2）边缘：确定笔触的柔和度（100% 为硬,0 为软）。

（3）按源对齐：确定取样操作。选择"按源对齐"后,克隆源的十字指针会和鼠标指针始终保持相对位置不变,并随鼠标移动一起移动。取消选择"按源对齐"后,不管将鼠标指针移到何处,克隆源十字指针都固定不动,即取样区域是固定的。

（4）使用整个文档：从各个层上的所有对象中取样。取消选择此选项后,"橡皮图章"工具只从当前活动对象中取样。图 4.35"橡皮图章"属性检查器中,选择"使用整个文档",然后从下面图层中花蕊部分选定克隆源,在上面图层中应用"橡皮图章"工具,效果如图 4.36所示。

图 4.35　从其他层上取样

图 4.36　使用"橡皮图章"工具的效果

（5）不透明度：确定透过笔触可以看到多少背景。

（6）混合模式：确定克隆图像对背景的影响。

2）"模糊"、"锐化"、"涂抹"工具

"模糊"工具和"锐化"工具影响像素的焦点。使用"模糊"工具，可以通过有选择地模糊部分像素来强化图像的某些部分。"锐化"工具对于修复扫描问题或聚焦不准的照片很有用。使用"涂抹"工具可以将颜色逐渐混合起来。

（1）选择"模糊"、"锐化"或"涂抹"工具。

（2）在属性检查器中设置刷子选项。

① 字号：设置刷子尖端的大小。

② 边缘：指定刷子尖端的柔和度。

③ 形状：将刷子尖端的形状设置为圆形或方形。

④ 强度：设置模糊量或锐化量。

"涂抹"还具有以下选项。

① 压力：设置笔触的强度。

② 涂抹色：允许在每个笔触的开始处用指定的颜色涂抹。如果取消选择此选项，该工具将使用工具指针下的颜色。

③ 使用整个文档：使用各个层上所有对象的颜色数据进行涂抹。取消选择此选项后，涂抹工具仅使用活动对象的颜色。

（3）在要锐化、模糊或涂抹的像素上拖动工具。

注意：按 Alt 键（在 Windows 中）或 Option 键（在 Mac OS 中）的同时移动鼠标，可以在"模糊"和"锐化"工具之间切换。

3）淡化和加深图像的局部

使用"减淡"或"加深"工具可淡化或加深图像中的像素。这与在洗印照片时增加或减少曝光量相似。选择"减淡"或"加深"工具，在图像中要减淡或加深的部分上拖动，即可完成。

"减淡"和"加深"工具属性检查器中各项的含义如下。

曝光：数值为 0～100%，值越大，效果越明显。

范围：阴影，主要更改图像的深色部分；高光，主要更改图像的浅色部分；中间影调，主要更改图像中每个通道的中间范围。

注意：若要临时在"减淡"工具和"加深"工具之间切换，请按住 Alt 键（在 Windows 中）的同时执行鼠标的拖动。

4）从照片中消除红眼

"红眼消除"工具仅对照片的红色区域进行快速绘画处理，用灰色和黑色替换红色。方法如下。

（1）在工具面板的位图部分中，选择"红眼消除"工具 👁 。

（2）在属性检查器中，设置下列选项。

① 容差：确定要替换的色相的范围（0 表示只替换红色；100 表示替换包含红色的所有色相）。

② 强度：设置用于替换红色的灰色暗度。

（3）在照片中的红色瞳孔上拖动十字形指针。

如果仍有红眼，请选择"编辑"→"撤销"命令，重置"容差"和"强度"值后，再重做。

5）替换位图对象中的颜色

对图 4.37(a)中的一朵花做颜色替换，从白色换为红色的步骤如下。

（1）在工具面板的位图部分中，选择"替换颜色"工具 ✎ 。

（2）在属性检查器的"源色"下拉菜单中，单击"样本"命令。

（3）单击"源色"颜色框选择颜色样，并从弹出菜单中选择白色以指定要替换的颜色是白色。

（4）在属性检查器中单击"替换色"颜色框，并从弹出菜单中选择一种红色。

（5）在属性检查器中设置其他笔触属性。

① 容差：确定要替换的颜色范围（0 表示只替换"源色"颜色；100 表示替换所有与"源色"颜色相似的颜色）。

② 强度：确定将替换多少"源色"颜色。值越小，色彩越淡，值越大，色彩越浓。

③ 彩色化：用"替换色"颜色替换"源色"颜色。取消选择"彩色化"可以用"替换色"颜色对"源色"颜色进行涂染，并保持一部分"源色"颜色不变。

（6）属性检查器各项设置好后，在要改变颜色的花朵上拖动以替换成选定的红色。效果如图 4.37(b)。

(a) 原始照片   (b) 使用 "替换颜色" 后的照片

图 4.37   原始照片和使用"替换颜色"工具之后的照片

6）通过羽化对边缘进行模糊处理

羽化可使像素选区的边缘变得模糊,有助于所选区域与周围的像素混合。当复制选区并将其粘贴到另一个背景中时,羽化很有用。

羽化图片的步骤如下。

（1）使用"文件"→"导入"命令导入要在画布上羽化的图像（如图4.38(a)）。

（2）使用任何选择工具选择要羽化的图像部分,这里采用椭圆选取框在图片上选出一个圆形区域。

（3）单击"选择"→"反选"菜单命令（如图4.38(b)）。

（4）单击"选择"→"羽化"菜单命令。也可以从属性检查器"边缘"菜单中选择"羽化"。

（5）在"羽化所选"对话框中,输入一个羽化半径值。对于大多数实际用途来说,最好使用默认值10像素。

（6）按Delete键"删除"选区,则产生羽化效果（如图4.38(c)）所示。

(a)原始图片　　　　(b)选择羽化区域　　　　(c)执行羽化并删除羽化选区

图4.38　原始照片和使用"羽化"效果后的照片

4.2.3　处理矢量对象

矢量对象是以路径定义形状的计算机图形。矢量路径的形状由路径上绘制的点确定。矢量对象的笔触颜色与路径一致,矢量对象的填充占据路径内的区域。笔触和填充确定图形以打印形式出版或在Web上发布时的外观。

矢量对象形状包括基本形状、自动形状（矢量对象组,具有可用于调整其属性的特殊控件）和自由变形形状。可以使用多种工具和技术来绘制和编辑矢量对象。

1. 基本形状

基本形状包括直线、矩形、椭圆形、圆角矩形、多边形和星形。

1）绘制直线、矩形、椭圆形

（1）从"工具"面板中选择"直线"、"矩形"或"椭圆形"工具。

（2）（可选）在属性检查器中设置"笔触"和"填充"属性。

（3）在画布上拖动以绘制形状。

对于"直线"工具,按住Shift键并拖动可限制只能按45°的倾角增量来绘制直线。对于"矩形"或"椭圆形"工具,按住Shift键并拖动可将形状限制为正方形或圆形。

2）从中心点绘制矩形和椭圆形

将指针放在预期的中心点，按住 Alt 键（在 Windows 中）或 Option 键（在 Mac OS 中）并拖动绘制工具。若要约束比例，请按住 Shift 键。

3）在绘制矩形和椭圆形时调整其位置

在按住鼠标按钮的同时，按住空格键，然后将对象拖动到画布上的另一个位置。释放空格键可继续绘制对象。

4）在线中添加箭头

（1）绘制或选择一条直线。

（2）选择"命令"→"创意"→"添加箭头"，弹出"添加箭头"对话框（如图 4.39）。

（3）在弹出的"添加箭头"对话框中设置以下内容。

① 必要时选择"添加到开头"和"添加到末尾"，并设置箭头样式。

② 必要时选择"应用笔触"和"实心填充"。

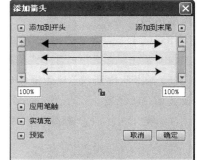

图 4.39　"添加箭头"对话框

（4）单击"确定"，箭头添加完成。

5）重新调整所选线条、矩形或椭圆形的大小

缩放矢量对象并不会改变它的笔触宽度。对象将按比例调整大小。执行下列操作之一。

（1）在属性检查器中输入新的宽度（W）或高度（H）值。

（2）在工具面板的"选择"部分选择"缩放"工具 ，并拖动角变形手柄。

（3）选择"修改"→"变形"→"缩放"并拖动角变形手柄，或者选择"修改"→"变形"→"数值变形"并输入新尺寸。

6）增加直线的锐度

在 Fireworks 中绘制的直线有时会变得模糊，并且不会产生所需的锐度。模糊的原因是使用鼠标将路径节点放置在半像素的位置了。选中要调整的对象，使用"修改"→"对齐像素"命令可以增加对象的锐度。

7）绘制基本多边形

（1）选择"窗口"→"自动形状属性"命令，弹出"自动形状属性"对话框（如图 4.40）。

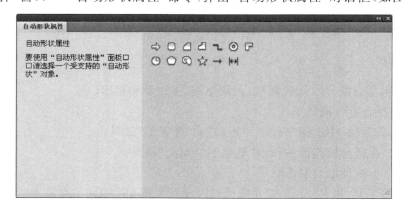

图 4.40　"自动形状属性"对话框

（2）单击"多边形"工具（如图4.41）。

（3）在"自动形状属性"对话框中，按照需要设置点和边，即可生成相应的多边形（如图4.42）。

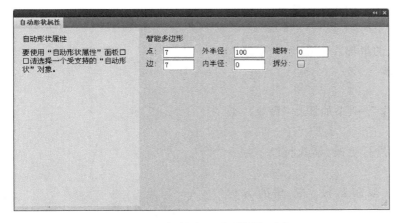 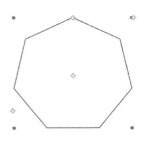

图4.41　智能多边形属性设置图　　　图4.42　绘制的多边形

8）绘制星形

可以选择"窗口"→"自选图形属性"命令。使用"自动形状属性"对话框中的各种选项自定义创建星形。也可以按照以下方法创建。

（1）在工具面板中单击任何位置，然后按U键。

（2）单击小型向下箭头图标，然后从菜单中选择"星"图标。

（3）在画布上单击或拖动创建星形。

如果要更改星形的形状，可以拖动星形上的各个黄点。当鼠标移动到黄点上方时，将出现一个描述黄点功能的提示。

2. 自动形状

1）绘制自动形状

"自动形状"工具如图4.43所示，选择其中任意工具，在工作区单击或拖动即可绘制。

箭头：任意比例的普通箭头，以及直线或弯曲线。

箭线：可以使用细直的箭线快速访问常用箭头（只需单击该线的任一端即可）。

斜切矩形：带有切角的矩形。

倒角矩形：带有倒角的矩形（边角在矩形内部呈圆形）。

连接线形：三段连接线形，例如那些用来连接流程图或组织图的元素的线条。

面圈形：实心圆环。

L形：直边角形状。

量度工具：以像素或英寸为单位来表示关键设计元素尺寸

图4.43　自动形状工具组

的普通箭线。

　　饼形：饼图。

　　圆角矩形：带有圆角的矩形。

　　智能多边形：有 3~25 条边的正多边形。

　　螺旋形：开口式螺旋形。

　　星形：具有 3~25 个点的星形。

　　2）为自动形状添加阴影

　　（1）选择画布上的对象。

　　（2）选择"命令"→"创作"→"添加阴影"命令。效
果如图 4.44 所示。

　　（3）（可选）若要对阴影进行更改，请执行以下任一
操作。

　　① 拖动方向控制点以限制其按 45°角的方向
移动。

　　② 单击方向控制点以重设阴影（其大小将与原始
形状相同）。

图 4.44　自动形状添加阴影

　　③ 按住 Ctrl 或 Command 并单击方向控制点仅重设 X 轴。

　　④ 双击"透视"控制点仅重设阴影的宽度。

　　3）使用其他自动形状

　　"自动形状"面板中包含其他比"工具"面板中的自动形状更为复杂的自动形状。可以通
过将这些自动形状从"自动形状"面板拖到画布上来将它们放在绘图中。

　　（1）选择"窗口"→"自动形状"命令，显示"自动形状"面板（如图 4.45）。

　　（2）将一个自动形状预览图形从"自动形状"面板拖到画布中。

　　（3）（可选）通过拖动自动形状的任何一个控制点来编辑该自动形状。

　　4）将新的自动形状添加到 Fireworks

　　（1）选择"窗口"→"自动形状"命令显示"自动形状"面板。

　　（2）单击右上角"选项"菜单，选择"获取更多自动形状"命令（如图 4.46）。

图 4.45　"自动形状"面板

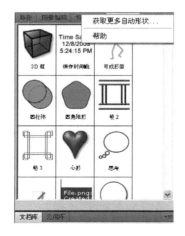

图 4.46　"获取更多自动形状"命令

（3）在 Exchange 网站中，按照屏幕上的说明添加新形状。

添加 Adobe Fireworks Exchange 网站上新的自动形状后，新的自动形状将出现在"自动形状"面板中或工具面板中。还可以通过编写 JavaScript 代码向 Fireworks 中添加新的自动形状。有关详细信息，请参阅帮助文档"扩展 Fireworks"。

3. 自由变形形状

通过绘制和编辑矢量路径几乎可以创建任何形状的矢量对象。

1）用"矢量路径"工具绘制自由变形路径

（1）从"钢笔"工具弹出菜单中，选择"矢量路径"工具 。

（2）（可选）在"属性"检查器中设置笔触属性和"矢量路径"工具选项。为了更精确地对路径进行平滑处理，请从"矢量路径"工具属性检查器的"精度"弹出菜单中选择所需的数字。选择的数字越高，出现在绘制的路径上的点数就越多。

（3）拖动以进行绘制。若要将路径限制为水平或垂直线，请在拖动时按住 Shift 键。

（4）释放鼠标和按键以结束路径。若要闭合路径，请将指针返回到路径起始点，然后释放鼠标和按键。

2）通过用"钢笔"工具绘制点来绘制自由变形路径

首先，使用直线段绘制路径，步骤如下。

（1）在工具面板中，选择"钢笔"工具。

（2）（可选）选择"编辑"→"首选参数"菜单命令（在 Windows 中）或选择 Fireworks→"首选参数"命令（在 Mac OS X 中），选择"编辑"选项卡上的其中一个选项，然后单击"确定"按钮。弹出"首选参数"对话框（如图 4.47）。

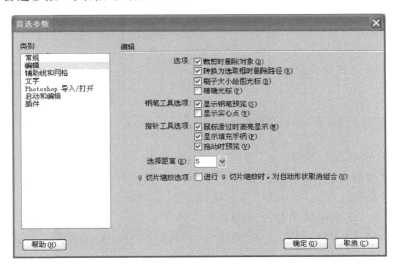

图 4.47 "首选参数"对话框

对话框中钢笔工具选项含义如下。

① 显示钢笔预览：预览下一次单击将产生的直线段。

② 显示实心点：在绘制的同时显示实心点。

（3）单击画布以放置第一个角点。

（4）移动指针，然后单击以放置下一个点。

（5）继续绘制点。直线段将连接点与点之间的每个间隙。

（6）执行下列操作之一。

① 双击最后一个点结束路径并使其成为开口路径。

② 若要闭合该路径，请单击所绘制的第一个点。闭合路径的起点和终点相同。

下面使用曲线段绘制路径，步骤如下。

（1）在工具面板中，选择"钢笔"工具。

（2）单击以放置第一个角点。

（3）移动到下一个点的位置，然后拖动以产生一个曲线点。

（4）继续绘制点。如果拖动一个新点，即可产生一个曲线点；如果只单击，则产生一个角点。

（5）执行下列操作之一。

① 若要使路径成为开口路径，请双击最后一个点或者选择另一个工具。

② 若要闭合该路径，请单击所绘制的第一个点。闭合路径的起点和终点相同。

3）将路径段转换为直线点或曲线点

首先，将角点转换为曲线点，步骤如下。

（1）在工具面板中，选择"钢笔"工具。

（2）在所选路径上单击一个角点，然后将指针从该点拖走。手柄将扩展，并使临近段变弯（如图 4.49）。

图 4.48　用钢笔工具绘制曲线路径　　　　图 4.49　将角点转换为曲线点

也可以将曲线点转换为角点。

（1）在工具面板中，选择"钢笔"工具。

（2）在所选路径上单击一个曲线点。则曲线点变为角点（如图 4.50）。

4）使用点和点手柄编辑自由变形路径

（1）要在路径上选择特定点，可以使用"部分选定"工具，执行以下任一操作。

① 单击一个点，或按住 Shift 键并依次单击多个点。

② 在要选择的点周围拖动，以一个矩形框包围要选择的点，松开鼠标即可选中该点。

图 4.51 是选中了曲线顶端和左边的点，然后对两个点同时加以拖动的效果，结果是这两个被选中点之间的线段保持不变，而顶点和未被选中的右边的点之间的线段随着拖动被拉伸。

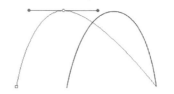

图 4.50　将曲线点转换为角点　　　　图 4.51　同时拖动顶点和左边的点

（2）向路径中添加点：使用"钢笔"工具，在路径上不是点的任何位置单击即可插入点。

（3）从所选路径中删除点可更改路径形状或简化编辑，可执行下列操作之一。

① 使用"钢笔"工具单击所选对象上的角点。

② 使用"钢笔"工具双击所选对象上的曲线点。

③ 使用"部分选定"工具选择一个点，然后按 Delete 键或 Backspace 键。

（4）更改曲线路径段的形状，步骤如下。

① 使用"指针"或"部分选定"工具选择路径。

② 使用"部分选定"工具单击选中某个曲线点，则点手柄从该点扩展。

③ 将手柄拖到一个新位置。若要将手柄移动的方向限制为 45°角，请在拖动时按 Shift 键。

蓝色的路径预览显示当您释放鼠标和按键时将绘制新路径的位置（如图 4.52）。

如果向下拖动左侧点手柄，则右侧点手柄将上升。若要点的单侧手柄移动，可按 Alt 键并同时拖动手柄，则可使单侧手柄独立移动，并且影响到的是点的单侧曲线段（如图 4.53）。

图 4.52　更改曲线路径形状图　　　　图 4.53　使曲线段独立移动

（5）调整角点的手柄步骤如下。

① 使用"部分选定"工具选择某个角点。

② 按住 Alt 键并拖动（在 Windows 中）或按住 Option 键并拖动（在 Mac OS 中），可以显示它的手柄并使相邻段弯曲。

5）扩展及合并自由变形路径

（1）继续绘制现有的开口路径

① 在工具面板中，选择"钢笔"工具。

② 单击结束点并继续绘制路径。

（2）合并两个开口路径

当连接两个路径时，最顶层路径的笔触、填充和滤镜属性将成为新合并的路径的属性。步骤为如下。

① 选择工具面板中的"钢笔"工具。

② 单击其中一个路径的端点。

③ 将指针移动到另一个路径的端点并单击。

（3）自动结合相似的开口路径

可以将一个开口路径与另一个具有相似笔触和填充特性的路径结合在一起。步骤如下。

① 选择一个开口路径。

② 选择"部分选定"工具，将该路径的端点拖到距离相似路径的端点几个像素以内。

4．复合形状

1）创建复合形状

复合形状的创建有两种方式。

（1）创建多个矢量对象之后应用复合形状

① 选择要作为复合形状一部分的所有对象。所选择的任何开放式路径都会自动关闭。图 4.54 选择了两个矩形矢量对象。

② 在工具调色板中选择一个矢量工具（矩形、椭圆形、钢笔或矢量路径）。

③ 在属性检查器中选择下列选项之一。

- 添加/ 联合
- 去除/ 打孔
- 交集
- 裁切

④ 这里选择去除/ 打孔，则创建的复合形状如图 4.55 所示。

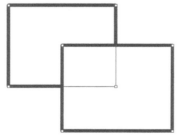

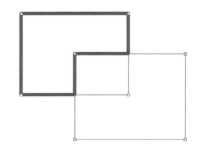

图 4.54　选择两个矢量对象　　图 4.55　通过"去除/打孔"工具创建的复合形状

（2）创建多个矢量对象之前应用复合形状

① 创建第一个矢量对象。

② 在属性检查器中选择下列选项之一。

- 添加/ 联合
- 去除/ 打孔
- 交集
- 裁切

③ 在第一个对象上绘制其他对象以获得所需的效果。

2）将复合形状转换为合成路径

若要将图 4.55 的复合形状转换为合成路径，则单击属性检查器中的"组合"按钮。合成路径如图 4.56 所示。另一种创建方法见下一页中的"创建复合路径"。

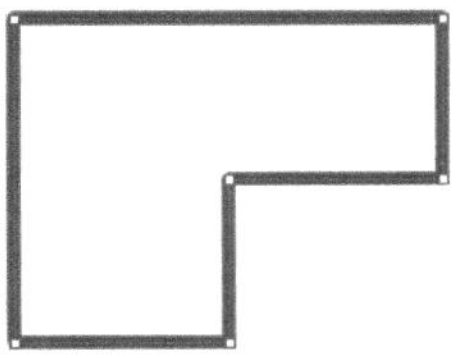

5. 特殊的矢量编辑技术

1）使用矢量工具进行编辑

（1）使用"自由变形"工具 扭曲路径

在工具面板中"矢量"部分，选择"自由变形"工具 ，将指针放在所选路径的正上方，指针形状为 ，此时可以拖动鼠标拉伸所选路径，例如对圆形的拉伸效果如图 4.57（b）所示。当指针不在路径的正上方而是稍偏离路径时，此时指针形状为 ，可以向路径拖动以推动该路径，推动效果如图 4.57（c）所示。

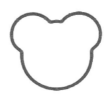

图 4.56　将复合形状的路径
转换成合成路径

(a) 圆形　　　　　　　(a)"自由变形"工具拉伸效果　　　(c)"自由变形"工具拖动

图 4.57　圆形与"自由变形"工具对其扭曲

执行下列操作之一可以更改推动指针的大小。

① 在按住鼠标左键的同时，按向右箭头键或 2 键以增加指针的宽度。

② 在按住鼠标左键的同时，按向左箭头键或 1 键以减小指针的宽度。

③ 若要设置指针大小，并设置指针所影响的路径段的长度，请取消选择文档中的所有对象，然后在属性检查器的"大小"框中输入一个范围 1～500 的值。

（2）使用"更改区域形状"工具 使所选路径扭曲。

在工具面板"矢量"部分选择"更改区域形状"工具，在图 4.58（a）中的椭圆左侧外侧放置鼠标指针 ，向右侧拖动鼠标以推动椭圆的路径，拖动时鼠标指针变成 ，指针的内圆是工具的全强度边界。内外圆之间的区域以低于全强度的强度更改路径的形状。指针的外圆决定指针的引力拉伸。可以设置它的强度。椭圆的路径被推动为图 4.58（c）中的弯月形状，在推动的过程中，Fireworks 会自动添加、移动或删除路径上的点。

(a) 椭圆　　　　　　　(a) 拖动鼠标对椭圆实行推动　　　(c) 推动结果

图 4.58　椭圆及"更改区域形状"工具对其扭曲

更改"更改区域形状"指针的大小，方法同"自由变形"工具。设置更改区域形状指针的内圆的强度：在属性检查器的"强度"框中输入一个范围 1～100 的值，以指定指针的潜在强度的百分比。百分比越高，强度越大。

（3）使用"重绘路径"工具 ✿ 重绘或扩展所选路径段

从"钢笔"工具弹出菜单中，选择"重绘路径"工具 ✿。在路径上拖动指针以重绘或扩展路径段。在使用"重绘路径"工具时，路径的笔触、填充和效果特性将得以保留。

（4）"路径洗刷"工具 ✍（添加）或 ✍（去除）改变压力和速度来更改路径的外观

通过使用不同的压力或速度，可以更改路径的笔触属性。若要指定这些属性中的哪个属性受"路径洗刷"工具的影响，请使用"编辑笔触"对话框的"敏感度"选项卡。还可指定影响这些属性的压力和速度的数量。

（5）使用"刀子"工具 ✂ 将一个路径切为多个路径

① 在工具面板中，选择"刀子"工具 ✂。

② 执行下列操作之一。

• 跨越路径拖动指针。

• 单击路径。

2）通过路径操作进行编辑

（1）从两个开口路径创建一个连续路径

① 在工具面板中，选择"部分选定"工具。

② 选择两个开口路径上的两个端点。

③ 选择"修改"→"组合路径"→"接合"命令。

（2）创建复合路径

① 选择两个或多个开口或闭合的路径。

② 选择"修改"→"组合路径"→"接合"命令。

所得到的新路径具有位于最下面的对象的笔触和填充属性。

（3）分离复合路径

① 选择复合路径。

② 选择"修改"→"组合路径"→"拆分"命令。

（4）将路径转换为选取框选区

可以将矢量形状转换为位图选区，然后使用位图工具编辑新的位图。

① 选择一个路径。

② 选择"修改"→"将路径转换为选取框"命令。

③ 单击"确定"按钮。

注意：将路径转换为选取框会删除所选的路径。若要更改此默认设置，请选择"编辑"→"首选参数"→"编辑"命令，然后取消选择"转换为选取框时删除路径"设置。

（5）简化路径

"简化"命令可以根据用户指定的数量删除路径上多余的点。一条直线上两个以上的点或者恰好重叠的点就属于多余的点。选择"修改"→"改变路径"→"简化"命令。输入一个简化量，然后单击"确定"按钮。

（6）扩展所选对象的笔触

可以将所选路径的笔触转换为闭合路径。结果是原路径的一个轮廓，该轮廓不包含填充并且具有与原对象的填充相同的笔触属性。

① 选择"修改"→"改变路径"→"扩展笔触"命令。

② 设置最终的闭合路径的宽度。

③ 选择一种边角类型。

④ 如果选择转角，则设置转角限制（即转角自动变为斜角的点）。转角限制是转角长度与笔触宽度的比例。

⑤ 选择一个结束端点选项，然后单击"确定"按钮。结果如图4.59所示。

（7）收缩或扩展路径

① 选择"修改"→"改变路径"→"伸缩路径"命令。

② 选择收缩或扩展路径的方向：内部收缩路径或外部扩展路径。

③ 设置原始路径与收缩或扩展路径之间的宽度。

④ 选择一种边角类型。

⑤ 如果选择转角，则设置转角限制。

⑥ 单击"确定"按钮。

3）使用"路径"面板编辑路径

若要提高路径编辑任务的速度，请使用"路径"面板。选择"窗口"→"其他"→"路径"命令，打开"路径"面板（如图4.60）。

图 4.59　扩展笔触

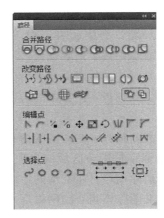

图 4.60　"路径"面板

4.2.4　处理文本对象

1. 输入文本

使用属性检查器中的"文本"工具 T 可以在图形中输入文本、设置文本格式和编辑文本。

文本对象会自动以与输入的文本相匹配的名称保存。可以在属性检查器的"文本"框中或者在"图层"面板中的对象面板缩略图中更改所指定的名称。

（1）若要创建自动调整大小的文本块，请在文档中单击。

（2）若要创建固定宽度的文本块，请通过拖动来创建文本块。若要在拖动鼠标创建文本块时移动文本块，请在按住鼠标左键的同时，按住空格键，然后将文本块拖到另一个位置。

2．指定字体大小

选择要更改的字符或文字对象。如果未选择任何文本，字体大小则会应用于您所创建的新文本。执行以下操作之一。

（1）在属性检查器的"字体系列"和"字体样式"后面的栏为"字体大小"选项，设定其值即可。

（2）从"文本"→"大小"菜单中选取一个大小。如果选取"其他"，则可以在"文本大小"对话框中输入新值。

3．插入特殊字符

在创建完文本块后，在文本块内部要插入特殊字符的位置单击。然后选择"窗口"→"其他"→"特殊字符"命令，最后选择要插入的字符。

4．应用文本效果

1）对文本边缘进行平滑处理

对所选文本的边缘进行平滑处理称为消除锯齿。消除锯齿将使文本的边缘混合在背景中，从而使大字体的文本更清楚易读。消除锯齿会应用到给定文本块的所有字符。效果如图 4.61 所示。

在属性检查器中，从"消除锯齿"弹出菜单中选择一个选项。

（1）不消除锯齿：禁用文本平滑处理功能。

（2）匀边消除锯齿：在文本的边缘和背景之间产生强烈的过渡。

图 4.61　原始文本与进行平滑处理之后

（3）强力消除锯齿：在文本的边缘和背景之间产生非常强烈的过渡，同时保持文本字符的形状并增强字符细节区域的表现。

（4）平滑消除锯齿：在文本的边缘和背景之间产生柔和的过渡。

（5）自定义消除锯齿：提供以下专家级的消除锯齿控制项。

① 采样过度：确定用于在文本边缘和背景之间产生过渡的细节量。

② 锐度：确定文本边缘和背景之间过渡的平滑程度。

③ 强度：确定将多少文本边缘混合到背景中。

注意：在 Fireworks 中打开时，矢量文件中的文本已消除锯齿。

2）基线调整

属性检查器中的"基线调整"选项 可以调整文字在本行中的高低位置。步骤如下。

（1）选中要基线调整的文字。

（2）在属性检查器中，拖动"基线调整"弹出滑块或在文本框中输入一个值，以指定 Fireworks 应将文本放在多低或多高的位置。输入正值将创建上标字符（如图 4.62），输入负值

图 4.62　调整后的效果

将创建下标字符。

3）将文本的笔触、填充和滤镜属性存为样式

（1）创建文本对象，并应用所需的属性（如图4.63(a)）。

（2）选中文本对象，从"样式"面板的"选项"菜单中选择"新建样式"命令，打开"新建样式"对话框（如图4.63(b)）。

（3）选择样式属性并对新样式进行命名，单击"确定"按钮，新样式添加成功，在"样式"面板中可看到新添加的样式（如图4.63(c)）。

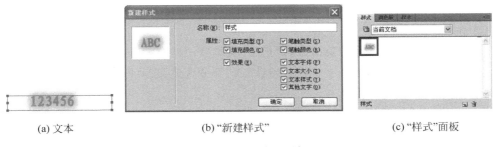

| (a) 文本 | (b) "新建样式" | (c) "样式"面板 |

图4.63　新样式的添加

5. 将文本附加到路径

除了使用矩形文本块外，还可以绘制路径并向其附加文本。文本将顺着路径的形状排列。文本和路径都是可编辑的。

将文本附加到路径后，该路径会暂时失去其笔触、填充以及滤镜属性。随后应用的任何笔触、填充和滤镜属性都将应用到文本，而不是路径。如果之后将文本从路径分离出来，该路径会重新获得其笔触、填充以及滤镜属性。

注意：如果将含有硬回车或软回车的文本附加到路径，可能会产生意外结果。

1）将文本附加到路径并编辑文本

若要将文本附加到路径的外围，同时选中文本和路径（如图4.64），然后选择"文本"→"附加到路径"菜单命令。

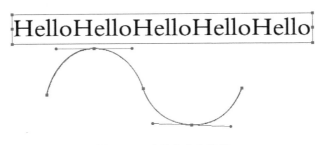

图4.64　选择文本和路径

注意：当文本的长度超过路径之内或之外的空间时，会出现一个图标，该图标指示无法容纳的多余文本，如图4.65中路径右端所示。删除过多的文本或调整该路径的大小以容纳多余文本。当容纳所有文本时该图标会消失。

图 4.65　文本附加到路径(文本过长未完全显示)

若要将文本块放到路径之内,同时选中文本对象和路径,然后选择"文本"→"附加到路径内"菜单命令。

若要将文本从所选路径分离出来,请选择"文本"→"从路径分离"菜单命令。

若要编辑附加到路径的文本,请用"指针"或"部分选定"工具双击路径文本对象,或者使用"文本"工具并单击来选择文本。

若要编辑路径的形状,请使用"部分选定"工具选择路径文本对象,然后拖动部分选定的点以改变路径的形状。

注意:也可以使用"贝塞尔钢笔"工具编辑路径。在编辑路径上的点时,文本将自动沿着路径排列。

2) 更改文本在路径上的方向

绘制路径时的顺序决定了附加在该路径上的文本的方向。例如,如果自右至左绘制路径,则附加的文本会反向颠倒显示(如图 4.66)。

图 4.66　附加在从右向左绘制的路径上的文本

选择"文本"→"方向"菜单命令,然后选择某个方向(如图 4.67)。

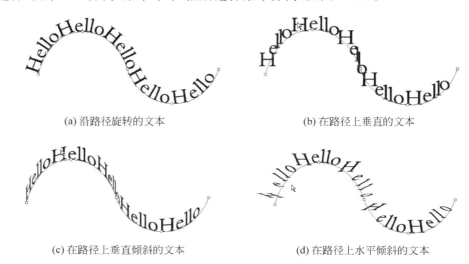

(a) 沿路径旋转的文本　　　　　　　　　　(b) 在路径上垂直的文本

(c) 在路径上垂直倾斜的文本　　　　　　　(d) 在路径上水平倾斜的文本

图 4.67　各种方向文本效果

若要反转所选路径上文本的方向,请选择"文本"→"倒转方向"菜单命令。

若要移动附加到路径的文本的起始点,选择该路径文本对象,然后在属性检查器中的"文本偏移"文本框中输入一个偏移量值。

3) 将文本转换为路径

选择"文本"→"转换为路径"菜单命令,可将文本转换为路径(如图 4.68),然后就可以像对待任何矢量对象那样,编辑文本中每个字的形状。对于已转换为路径的文本,可以使用任何矢量编辑工具进行处理。

图 4.68   文本转换为路径

6. 导入文本

选择"文件"→"打开"命令或"文件"→"导入"命令。Fireworks 仅支持 ASCII 文本,当打开 Unicode 文本文件或将其导入 Fireworks 时文本会显示为乱码。向 Fireworks 导入 Unicode 文本之前应先将其转换为 ASCII 文本。

7. 检查文本的拼写

选中一个或多个需要检查拼写的文本块。选择"文本"→"检查拼写"命令。如果未选中文本块,Fireworks 将在整个文档中进行拼写检查。

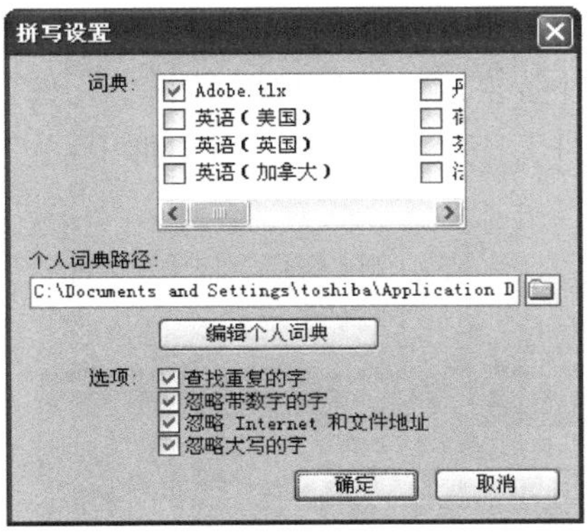

8. 自定义拼写检查

选择"文本"→"拼写设置"菜单命令,然后在"拼写设置"对话框中选择所需的选项(如图 4.69)。

(1) 选择一个或多个语言词典。

(2) 通过单击"个人词典路径"文本框旁边的文件夹图标来选择自定义词典。

(3) 单击"编辑个人词典"按钮,然后添加、删除或修改列表中的词语,对自定义词典进行编辑。

(4) 设置拼写检查选项,以决定检查方式。

图 4.69   "拼写设置"对话框

4.3   元件处理

在 Fireworks 中可重用的图形元素称为元件。Fireworks 提供三种类型的元件:图形、动画和按钮。元件对于创建按钮以及为对象在多个状态之间制作动画也很有帮助。

4.3.1   创建元件

可以从任何对象、文本块或组中创建元件,然后将它存储在"资源"面板的"公用库"选项卡中。创建元件的方法如下。

(1) 执行下列操作之一,可弹出"转换为元件"对话框(如图 4.70)。

① 选择"编辑"→"插入"→"新建元件"命令。

② 从"文档库"面板的"选项"菜单中选择"新建元件"命令。

（2）在"转换为元件"对话框中选择元件类型。

（3）若要使用 9 切片缩放辅助线缩放元件,请选中"启用 9 切片缩放辅助线"选项,然后单击"确定"按钮。

（4）使用工具面板中的工具创建元件。

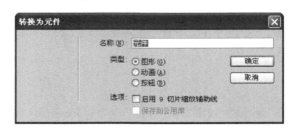

图 4.70 "转换为元件"对话框

还可以将已有对象转换为元件,例如将文本转换为元件,可选中文本,选择"修改"→"元件"→"转换为元件"命令,选择元件类型,即可将文本转换为元件。

在"文档库"面板中,双击元件名称。可以重命名元件名称和更改元件类型以及编辑元件。

要删除元件及其所有实例,请在"文档库"面板中,将元件拖到右下角垃圾桶图标上 🗑 。

可以通过交换元件将一个已经出现在画布上的元件替换成文档库中的另一个元件(如图 4.71)。在画布上,右击某个元件,然后选择"交换元件"。在"交换元件"对话框中,从"文档库"中选择另一个元件,然后单击"确定"按钮。

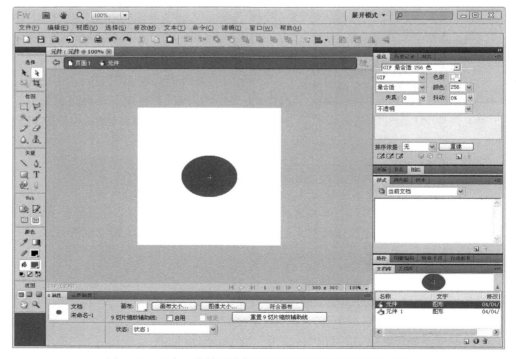

图 4.71 画布上的椭圆实例和添加到文档库中的椭圆元件

4.3.2　编辑元件

对于创建好的元件，可以通过元件编辑窗口进行编辑修改，执行下列之一。

（1）双击画布上的元件实例。

（2）在"文档库"面板中，双击元件名称。打开"转换为元件"对话框，单击"编辑"按钮。

（3）选中画布上的一个元件实例，选择菜单"修改"→"元件"→"编辑元件"命令。

（4）（仅限动画元件）单击"动画"对话框中的"编辑"按钮。

双击某个实例对其进行编辑时，实际上是在编辑元件本身。编辑完成后，关闭元件编辑窗口，则文档中该元件的所有实例将被自动更新。若要只编辑当前实例，必须断开该实例与元件之间的链接。但这将永久中断两者间的关系。以后对该元件所做的任何编辑都不会反映到已经断开链接的实例中。

要为一个实例断开元件链接，请选择该实例，选择"修改"→"元件"→"分离"命令，所选实例随即变为一个组。"文档库"面板中的元件与该组不再有任何关联。与元件分离后，以前的按钮实例即失去其按钮元件特性，而以前的动画实例则失去其动画元件特性。

在不断开元件链接的情况下编辑实例时，修改属性检查器的下列实例属性，不会影响到元件和其他实例。

（1）混合模式；

（2）不透明度；

（3）滤镜；

（4）宽度和高度；

（5）X 和 Y 坐标。

4.3.3　组件元件

组件元件是指可以使用 JavaScript 文件（JSF）对其进行智能缩放和指派特定属性的图形元件。它们也称为"丰富元件"。用属性检查器修改实例会影响元件和所有其他实例。但是，修改"元件属性"面板（"窗口"→"元件属性"）中的参数将只影响所选实例。

Fireworks 包括一个由预先设计的组件元件组成的库。选择"窗口"→"公用库"菜单命令打开"公用库"面板，从中将需要的元件拖放到画布中，用户即可以自定义这些元件，使其适应特定网站或用户界面的外观要求。

创建组件元件的方法如下。

（1）创建一个属性可能需要自定义的对象，例如一个颜色和编号可自定义的项目符号元件（如图 4.72）。创建对象后，可在"图层"面板中输入名称，例如可以使用名称 Label 并保持首字母 L 大写。此名称将在 JavaScript 文件中使用。

注意：为了避免 JavaScript 错误，请不要在功能名称中包括任何空格。例如，使用 number_label 而不使用 number label。

图 4.72　此元件可以将符号颜色和项目编号作为可自定义选项

（2）选择对象,然后选择"修改"→"元件"→"转换为元件"菜单命令。

（3）在"名称"框中输入元件的名称,选择"图形"作为元件类型,选择"保存到公用库",然后单击"确定"按钮。

（4）在提示符下,将新元件保存到默认的"公用库"内的文件夹,或者在与该默认文件夹相同的级别创建另一个文件夹。保存后,元件将从画布删除,并显示在"公用库"中。

注意：若要将现有元件令存为组件元件,则在"文档库"中选择该元件,然后单击"选项"菜单中"保存到公用库"命令即可。

（5）从"命令"菜单中选择"创建元件脚本"命令。

（6）单击该面板右上角的浏览按钮并浏览到元件 PNG 文件,单击加号按钮添加元素名称。

（7）在"元素名称"框中,从菜单中选择要自定义的元素的名称,在"属性"框中,选择要自定义的属性的名称。例如,若要自定义标签中的文本,请选择 textChars,要自定义填充颜色,请选择 fillColor。在"属性名称"字段中,输入可自定义属性的名称,例如 Label 或 Number。此属性名称将出现在"元件属性"面板中。在"值"字段中,输入在首次将元件实例放在文档中时所用属性的默认值。并根据需要添加其他元素。

（8）单击"保存"按钮保存所选的选项并创建 JavaScript 文件。

（9）从"公用库"面板的"选项"菜单中选择"重新加载"以重新加载新元件。

在创建 JavaScript 文件之后,可以通过将元件拖到画布上来创建实例,然后在"元件属性"面板中更改其属性。

注意：如果删除或重命名由该脚本引用的对象,"元件属性"面板中将报告错误。

4.3.4　使用 JavaScript 创建可编辑的元件参数

在保存组件元件时,Fireworks 会将 PNG 文件保存到下面的默认文件夹中：(Windows XP)＜用户设置＞\Application Data\Adobe\Fireworks CS5\Common Library\自定义元件。

若要创建组件元件,必须创建 JavaScript 文件,使用 .jsf 扩展名将其保存在与该元件相同的位置,并使用与该元件相同的名称。例如,"元. graphic. png"应包含名称为"元. jsf"的 JavaScript 文件(如图 4.73)。

图 4.73　组件元件文件和其 JavaScript 文件

使用"创建元件脚本"面板,非编程人员可以分配某些简单的元件属性以及自动创建 JavaScript 文件。若要打开此面板,请从"命令"菜单中选择"创建元件脚本"命令。

若要向元件中添加可编辑的参数,必须定义 JavaScript 文件中的两个函数。

（1）函数 setDefaultValues( )：定义可以编辑的参数以及这些参数的默认值。

（2）函数 applyCurrentValues( )：将通过"元件属性"面板输入的值应用于图形元件。

以下是用于创建自定义元件的示例 .jsf 文件。

```
function setDefaultValues( )
{
var currValues = new Array( );
//to build symbol properties
currValues.push({name:"Selected", value:"true", type:"Boolean"});
Widget.elem.customData["currentValues"] = currValues;
}
function applyCurrentValues( )
{
var currValues = Widget.elem.customData["currentValues"];
// Get symbol object name
var Check = Widget.GetObjectByName("Check");
Check.visible = currValues[0].value;
}
switch (Widget.opCode)
{
case 1: setDefaultValues( ); break;
case 2: applyCurrentValues( ); break;
default: break;
}
```

This sample JavaScript shows a component symbol that can change colors:

```
function setDefaultValues( )
{
var currValues = new Array( );
//Name is the Parameter name that will be displayed in the Symbol Properties Panel.
//Value is the default Value that is displayed when Component symbol loads first time. In this
case, Blue will be the default color when the Component symbol is used.
//Color is the Type of Parameter that is displayed. Color will invoke the Color Popup box in the
Symbol Properties Panel.
currValues.push({name:"BG Color", value:"#003366", type:"Color"});
Widget.elem.customData["currentValues"] = currValues;
}
function applyCurrentValues( )
{
var currValues = Widget.elem.customData["currentValues"];
//color_bg is the Layer name in the PNG that will change colors.
var color_bg = Widget.GetObjectByName("color_bg");
color_bg.pathAttributes.fillColor = currValues[0].value;
}
switch (Widget.opCode)
{
case 1: setDefaultValues( ); break;
case 2: applyCurrentValues( ); break;
default: break;
}
```

要更好地了解如何使用.jsf文件自定义元件属性，请浏览软件中包括的示例组件。

4.3.5　导入/导出元件

如果需要使用其他文档的元件,可以将其导入,而不需要重新绘制。也可以将当前文档中的元件导出到其他文档中去。导入导出具体步骤如下。

(1) 单击"文档库"面板右上角的选项菜单按钮,在弹出的面板菜单中选择"导入元件"或"导出元件"命令。

(2) 在弹出的对话框中选中需要导入/导出的元件。

(3) 单击"确定"或"导出"按钮。

4.3.6　创建嵌套元件

在元件内创建的元件称为嵌套元件,可以创建多个嵌套元件。创建嵌套元件方法如下。

(1) 使用矢量工具在页面上创建对象。例如,使用矢量工具创建椭圆形。

(2) 右击该椭圆形并选择"修改"→"元件"→"转换为元件"菜单命令。

(3) 在"转换为元件"对话框中,执行下列操作。

① 输入元件的名称。例如,称其为元件 A。

② 如果打算对该元件应用 9 切片缩放,则选择"启用 9 切片缩放辅助线"项。

(4) 双击该元件中心的"+"图标。

(5) 重复步骤(1)至步骤(4)以创建另一个元件 B。由于 B 是在 A 中创建的,因此元件 B 是元件 A 的嵌套元件。

4.4　图层处理

层将 Adobe Fireworks 文档分成不连续的上下重叠的平面,就像是在描图纸的不同覆盖面上绘制插图的不同元素一样。一个文档可以包含许多层,而每一层又可以包含许多子层或对象。文档中的每个对象都驻留在一个层上。可以在绘制之前创建层,也可以根据需要添加层。画布位于所有层之下,其本身不是层。建立图层的好处是,所有图层中的对象按某种混合模式叠放在一起形成了完整的图像,而对其中每个图层中的对象进行编辑修改时,其他图层中的对象不受任何影响,使得编辑修改图像独立化、简易化。

4.4.1　新建图层

要新建图层可以执行下列操作之一。

(1) 单击"新建/重制层"按钮 ⬜ 。

(2) 选择"编辑"→"插入"→"层"菜单命令。

(3) 从"图层"面板的"选项"菜单或弹出菜单中选择"新建层"或"新建子层"命令,然后单击"确定"按钮。在"图层"面板(如图 4.74)中双击层或对象,为层或对象输入新名称并按回车,即可对层或对象重新命名。图 4.75 有两个图层和不同对象。

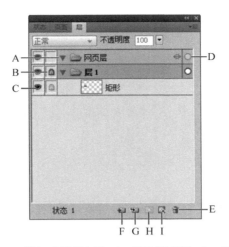

A—展开/折叠层；B—锁定/取消锁定层；C—显示/隐藏层；D—活动层；E—删除层；
F—新建/复制层；G—新建子层；H—添加蒙版；I—新建位图图像

图 4.74　图层面板

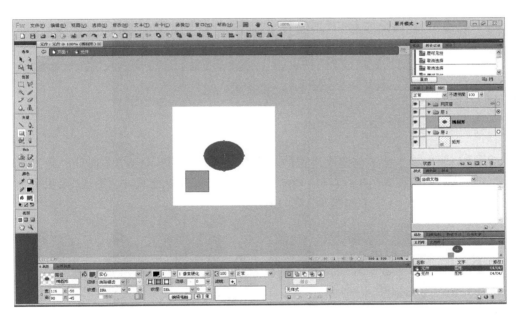

图 4.75　位于不同图层的两个对象：椭圆形和矩形

4.4.2　编辑图层

1. 显示与隐藏图层

若要隐藏层或层上的对象，单击层或对象名称左侧第一列方形中的眼睛图标 👁，眼睛图标消失，指示层或对象是隐藏的，若要显示层或层上的对象，再次单击眼睛图标所在的方形区域，眼睛图标出现，则该层被显示出来。

若要显示或隐藏多个层或对象，可在"图层"面板中沿"眼睛"列拖动指针。

若要显示或隐藏所有层和对象,可从"图层"面板的"选项"菜单中选择"显示全部"或"隐藏全部"命令。

图 4.76 中,矩形对象被隐藏,因而没有显示在画布上。

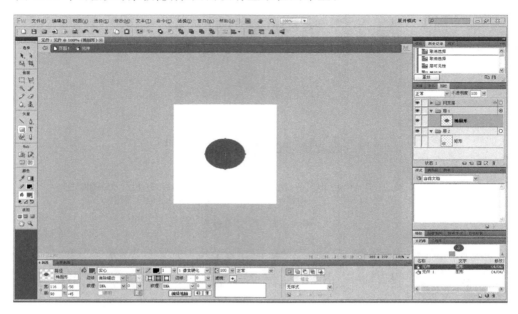

图 4.76 隐藏对象和层

2. 排列图层

图层排列顺序会直接影响整个图像的效果,新建一个文档,选择"文件"→"导入"命令,导入蝴蝶和花丛两幅图片,图 4.77(a)为蝴蝶图层在花丛图层之下,在"图层"面板中拖动蝴蝶图层至花丛图层之上,效果如图 4.77(b)所示。

(a) 蝴蝶图层在下

(b) 蝴蝶图层在上

图 4.77 按不同顺序排列图层的效果

3. 保护层和对象

锁定对象可保护该对象不被选定或编辑,锁定层则可保护该层上的所有对象。锁定对象和层的方法如下。

（1）若要锁定一个对象，请单击"图层"面板中紧邻对象名称左侧的列中的方形。

（2）若要锁定单个层，请单击紧邻层名称左侧的列中的方形。

（3）若要锁定多个层，请在"图层"面板中沿"锁定"列拖动指针。

（4）若要锁定或解锁所有层，请从"图层"面板的"选项"菜单或弹出菜单中选择"锁定全部"或"解除全部锁定"命令。

挂锁图标 🔒 表示已锁定的项目，挂锁图标消失则表示已解锁。在"图层"面板的"项目"菜单中，其中"单层编辑"功能可以保护活动层和子层以外的所有层上的对象不被意外地选择或更改。还可以通过隐藏的方法来保护对象和层。

4．合并不同层对象

若要减少杂乱，可以在"图层"面板中合并对象。要合并的对象和位图不必在"图层"面板中相邻或驻留在同一层上。

向下合并会将所有所选矢量对象和位图对象平面化为正好位于最底端所选对象下方的位图对象。最终获得的是单个位图对象。矢量对象和位图对象一旦合并，就失去了其可编辑性，并且不能再被单独进行编辑。

合并各层对象方法如下。

（1）在"图层"面板上选择要与位图对象合并的对象。按住 Ctrl 键并单击以选择多个对象。

（2）执行下列操作之一。

① 从"图层"面板的"选项"菜单中选择"向下合并"命令。

② 选择"修改"→"向下合并"菜单命令。

③ 右击画布上的所选对象，然后选择"向下合并"命令。

注意："向下合并"不会影响切片、热点或按钮。

5．将对象分散到图层

如果层中有许多对象，则通过将对象分散到新层，可以避免层中出现杂乱。将创建与父层处于相同级别的新层。此外，新创建的层将保持原有层的层次结构。方法如下。

（1）选择包含要分散的对象的层。

（2）选择"命令"→"文档"→"分散到层"菜单命令。

4.4.3　删除图层

如果删除一个图层，则删除的层上方的层会成为活动层。如果删除的层是剩余的最后一层，则删除后会创建一个新的空层。

删除层可以执行下列操作之一。

（1）在"图层"面板中将该层拖到垃圾桶图标 🗑 上。

（2）在"图层"面板中选择该层并单击垃圾桶图标。

（3）选择该层并从"图层"面板的"选项"菜单或弹出菜单中选择"删除层"命令。

4.4.4 图层蒙版

使用蒙版可以封闭下层图像的一部分。例如,可以粘贴一个椭圆形状作为照片上的蒙版。椭圆以外的区域全部消失,就像是被裁剪掉了一样,图片中只显示椭圆内的那部分区域。

1. 使用"粘贴为蒙版"命令遮罩对象

使用"粘贴为蒙版"命令创建蒙版,方法是用一个对象来重叠一个对象或一组对象。"粘贴为蒙版"命令可创建矢量蒙版或位图蒙版。

(1)加载图片到画布上(如图 4.78)。

(2)绘制或加载要用作蒙版的对象(可以是位图对象也可以是矢量对象),这里绘制两个圆(如图 4.79)。

图 4.78　原始图片　　　　　　　　图 4.79　绘制两个圆作为蒙版对象

(3)按住 Shift 键并单击以选择多个对象(这里为两个圆)作为蒙版。

注意:如果将多个对象用作蒙版,则 Fireworks 总是会创建矢量蒙版(即使两个对象都是位图)。

(4)执行下列操作之一。

①"编辑"→"粘贴为蒙版"。

②"修改"→"蒙版"→"粘贴为蒙版"。

生成蒙版效果如图 4.80。

前面展示了对一个图片对象进行蒙版遮罩,也可以对多个对象进行蒙版遮罩。

(1)在原始风景图片中再导入热气球图片(如图 4.81)。

图 4.80　蒙版效果　　　　　　　图 4.81　导入的风景图片和热气球图片

（2）绘制两个圆。

（3）选中两个图片对象，选择"修改"→"蒙版"→"组合为蒙版"命令，效果如图4.82所示。

2．使用"粘贴于内部"命令遮罩对象

（1）创建将要粘贴于蒙版内部的图片对象（如图4.83）。

图4.82　组合蒙版效果　　　　　　　　　　图4.83　原始图片

（2）创建要作为蒙版的对象（可以是位图对象也可以是矢量对象），这里导入扇子位图作为蒙版对象（如图4.84）。

（3）选中将要粘贴于蒙版内部的图片对象（即图4.83中的图片），选择"编辑"→"剪切"命令将填充对象移到剪贴板。

（4）选择蒙版对象（如图4.85）。

图4.84　导入蒙版对象图　　　　　　　图4.85　填充对象已被剪切，选中蒙版对象

（5）选择"编辑"→"粘贴于内部"命令。执行效果如图4.86所示。填充对象看起来位于蒙版对象的内部，或者被蒙版对象剪贴了。

3．将文本用作蒙版

文本蒙版是一种矢量蒙版，其应用方法与使用现有对象的蒙版一样。文本是蒙版对象。

图 4.86　蒙版效果

应用文本蒙版的常用方法是使用其路径轮廓，但也可以使用其灰度外观应用文本蒙版。各种文字蒙版效果如图 4.87。

SPRING　水　DRY　水

图 4.87　各种文字蒙版效果

4．使用自动矢量蒙版

自动矢量蒙版将预定义的图案作为矢量蒙版应用于位图和矢量对象。您可以以后编辑自动矢量蒙版的外观和其他属性。

（1）选择位图或矢量对象（如图 4.88）。

（2）选择"命令"→"创作"→"自动矢量蒙版"命令。

（3）选择蒙版类型，单击"应用"按钮。

效果如图 4.89 所示。

图 4.88　原始图片图

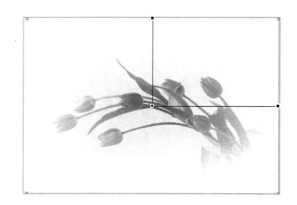

图 4.89　自动矢量蒙版效果

5．使用"图层"面板遮罩对象

添加透明的空位图蒙版的最快捷方法是使用"图层"面板。"图层"面板在对象中添加一个白色蒙版,还可以用位图工具在蒙版上面绘制以自定义这个空位图蒙版的形状大小。

(1) 导入要遮罩的对象图片(如图 4.90)。

(2) 在"图层"面板的底部,单击"添加蒙版"按钮。

Fireworks 会将空蒙版应用到所选的对象。"图层"面板显示一个表示空蒙版的蒙版缩略图(如图 4.91)。

图 4.90　原始图片

图 4.91　向图层添加空蒙版

(3) (可选)如果被遮罩的对象是位图,可以使用选取框或套索工具来创建像素选区。这里用矩形选取框创建一个矩形选区(如图 4.92)。

(4) 从工具面板中选择位图绘画或填充工具(例如,刷子、油漆桶等)。这里选择工具面板的颜色区域的"油漆桶"工具。

(5) 在所选工具的属性检查器中设置工具选项。这里设置"蒙版"选项为"灰度等级",油漆桶的填充颜色为一个中灰色。

(6) 当蒙版仍处于选定状态时,在空蒙版的矩形选区内单击填充。得到如图 4.93 所示的蒙版效果。

图 4.92　矩形选取框

图 4.93　蒙版遮罩效果

6. 使用"显示"和"隐藏"命令遮罩对象

"修改"→"蒙版"子菜单中有几个用于向对象应用空位图蒙版的选项。

(1) 显示全部:将透明的空蒙版应用到对象,从而显示整个对象。若要取得相同的效果,请单击"层"面板中的"添加蒙版"按钮。

（2）隐藏全部：将不透明的空蒙版应用到对象,从而隐藏整个对象。

（3）显示所选：只能用于像素选区。"显示所选"使用当前像素选区应用一个透明的像素蒙版。将隐藏位图对象中的其他像素。若要取得相同的效果,请选择像素,然后单击"添加蒙版"按钮。

（4）隐藏选区：只能用于像素选区。"隐藏选区"使用当前像素选区应用一个不透明的像素蒙版。将显示位图对象中的其他像素。若要取得相同的效果,选择像素,然后按住 Alt 键（在 Windows 中）或 Option 键（在 Mac OS 中）并单击"添加蒙版"按钮。

使用"隐藏全部"创建蒙版。

（1）选择要遮罩的图片对象（如图 4.90）。

（2）选择"修改"→"蒙版"→"隐藏全部"命令,则图片被全部隐藏起来（若要显示对象,请选择"修改"→"蒙版"→"显示全部"命令）。

（3）从工具面板中选择位图绘画或填充工具。这里选择"刷子"工具。

（4）在属性检查器中设置工具选项。选择一种黑色以外的颜色,设置刷子笔尖大小为 25,选择"蒙版"选项为"灰度等级"。

（5）在空蒙版上绘制,写字母 ABC。在绘制的区域中,下层的被遮罩的对象将被显示,并以"刷子"工具所绘制的区域为显示范围（如图 4.94）。

7. 组合蒙版

可以选择两个或更多的已有对象来制作蒙版效果,被选中的最上层的对象会成为蒙版对象,其他对象为被遮罩对象。最上层对象的类型确定蒙版的类型（矢量或位图）。

（1）用魔术棒工具选中图 4.95 中的兔子,执行"选择"→"反选"命令,选中兔子以外的位图区域,执行剪切命令。

图 4.94　使用"隐藏全部"命令创建的蒙版效果　　　　图 4.95　兔子图像

（2）打开苹果图片,执行"粘贴"命令将刚才剪切下来的镂空兔子位图粘贴到苹果对象所在页面并且调整其位置,让兔子的形状正好位于苹果图像区域内,并且镂空兔子位图的矩形边界在苹果图像之外,能够将苹果图像包围。全部包围之后,苹果图像除了兔子部位显示出来,其余部分都被镂空兔子位图遮挡（如图 4.96）。

（3）选中镂空兔子位图和苹果位图,选择"修改"→"蒙版"→"组合为蒙版"命令。效果如图 4.97 所示。

图 4.96 选中的镂空兔子图像和苹果图像

图 4.97 组合蒙版效果

4.5 使用滤镜和效果

Adobe Fireworks 动态滤镜(以前称为动态效果)是可以应用于矢量对象、位图图像和文本的增强效果。动态滤镜包括:斜角和浮雕、纯色阴影、投影和光晕、颜色校正、模糊和锐化。

4.5.1 滤镜的基本操作

选择画布上的位图或矢量图,在属性检查器中,单击"滤镜"标记旁边的加号(+)图标,然后从"添加动态滤镜"弹出菜单中选择一种滤镜。该滤镜随即添加到所选对象的"动态滤镜"列表中。

注意:动态滤镜的应用顺序会影响整体滤镜效果。可以通过拖动动态滤镜来重新安排其堆叠顺序。尽管动态滤镜可以带来更大的灵活性,但是如果在文档中大量使用动态滤镜,则会降低 Fireworks 的性能。

不能从"滤镜"菜单中将动态滤镜应用于像素选区。可以定义一个位图区域,用它创建一个单独的位图(就地剪切和粘贴该选区以创建一个新的选区位图图像),然后再对它应用动态滤镜。对用位图选取框选取的区域应用动态滤镜方法如下。

(1)选择一个位图选择工具并绘制一个选区选取框(如图 4.98)。

(2)选择"编辑"→"剪切"命令。

(3)选择"编辑"→"粘贴"命令。Fireworks 将该选区准确地粘贴到像素的原始位置,但该选区现在已成为单独的位图对象(如图 4.99)。

(4)在"图层"面板中单击新位图对象的缩略图以选择该位图对象。

(5)从属性检查器中应用一种动态滤镜,例如应用"光晕"滤镜的效果如图 4.100所示。

图 4.98　选取位图区域　　图 4.99　就地剪切粘贴生成的新位图　　图 4.100　对新位图应用"光晕"滤镜

若要按照不可逆转的永久方式应用滤镜,请从"滤镜"菜单中选择它们。

如果使用"滤镜"菜单将滤镜应用于选定的矢量对象,则 Fireworks 会将所选对象转换成位图。

4.5.2　使用内置滤镜

1. 调整位图颜色和色调

使用"调整颜色"滤镜可以改善和强化位图图像中的颜色。一个有完整色调范围的位图,其像素必须均匀分布在所有区域内。可以使用以下三个选项来调整色调范围:色阶、曲线(可实现精确控制)或者自动色阶(可实现自动调整)。

1)"色阶"滤镜

"色阶"功能可以校正像素高度集中在高亮、中间色调或阴影部分的位图。

高亮:校正使图像看起来像被洗过一样的过多加亮像素。

中间色调:校正中间色调中使图像看起来不够鲜明的过多像素。

阴影:校正隐藏了许多细节的过多暗像素。

"色阶"功能把最暗像素设置为黑色,将最亮像素设置为白色,然后按比例重新分配中间色调。这会产生一个所有像素中的细节都得以清晰描绘的图像。

调整色阶步骤如下。

(1) 选择位图图像。

(2) 要打开"色阶"对话框(如图 4.101),执行下列操作之一。

① 在属性检查器中,单击"滤镜"标记旁边的加号(+)图标,然后从"滤镜"弹出菜单中选择"调整颜色"→"色阶"命令。

② 选择"滤镜"→"调整颜色"→"色阶"命令。

(3) 在"通道"弹出菜单中,选择是对个别颜色通道(红、蓝或绿)还是对所有颜色通道(RGB)应用更改。

(4) 拖动"色调分布图"下面的"输入色阶"滑块。

① 右边的滑块使用 255 到 0 之间的值来调整高亮。

② 中间的滑块使用 10 到 0 之间的值来调整中间色调。

③ 左边的滑块使用 0 到 255 之间的值来调整阴影。

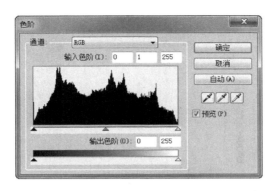

图 4.101　"色阶"对话框

注意：阴影值不能高于高亮值；中间色调值必须在阴影值与高亮值之间。水平轴表示从最暗(0)到最亮(255)的颜色值，垂直轴表示每个亮度级的像素数目。如果像素点集中于阴影区或高亮区，说明需要通过调整色阶来优化图像显示效果。通常应先调整高亮和阴影。然后再调整中间色调，这样就可以在不影响高亮和阴影的情况下改善中间色调的亮度值。

(5) 拖动"输出色阶"滑块以调整对比度值。

① 右边的滑块使用 255 到 0 之间的值来调整高亮。

② 左边的滑块使用 0 到 255 之间的值来调整阴影。

效果如图 4.102 所示。

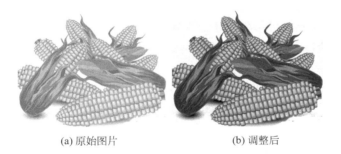

(a) 原始图片　　　　　　　　(b) 调整后

图 4.102　调整色阶前后效果对比

也可以使用右侧的滴管工具来调整。另外，"自动色阶"可以自动调整高亮、中间色调和阴影。但生成效果有时不够理想。

2)"曲线"滤镜

与"色阶"功能相比，"曲线"功能可以对色调范围提供更精确的控制。使用"曲线"功能，可以调整色调范围中的任何颜色，而不会影响其他颜色。

(1) 选择图像。

(2) 通过执行下列操作之一打开"曲线"对话框(如图 4.103)。

① 在属性检查器中，单击"滤镜"标记旁边的加号(＋)按钮，然后从"滤镜"弹出菜单中选择"调整颜色"→"曲线"命令。

注意：如果属性检查器的一部分已最小化，请单击"添加滤镜"按钮，而不是加号按钮。

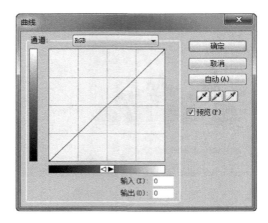

图 4.103　"曲线"对话框

② 选择"滤镜"→"调整颜色"→"曲线"命令。

"曲线"对话框中的网格展示了两种亮度值。

水平轴：表示像素的原始亮度，其值显示在"输入"框中。

垂直轴：表示新的亮度值，这些值显示在"输出"框中。

当第一次打开"曲线"对话框时，对角线表明尚未做任何更改，所以所有像素的输入和输出值都是一样的。

（3）在"通道"选项中，选择是对个别颜色通道还是对所有颜色通道应用更改。

（4）单击网格对角线上的一个控制点并将其拖动到新的位置以调整曲线。

① 曲线上的每一个控制点都有自己的"输入"和"输出"值。当拖动一个控制点时，其"输入"和"输出"值会进行更新（如图 4.104）。

② 曲线显示的亮度值范围为从 0 到 255，其中 0 表示最暗，255 表示最亮。单击水平轴的任意位置，可以切换高亮和阴影的表示方向。

如果要删除曲线上的控制点，可以将控制点拖离网格。

还可以使用对话框右侧的滴管工具手动调整色调平衡。

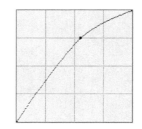

图 4.104　拖动一个控制点调整后的曲线

（1）打开"色阶"或"曲线"对话框，然后从"通道"弹出菜单中选择一种颜色通道。

（2）选择适当的滴管重设图像的色调值。

① 用"高亮"滴管单击图像中最亮的像素以重设高亮值。

② 用"中间色调"滴管单击图像中的某个中性色像素以重设中间色调值。

③ 用"阴影"滴管单击图像中的最暗像素以重设阴影值。

（3）单击"确定"按钮。

3）"亮度/对比度"滤镜

（1）选择图片（对整张照片处理）或选择图像中要处理的像素区域（对照片局部处理）。

（2）要打开"亮度/对比度"对话框（如图 4.105），执行下列操作之一。

① 在属性检查器中，单击"滤镜"标记旁边的加号（＋）图标，然后从"滤镜"弹出菜单中

选择"调整颜色"→"亮度/对比度"命令。

② 选择"滤镜"→"调整颜色"→"亮度/对比度"命令。

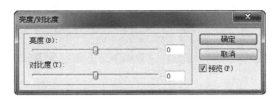

图 4.105　"亮度/对比度"对话框

（3）拖动"亮度"和"对比度"滑块,在－100 到 100 这一范围内调整设置。亮度值越大,图像越亮,值越小图像越暗。对比度值越大,图像中的颜色反差越大,值越小图中颜色反差越小。

4）"色相/饱和度"滤镜

（1）选择图像中要处理的像素区域。

（2）执行下列操作之一,可以打开"色相/饱和度"对话框（如图 4.106）。

① 在属性检查器中,单击"滤镜"标记旁边的加号（＋）图标,然后从"滤镜"弹出菜单中选择"调整颜色"→"色相/饱和度"命令。

② 选择"滤镜"→"调整颜色"→"色相/饱和度"命令。

图 4.106　"色相/饱和度"对话框

（3）拖动滑块以调整图像颜色。

① 色相值的范围从－180 到 180。

② 饱和度和亮度值的范围从－100 到 100。

③ 若选中"彩色化"复选框,则将 RGB 图像更改为双色调图像,如果图像是灰度图像,则会向其中添加颜色。效果如图 4.107 所示。

注意：选择"彩色化"时,"色相"和"饱和度"滑块的值范围将发生变化。"色相"值范围变成从 0 到 360。"饱和度"值范围变成从 0 到 100。

5）"反转"滤镜

"反转"滤镜可以将图像反色,将像素原始颜色值的二进制数按位取反,从而得到反色后的色彩效果。

（1）选择要处理的像素区域。

（2）执行下列操作之一,可得到反转效果（如图 4.108）。

① 在属性检查器中,单击"滤镜"标记旁边的加号（＋）图标,然后从"滤镜"弹出菜单中

(a) 原始图片

(b) 调整饱和度之后

图 4.107　提高饱和度并且降低亮度前后对比

(a) 原始图片　　　　　　　　　　　(b) 反转后

图 4.108　"反转"效果

选择"调整颜色"→"反转"命令。

②　选择"滤镜"→"调整颜色"→"反转"命令。

6）通过混合来更改对象颜色

当混合颜色时，颜色会添加到对象的顶层。将颜色混合到现有对象中与使用"色相/饱和度"相似。不过，混合操作可以快速应用颜色样本面板中的特定颜色。

（1）在属性检查器中，单击"滤镜"标记旁边的加号（＋）图标，然后从"滤镜"弹出菜单中选择"调整颜色"→"颜色填充"命令。

（2）选择一种混合模式。默认值为"正常"。

（3）从颜色框弹出菜单中选择填充颜色。

（4）选择填充颜色的不透明度百分比，然后按回车。

2．对位图进行模糊和锐化处理

1）模糊滤镜

模糊滤镜主要用于将图像像素模糊化，产生朦胧效果。"滤镜"→"模糊"菜单下有以下6 种滤镜。

模糊：柔化所选像素的焦点。

进一步模糊：其模糊处理效果大约是"模糊"的 3 倍。

高斯模糊：对每个像素应用加权平均模糊处理以产生朦胧效果。"模糊范围"值的范围是从 0.1 到 250。半径值越大,模糊效果越明显。

运动模糊:产生图像正在运动的视觉效果。距离值的范围是从 1 到 100。距离值越大,模糊效果越明显。

放射状模糊:产生图像正在旋转的视觉效果。品质值的范围是从 1 到 100。品质值越大,模糊效果中原始图像的重复性越低。

缩放模糊:产生图像正在朝向观察者或远离观察者移动的视觉效果。需要“数量”和“品质”值。品质值越大,模糊效果中原始图像的重复性越低。数量值越大,模糊效果越明显。

对图片实行模糊处理步骤如下。

(1) 选择要处理的像素区域。

(2) 执行下列操作之一,即可得到模糊效果(如图 4.109)。

① 在属性检查器中,单击“滤镜”标记旁边的加号(＋)图标,然后从“滤镜”弹出菜单中选择一个“模糊”选项。

② 选择“滤镜”→“模糊”→［模糊选项］。

(3) 为选定的模糊选项设置其他值。

(a) 原始图片

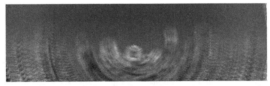

(b) 放射状模糊

(c) 高斯模糊

图 4.109　各种模糊效果

2) 锐化滤镜

锐化滤镜可以通过增加图像中相邻像素对比度,来校正不清晰的图像。有以下三种锐化滤镜。

锐化:通过增大邻近像素的对比度,对模糊图像的焦点进行调整。

进一步锐化:将邻近像素的对比度增大到“锐化”的大约 3 倍。

钝化蒙版:通过调整像素边缘的对比度来锐化图像。该选项提供了最多的控制,因此它通常是锐化图像时的最佳选择。

（1）选择要处理的像素区域。

（2）执行下列操作之一，即可得到锐化效果（如图4.110）。

① 在属性检查器中，单击"滤镜"标记旁边的加号（＋）图标，然后从"滤镜"弹出菜单中选择一个"锐化"选项。

② 选择"滤镜"→"锐化"→［锐化选项］。

"锐化"或"进一步锐化"选项将生效。

（3）（"钝化蒙版"选项）拖动"锐化量"滑块选择锐化效果的强度（从1％到500％）。

（4）拖动"像素半径"滑块选择半径（从0.1到250）。增大半径将围绕每个像素边缘产生更大区域的鲜明对比度。

（5）拖动"阈值"滑块选择阈值（从0到255）。最常用的值在2到25之间。增大阈值将只锐化图像中具有较高对比度的像素。如果减小阈值，则具有较低对比度的像素也在锐化范围内。如果阈值为0，则将锐化图像中的所有像素。

(a) 原始图片　　　　　　　　　　(b) 锐化后

图 4.110　锐化前后对比

3．向图像中添加杂点

杂点是指组成图像的像素中随机出现的异种颜色。有时将一个图像的一部分粘贴到另一图像时，这两个图像中随机出现的异种颜色的量差异就会表现出来，从而使两个图像不能顺利地混合。在这种情况下，可以在其中一个图像或这两个图像中添加杂点，使这两个图像看起来好像来源相同。也可以出于艺术原因向图像中添加杂点，例如，模仿旧照片或电视屏幕的静电干扰。

新增杂点方法如下。

（1）选择要处理的像素区域。

（2）通过执行下列操作之一，打开"新增杂点"对话框。

① 在属性检查器中，单击"滤镜"标记旁边的加号（＋）图标，然后从"滤镜"弹出菜单中选择"杂点"→"新增杂点"命令。

② 选择"滤镜"→"杂点"→"新增杂点"命令。

注意：应用"滤镜"菜单中的滤镜是有破坏作用的，也就是说只能选择"编辑"→"撤销"命令，没有其他方法撤销效果。

③ 拖动"数量"滑块以设置杂点数量。值的范围从1到400。增加数量将导致图像中出现更多随机产生的像素。

④ 选中"颜色"选项以应用彩色杂点。取消选中该选项将只应用单色杂点。

⑤ 单击"确定"按钮,效果如图 4.111 所示。

(a) 原始照片　　　　　　　　(b) 增加杂点后的照片

图 4.111　原始照片和增加杂点之后的照片

4. 将位图转变为素描

"查找边缘"滤镜可以通过识别图像中的颜色过渡情况将边缘转变成线条,使位图看起来像素描。方法如下。

(1) 选择要处理的像素区域。

(2) 执行下列操作之一。

① 在属性检查器中,单击"滤镜"标记旁边的加号(＋)图标,然后从"滤镜"弹出菜单中选择"其他"→"查找边缘"命令。

② 选择"滤镜"→"其他"→"查找边缘"命令。

效果如图 4.112(b)所示。

③ 选择"滤镜"→"调整颜色"→"反转"命令,效果如图 4.112(c)所示。

(a) 原始图片　　　　(b) "查找边缘" 效果　　　　(c) "反转" 效果

图 4.112　将图片转变为素描形式

5. 将图像转换成透明图像

根据图像的透明度,将对象或文本转换为透明对象或文本。

(1) 选择图 4.113(a)中的米奇图片。

(2) 执行下列操作之一。

① 在属性检查器中,单击"滤镜"标记旁边的加号(＋)图标,然后从"滤镜"弹出菜单中选择"其他"→"转换为 Alpha"命令。

② 选择"滤镜"→"其他"→"转换为 Alpha"命令。

效果如图 4.113(b)所示。

(a) 两张原始图片(米奇、森林)

(b) 半透明的米奇图片

图 4.113　"转换为 Alpha"效果

4.5.3　Fireworks CS5 动态滤镜

1. 斜角和浮雕

1) 斜角

斜角特效可以制造三维效果,斜角在边缘赋予对象一个凸起外观,分为内斜角(如图 4.114)和外斜角两种。使用斜角特效的具体步骤如下。

(1) 绘制一个椭圆并选中它。

(2) 单击属性检查器中"滤镜"后面的"十",选择"斜角和浮雕"→"内斜角"命令,弹出"内斜角"设置面板(如图 4.115)。

(a) 椭圆　　　　　(b) 内斜角特效

图 4.114　为椭圆生成内斜角特效

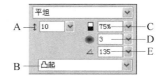

A—斜角宽度; B—按钮斜角预设;
C—对比度; D—柔和度; E—斜角角度

图 4.115　"内斜角"设置面板

(3) 按照图 4.115 设置好后,生成的效果如图 4.114(b)所示。

更改"内斜角"设置面板中的各项,会生成不同的效果,例如将斜角角度 135 更改为 10,则产生的效果如图 4.116(b)所示。

2) 浮雕

"浮雕"动态滤镜使图像、对象或文本凹入或凸起。首先选中待处理对象,然后单击属性检查器中"滤镜"后面的"十",选择"斜角和浮雕"→"凸起浮雕"命令,弹出"凸起浮雕"设置面板(如图 4.117)。给各项设置合适的值后即可完成(如图 4.118)。

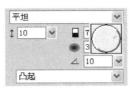

(a) 更改角度  (b) 不同的内斜角效果

图 4.116 更改"内斜角"设置面板角度值以产生不同效果

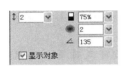

(a) 原始图片  (b) 凸起浮雕  (c) 凹入浮雕

图 4.117 "凸起浮雕"设置面板 图 4.118 浮雕效果

2. 阴影和光晕

选择要处理的文本或图片,单击属性检查器中"滤镜"后面的"＋",选择"阴影和光晕"→[阴影或光晕选项],在弹出的设置面板或对话框中进行设置。效果如图 4.119 所示。

(a) 原始对象 (b) 光晕 (c) 内侧阴影 (d) 投影 (e) 纯色阴影

图 4.119 阴影和光晕效果

3. 颜色填充

颜色填充特效可以用指定的颜色完全替代像素,或者将颜色混合到现有对象中,来更改对象的颜色。

(1) 打开一幅图片,如图 4.120(a)所示。

(2) 单击属性检查器中"滤镜"后面的"＋",选择"调整颜色"→"颜色填充"命令。

(3) 设置填充颜色为橙色,透明度为 30%,混合模式为"去除"。

(4) 按回车键,效果如图 4.120(b)所示。当混合模式为"正常"时,效果如图 4.120(c)所示。

(a) 原始图片 (b) "去除"效果 (c) "正常"效果

图 4.120 颜色填充

4.5.4　自定义效果

1．创建自定义动态滤镜

自定义动态滤镜实际上是用户自定义的样式，这个样式中保存着已编辑好的滤镜组合，具有特定滤镜组合的效果。若要保存动态滤镜的某种设置组合，请使用"样式"面板创建自定义动态滤镜。

方法为先将动态滤镜设置应用于所选对象，然后从"样式"面板的"选项"菜单中选择"新建样式"命令，并取消选择除"效果"属性外的所有属性，输入新样式名称，然后单击"确定"按钮。此时，表示动态滤镜的样式图标将添加到"样式"面板中。

注意：如果在"新建样式"对话框中选择任何其他属性，则该样式将不再是属性检查器的"添加动态滤镜"弹出菜单中的项目，尽管它仍作为一个典型样式保留在"样式"面板上。

可以像对待"样式"面板中的任何其他样式那样重命名或删除自定义动态滤镜。不能重命名或删除标准 Fireworks 滤镜。

下面举一个简单例子。具体操作如下。

（1）打开一张图片，如图 4.121(a)所示。

（2）选中图片，在属性检查器上选择"滤镜"→"斜角和浮雕"→"内斜角"命令。设置斜角方式为"平滑"，宽度为 18。

（3）在属性检查器上选择"滤镜"→"阴影和光晕"→"内侧阴影"命令。设置距离为 7。效果如图 4.121(b)所示。

(a) 原始图片　　　　　　　(b) 执行一组滤镜命令后的图片

图 4.121　对图片执行一组滤镜命令

（4）执行"窗口"→"样式"菜单命令，打开"样式"面板。

（5）单击"样式"面板右下角的"新建样式"按钮，弹出"新建样式"对话框。

（6）输入新样式名为"立体画"，并在"属性"区域中只选择"效果"复选框，如图 4.122(a)所示。

（7）单击"确定"按钮，自定义样式及自定义滤镜特效添加成功。在滤镜菜单上会显示一个新滤镜，如图 4.122(b)所示。

（8）打开另一幅图片，如图 4.123(a)所示。

（9）选中该图片，在属性检查器上选择"滤镜"→"立体画"命令，效果如图 4.123(b)所示。

(a) "新建样式"对话框　　　　　　(b) 属性检查器中的滤镜菜单

图 4.122　添加自定义动态滤镜"立体画"

(a) 原始图片　　　　　　　　　(b) 自定义滤镜"立体画"执行效果

图 4.123　以自定义动态滤镜制作图片

2．对动态滤镜重新排序

若要对滤镜重新排序,请在属性检查器中将所需的滤镜拖到列表中的另一个位置,列表顶部的滤镜比底部的滤镜先应用。重新排列应用于对象的滤镜顺序,则可能产生不同的效果。

一般而言,应当先应用改变对象内部的滤镜(如"内斜角"滤镜),然后才应用改变对象外部的滤镜。例如,应当先应用"内斜角"滤镜,然后才应用"外斜角"、"光晕"或"阴影"滤镜。

3．将动态滤镜保存为命令

通过创建基于滤镜的命令,可以保存和重复使用该滤镜。该命令可用在批处理中。

(1) 将滤镜应用于对象。

(2) 如果"历史记录"面板不可见,请选择"窗口"→"历史记录"命令。

(3) 按住 Shift 键并单击要保存为命令的动作范围。

(4) 执行下列操作之一。

① 从"历史记录"面板的"选项"菜单中选择"保存为命令"。

② 单击"历史记录"面板底部的"保存"按钮。

(5) 输入命令名称并单击"确定"按钮,将命令添加到"命令"菜单中。

4.6　制作动画

在 Adobe Fireworks 中,可以创建能够移动的横幅广告、徽标和卡通形象等动画图形。可以通过向称为动画元件的对象分配属性来创建动画。元件的动画可分成多种状态,状态包含动画中的图像和对象。一个动画中可以有一个以上的元件,每个元件可以有不同的动作。不同的元件可以包含不同数目的状态。当所有元件的所有动作都完成时,动画就结束了。Fireworks 可以将动画作为 GIF 动画文件或 Adobe Flash SWF 文件导出。也可以将Fireworks 动画直接导入到 Flash 中做进一步编辑。

动画工作流程如下。

(1) 从头开始创建动画元件,或通过将现有对象转换为元件来创建动画元件。

(2) 在属性检查器或"动画"对话框中编辑动画元件。可以设置移动的角度和方向、缩放、不透明度(淡入或淡出)以及旋转的角度和方向。

注意:移动的角度和方向选项只能在"动画"对话框中找到。

(3) 使用"状态"面板中的"状态延迟"控件设置动画速度。

(4) 将文档优化为 GIF 动画文件。

(5) 将文档作为 GIF 动画文件或者 SWF 文件导出,或者保存为 Fireworks PNG 文件并导入到 Flash 中做进一步编辑。

4.6.1　创建/编辑动画元件

动画元件是动画中的主角。动画元件可以是创建或导入的任何对象,并且一个文件中可以有许多元件。每个元件都拥有其各自的属性和独立的行为,因此可以创建在其他元件淡入淡出或收缩时在屏幕上移动的元件。不是动画的每个方面都需要使用元件。但是,对于出现在多个状态中的图形使用元件和实例会减小文件大小。默认情况下,一个新的动画元件有 5 个状态,每个状态的延迟时间为 0.07 秒。

1. 创建动画元件

步骤如下。

(1) 选择"编辑"→"插入"→"新建元件"命令。

(2) 在弹出的"转换为元件"对话框中,输入新元件的名称为"苹果"。

(3) 选择"动画"并单击"确定"按钮。

(4) 在文档区域中,使用绘图或文本工具创建一个对象(可以绘制矢量对象或位图对象)。或导入一个对象作为动画元件。这里导入一张苹果图片,如图 4.124(a)所示。

(5) 单击工作区左上角的向左箭头或者单击页面名称,来实现从元件编辑切换到页面编辑。图 4.124(b)为页面编辑状态下被选中的苹果动画元件。

Fireworks 将元件放入文档库中,并将一个副本放在页面的中间位置。

(6) 选中苹果动画元件,拖动属性检查器中的"状态"滑块,将值设置为 2,为元件添加新的状态。

(a) 元件编辑页面中的动画元件　　(b) 页面编辑页面中的动画元件

图 4.124 "动画"元件

(7) 单击工作区下方的"播放"按钮,即可看到苹果图像的闪烁动画。

2．将已有对象转换为动画元件

(1) 打开一幅圣诞树图片(如图 4.125)。

(2) 使用套索工具选中圣诞树顶上的星星的轮廓。

(3) 执行"剪切",再执行"粘贴",此时为星星图像单独创建了一个新的位图。

(4) 选中星星图片,选择"修改"→"元件"→"转换为元件"命令。输入元件名称,并选择元件类型为"动画"。

(5) 执行"修改"→"动画"→"设置"命令,弹出"动画"对话框(如图 4.126)。设置状态数为 5,不透明度为 50 到 100。

图 4.125 将圣诞树的星星制作为动画

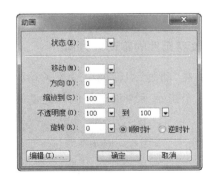

图 4.126 "动画"对话框

在动画元件的属性检查器上或者"动画"对话框上,都可以对动画属性进行设置。

状态:动画中状态的数量,可以用滑块指定(最多可指定 250 个),也可以在"状态"框中输入任何数字。默认值为 5。

移动:(仅限"动画"对话框)对象移动的距离(用像素表示)。默认值为 72,但没有上限。

移动是线性的,并且没有关键状态。

方向:(仅限"动画"对话框)对象移动的方向(从 0°到 360°)。还可以通过拖动对象的动画手柄来更改"移动"和"方向"的值。

缩放:从开始到完成,元件大小的变化百分比。默认值为 100%,但没有上限。若要将对象从 0 缩放到 100%,原始对象必须很小;建议使用矢量对象。

不透明度:从开始到完成,淡入或淡出的度数。值的范围从 0 到 100,默认值为 100%。创建淡入/淡出需要同一元件的两个实例:一个播放淡入,另一个播放淡出。

旋转:从开始到完成,旋转的度数。值的范围从 0°到 360°。要想让元件旋转不止一圈,可以输入更高的值。默认值为 0°。

"顺时针"和"逆时针":对象旋转的方向。将对象的一个动画起始手柄或结束手柄拖到新位置。按住 Shift 键并拖动可将移动方向限制为 45°的增量。

(6) 单击"确定"按钮,如果元件需要的状态比动画中现有的状态多,Fireworks 会弹出一个对话框询问您是否添加额外的状态(如图 4.127),单击(确定)按钮。

图 4.127　提示对话框

(7) 这时播放动画观看,会发现圣诞树与星星同时在屏幕上闪烁,这是因为除了第一个状态以外,其余状态均没有背景。为解决这个问题,需要在状态之间共享层。

(8) 在"图层"面板选中圣诞树图片右击,在弹出的快捷菜单上选择"在状态中共享层"。

(9) 这时播放动画观看,闪烁的只有星星,而圣诞树作为静态背景图片被共享到所有状态中。

3. 改变元件的移动或方向

如果在"动画"对话框中设置了动画元件的移动数值,那么所选动画元件有一个唯一的边框和一个指示元件移动方向的运动路径(如图 4.128)。

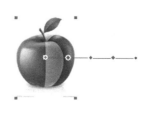

图 4.128　在"动画"对话框设置位移值

运动路径上的绿点表示起始点,而红点表示结束点。路径上的蓝点代表状态。例如,一个有 5 个状态的元件在其路径上会有一个绿点、三个蓝点和一个红点。如果对象出现在第三个点上,则第三个状态就是当前状态。通过改变路径的角度可以改变运动的方向。

4．删除动画

若要删除所选动画元件中的动画,则选择“修改”→“动画”→“删除动画”命令。

元件变成图形元件,不再有动画属性。如果以后将元件重新转换为动画元件,它将保留其先前的动画设置。

4.6.2　动画状态

状态指的是 Fireworks CS4 以前版本中的帧。当按照一定顺序播放这些状态时,就产生了动画效果。

1．查看状态中的对象

从“图层”面板底部的“状态”选项,从弹出菜单中选择状态(如图 4.129)。所选状态中的所有对象即会在“图层”面板中列出并显示在画布上。

2．设置状态持续时间

对图 4.117 中圣诞树的星星动画,可以设置状态持续时间,使星星闪烁速度变慢一点。方法如下。

(1) 单击“窗口”→“状态”命令,打开“状态”面板(如图 4.130)。

(2) 状态名后面一栏的数字 7 为状态延迟时间,单击该数字,弹出“延迟时间”设置面板(如图 4.131)。

(3) 更改输入域中的时间为 20。

图 4.129　选择动画中的状态

图 4.130　“状态”面板

图 4.131　设置状态持续时间

状态延迟指定当前状态显示多长时间,用一秒的百分之一表示。例如,指定 50 可将该状态显示半秒,指定 300 可将该状态显示 3 秒。

3．操作状态

可以在"状态"面板中添加、复制、删除状态和更改状态的顺序。

（1）向序列中添加状态的方法如下。

① 从"状态"面板的"选项"菜单中选择"添加状态"。

② 输入要添加的状态的数目。

③ 选择要插入状态的位置并单击"确定"按钮。

（2）复制状态的方法是，将一个现有状态拖到"状态"面板底部的"新建/重制状态"按钮上。当希望对象在动画的其他部分重新出现时，重制状态很有用。方法为：从"状态"面板的"选项"菜单中选择"重制状态"命令。输入要为所选状态创建的副本数，指定要插入重制状态的位置，然后单击"确定"按钮。

（3）要对状态重新排序，只需将状态依次拖到列表中的新位置即可。还可以反向所有状态的顺序或选定范围内的状态顺序。方法如下。

① 选择"命令"→"文档"→"反向状态"命令。

② 执行下列操作之一。

- 选择"所有状态"以反向从开始到结束的状态顺序。
- 选择"状态范围"，然后选择开始状态和结束状态，以反向所选范围之内的状态顺序。

③ 单击"确定"按钮。

（4）可以在"状态"面板中将对象从一个状态移动到另一个状态中去。仅出现在单个状态中的对象会在播放动画的不同时间消失和重新出现。在状态之间移动对象的方法如下。

在"状态"面板中，状态延迟时间右侧的小圆圈表示该状态中的对象状态。

① 在画布上，选择要显示在另一个状态上的对象。

② 在"状态"面板中，将选取指示器（状态延迟时间右侧的黑色小圆圈）拖到新的状态上。

（5）要删除所选状态，执行下列操作之一。

① 单击"状态"面板中的"删除状态"按钮。

② 将状态拖到"删除状态"按钮上。

③ 从"状态"面板的"选项"菜单中选择"删除状态"命令。

4．补间

在 Fireworks 中，补间是一个手动过程，它混合同一元件的两个或多个实例，并使用插值属性创建中间的实例。使用补间可以创建对象在画布间的复杂移动，以及其动态滤镜在动画的每个状态下发生更改的对象的复杂移动。例如，可以补间一个对象，使它看起来沿一条线性路径移动。

制作补间实例的方法如下。

（1）选择画布上同一图形元件的两个或更多的实例。不要选择不同元件的实例（如图 4.132）。

（2）选择"修改"→"元件"→"补间实例"命令。

（3）在"补间实例"对话框中输入要插入到原始对之间的补间步骤的数目为 10。

（4）若要将补间对象分散到不同的状态中，请选择"分散到状态"并单击"确定"按钮，结果如图 4.133 所示。

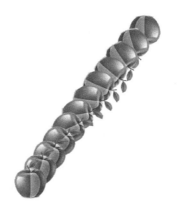

图 4.132　同一个元件的两个实例　　　　　　图 4.133　补间实例

以后可以通过选择所有实例并单击"状态"面板中的"分散到状态"按钮 来完成此操作。

（5）播放，就可以看到苹果从左下角位移到右上角，同时旋转 180°的动画效果。

4.6.3　优化动画

设置构成动画的元件和状态后，请优化动画以使其便于加载和顺利播放。完成动画的创建和优化后，就可以将其导出了。

1．通过循环将动画设置为重复

使动画重复之后，循环处理将尽可能减少生成动画所需的状态数。

（1）选择"窗口"→"状态"命令以显示"状态"面板。

（2）单击面板底部的"GIF 动画循环"按钮 。

（3）选择动画第一遍播放后重复播放的次数。

例如，如果选择 4，则动画共播放 5 遍。选择"永久"，则不停地重复播放动画。

2．从"优化"面板中选择设置

优化过程会将文件压缩成最小的包，这会缩短 Web 下载时间。

（1）选择"窗口"→"优化"命令。

（2）在"优化"面板中选择导出文件格式。

（3）选择"调色板"和"抖动"选项。

（4）在"优化"面板的"透明度"弹出菜单中，选择"索引透明度"或"Alpha 透明度"。

（5）使用"优化"面板中的透明度工具选择透明的颜色。

（6）在"状态"面板中设置状态延迟。

4.6.4　热点和切片

热点功能,能将图像划分为多个热点并为每个热点分配不同的 URL。这样,单击图像上的不同区域,就能链接到不同的网页上了。切片是将较大的图像分割为多幅小图像,可以有效解决图像下载缓慢的问题。

1. 热点

创建热点的步骤如下。

(1) 从工具面板的 Web 部分选择"矩形热点"工具、"圆形热点"工具或"多边形热点"工具。

(2) 拖动热点工具,在图形的某个区域上绘制热点。按住 Alt 键(在 Windows 中)或 Option 键(在 Mac OS 中)可从中心点开始绘制。

也可以选定一个或多个对象来创建热点。

(1) 选择多个对象,然后选择"编辑"→"插入"→"热点"命令。

(2) 单击"单个"以创建覆盖所有对象的单个矩形热点,或者单击"多个"以创建多个热点(每个对象一个热点)。"网页层"将显示新的热点。

图 4.134 热点属性检查器中各项含义如下。

链接:设置热区的链接地址。这样在 Web 页面中可以实现单击热区从而跳转的操作。如果使用过 URL 库,可在选项的下拉列表中选择。否则直接输入当前 URL。

替代:设置热区的替换文字。当 Web 用户将鼠标移到热区上时,会显示替换文字。

目标:设置打开链接的位置,共 5 种选择。

图 4.134　热点属性检查器

2. 切片

将图像切片有三个主要优点。

(1) 优化图像获得最快的下载速度。

(2) 增加交互性使图像能够快速响应鼠标事件。

(3) 易于更新适用于经常更改的网页部分(例如,"最新商品"页上的商品照片和名称)。

1) 绘制矩形切片对象

(1) 选择"切片"工具 。

(2) 拖动以绘制切片对象。

2) 基于所选对象创建矩形切片

(1) 选择"编辑"→"插入"→"矩形切片"命令。该切片是一个矩形,它的区域包括所选对象最外面的边缘。

（2）如果选择了多个对象，请选择"单个"以创建覆盖全部所选对象的单个切片对象，或选择"多个"为每个选定对象创建一个切片对象。

3）绘制多边形切片对象

在尝试将交互性附加到非矩形图像时，非矩形切片非常有用。

（1）选择"多边形切片"工具 ✐。

（2）单击以放置多边形的矢量点。这是必要的，因为"多边形切片"工具绘制直线段。

（3）当在具有柔边的对象周围绘制多边形切片对象时，请包括整个对象以免在切片图形中创建多余的实边。

（4）若要停止使用"多边形切片"工具，请从"工具"面板中选择另一个工具。不必单击第一个点来关闭多边形。

4）从矢量对象或路径创建多边形切片

（1）选择一个矢量路径。

（2）选择"编辑"→"插入"→"多边形切片"命令。

5）创建 HTML 文本切片

（1）绘制切片对象。

（2）在选定了切片对象时，从属性检查器的"类型"弹出菜单中选择 HTML。

（3）单击"编辑"按钮。

（4）在"编辑 HTML 切片"窗口中输入文本，然后通过添加 HTML 文本格式设置标签来设置文本的格式。

注意：或者在导出 HTML 之后应用 HTML 文本格式设置标签。

（5）单击"确定"按钮以应用更改并关闭"编辑 HTML 切片"窗口。

输入的文本和 HTML 标记以原始 HTML 代码的形式出现在 Fireworks PNG 文件中切片的正文上。

4.7　网页图像优化与导出

从 Adobe Fireworks 导出图形的过程分为两步。在导出之前，必须优化图形，即选择在限制文件大小使图形下载尽可能快的同时使图形尽可能好看的选项。

4.7.1　图像优化

1. 优化个别切片

选择切片后，属性检查器中有一个"切片导出设置"弹出菜单，从中可以选择预设（保存的）优化设置。

（1）单击切片将其选中。按住 Shift 键并单击以选择多个切片。

（2）在"优化"面板中选择选项。

2．预览和比较优化设置

使用文档预览按钮(如图 4.135)根据优化设置以 Web 浏览器的方式显示图形。可以预览变换图像、导航行为以及动画。

图 4.135　"原始"按钮和文档预览按钮

预览显示文档的总大小、预计下载时间和文件格式。预计下载时间是指用 56K 调制解调器下载所有切片和状态所花费的平均时间。"2 幅"和"4 幅"视图显示随所选文件类型的不同而变化的附加信息。

在查看预览时,可以优化整个文档或仅优化所选切片。切片层叠有助于将当前正在优化的切片与文档的其余部分区分开。可根据当前优化设置预览图形,单击文档窗口左上角的"预览"按钮。

注意:预览时,在工具面板中单击"隐藏切片" 可隐藏切片及切片辅助线。

1) 比较具有不同优化设置的视图

(1) 单击文档窗口左上角的"2 幅"或"4 幅"按钮。

(2) 单击任一拆分视图预览。

(3) 在"优化"面板中输入设置。

(4) 选择其他预览并为每个预览指定不同的优化设置。

当选择"2 幅"或"4 幅"视图时,第一个拆分视图显示原始 Fireworks PNG 文档,以便将它与优化版本进行比较。可以在该视图与其他优化版本之间切换。

2) 在"2 幅"或"4 幅"模式中从任何优化视图切换到原始视图

(1) 选择优化视图。

(2) 从预览窗口底部的"预览"弹出菜单中选择"原始(没有预览)"。

3) 在"2 幅"或"4 幅"模式中从原始视图切换到优化视图

(1) 选择包含原始视图的视图。

(2) 从"预览"弹出菜单中选择"图像预览"。

4) 隐藏或显示切片层叠

选择"视图"→"切片层叠"命令。

5) 使用预设选项优化

选择"窗口"→"优化"命令以打开"优化"面板。在选择预设选项时,系统会为您设置"优化"面板中的其余选项。

从属性检查器或"优化"面板的"设置"弹出菜单中选择一种预设选项。

GIF 网页 216 色:强迫所有颜色都成为网页安全色。该调色板最多包含 216 种颜色。

GIF 接近网页 256 色:将颜色转换为与其最接近的网页安全色。该调色板最多包含 256 种颜色。

GIF 接近网页 128 色:将颜色转换为与其最接近的网页安全色。该调色板最多包含 128 种颜色。

GIF 最合适 256 色:只包含在图形中使用的实际颜色。该调色板最多包含 256 种颜色。

JPEG-较高品质:用于将品质设置为 80,将平滑设置为 0,导致图形品质较高,但图形较大。

JPEG-较小文件：用于将品质设置为 60，将平滑设置为 2，导致图形大小变为不到"JPEG-较高品质"的一半，但品质下降。

动画 GIF 接近网页 128 色：用于将文件格式设为"GIF 动画"，并将颜色转换为与其最接近的网页安全色。该调色板最多包含 128 种颜色。

6）选择文件类型

通过从"优化"面板中的"导出文件格式"弹出菜单中选择特定文件类型，然后设置格式特定的选项（如色阶、抖动和品质）来自定义优化。可以将这些设置保存为新预设。

GIF：图形交换格式（GIF）是一种流行 Web 图形格式，适合于卡通、徽标、包含透明区域的图像以及动画。在导出为 GIF 文件时，包含纯色区域的图像的压缩质量最好。GIF 文件最多包含 256 种颜色。

JPEG：由 Joint Photographic Experts Group（联合图像专家组）专门为照片或增强色图像开发。JPEG 支持数百万种颜色（24 位）。JPEG 格式最适合于扫描的照片、使用纹理的图像、具有渐变颜色过渡的图像和任何需要 256 种以上颜色的图像。

PNG：可移植网络图形（PNG）是支持最多 32 位颜色的通用 Web 图形格式，可包含透明度或 Alpha 通道，并且可以是连续的。但是，并非所有的 Web 浏览器都能查看 PNG 图像。虽然 PNG 是 Fireworks 的固有文件格式，但是 Fireworks PNG 文件包含其他应用程序特定的信息，这些信息不会存储在导出的 PNG 文件或其他应用程序中创建的文件中。

WBMP：无线位图（WBMP）是一种为移动计算设备（如手机和 PDA）创建的图形格式。此格式用于无线应用协议（WAP）网页。由于 WBMP 是 1 位格式，因此只显示两种颜色：黑色和白色。

TIFF：标签图像文件格式（TIFF）是一种用于存储位图图像的图形格式。TIFF 文件最常用于印刷出版。许多多媒体应用程序也接受导入的 TIFF 文件。

BMP：Microsoft Windows 图形文件格式。许多应用程序都可以导入 BMP 图像。

PICT：由 Apple Computer 公司开发，最常用于 Macintosh 操作系统。大多数 Mac 应用程序都能够导入 PICT 图像。

4.7.2　图像导出

1. 将页面导出为图像文件

（1）选择"文件"→"导出"命令。

（2）选择导出文件的位置。

（3）执行下列操作之一。

① 从"导出"弹出菜单中选择"仅图像"，然后选中或取消选中"仅限当前页"复选框。页面会导出为"优化"面板上设置的图像格式。

② 在"导出"弹出菜单中选择"页面到文件"，然后在"导出为"弹出菜单中选择"图像"。页面会导出为"优化"面板上设置的图像格式。

③ 在"导出"弹出菜单中选择"页面到文件"，然后在"导出为"弹出菜单中选择 Fireworks

PNG。每个页面导出为向后与 Fireworks 8 兼容的单独 PNG 文件。

注意：如果要以所选的格式导出所有页面，则选择所有页面，然后优化设置。

2．导出切片的文档

（1）按住 Shift 键并单击可选择多个切片。

（2）选择"文件"→"导出"命令。

（3）选择存储导出文件的位置，如本地网站内的文件夹。

（4）从"导出"弹出菜单中选择"HTML 和图像"。

（5）输入无扩展名的文件名。扩展名会在导出过程中根据文件类型添加。

如果导出的是多个切片，则 Fireworks 使用所输入的名称作为所有导出图形的根名称，但不包括那些用"图层"面板或属性检查器自定义命名的图形。

（6）从"切片"弹出菜单中选择"导出切片"。

（7）若要仅导出在导出之前选定的切片，请选择"仅已选切片"，并确保不选中"包括无切片区域"选项。

（8）单击"保存"按钮。

3．导出动画

完成动画的创建和优化后，就可以将其导出了。可以将动画导出为以下任何文件类型。

GIF 动画：GIF 动画可以使剪贴画和卡通图形达到最佳效果。

Flash SWF 或 Fireworks PNG（无须导出）：将动画导出为 SWF 文件以便导入到 Flash。或者通过将 Fireworks PNG 源文件直接导入到 Flash 跳过导出步骤。使用此直接方法，可以导入动画的所有层和状态，然后在 Flash 中进一步编辑。

多个文件：在同一对象的不同层上有许多元件时，将动画状态或层导出为多个文件非常有用。例如，如果一个公司名称的每个字在图形中都是动态的，就可以将该名称的横幅广告作为多个文件导出。请参阅下一小节"将状态或层导出为多个文件"。

如果文档中包含多个动画，则可以插入切片，以便用不同的动画设置（如循环和状态延迟）分别导出每个动画。

1）导出 GIF 动画

（1）选择"选择"→"取消选择"命令以取消选择所有切片和对象，并在"优化"面板中选择"GIF 动画"作为文件格式。

（2）选择"文件"→"导出"命令。

（3）输入文件的名称，然后选择目标。

（4）单击"保存"按钮。

2）导出多个具有不同动画设置的 GIF 动画

（1）按住 Shift 键并单击动画将其全部选中。

（2）选择"编辑"→"插入"→"矩形切片"或"多边形切片"命令。

（3）在消息框中单击"多个"按钮。

（4）分别选择每个切片并使用"状态"面板为每个切片设置不同的动画设置。

（5）选择要进行动画处理的所有切片，然后在"优化"面板中选择"GIF 动画"作为文件格式。

（6）右击（在 Windows 中）或按住 Control 键并单击（在 Mac OS 中）每个切片，然后选择"导出所选切片"分别导出每个切片。在"导出"对话框中为每个文件输入名称，选择目标并单击"保存"按钮。

4. 将状态或层导出为多个文件

Fireworks 可以用"优化"面板中指定的优化设置，将文档内的每个层或状态导出为单独的图像文件。层或状态的名称确定每个导出文件的文件名。该导出方法有时用于导出动画。

（1）选择"文件"→"导出"命令。

（2）输入文件名并选择目标文件夹。

（3）在"导出"弹出菜单中选择一个选项。

① 状态到文件将状态导出为多个文件。

② 层到文件将层导出为多个文件。

注意：这样将导出当前状态中的所有层。

（4）若要自动裁剪每个导出的图像以使其只包括每个状态中的对象，请选择"修剪图像"项。相反，若要包括整个画布（包括对象之外的空白区域），请取消选择此选项。

（5）单击"保存"按钮。

5. 导出 FXG 文件

FXG 是 Flash Catalyst、Fireworks、Illustrator 和 Photoshop 所支持的一种文件格式。使用 FXG 导出包含矢量和位图图像的文件时，会创建一个名称为 filename. assets 的独立文件夹。该文件夹包含与该文件关联的位图图像。如果从该文件夹删除了任何关联的文件，则导入操作都会失败。

注意：将 FXG 中没有相应映射标签的元素、滤镜、混合模式、渐变和蒙版导出为位图图形。

（1）选择"文件"→"导出"命令并导航到要保存文件的位置。

（2）输入 FXG 文件的文件名。

（3）在"导出"对话框中，从"导出"菜单选择"FXG 和图像"。

（4）单击"保存"按钮。

注意：当在 Flash Catalyst 中打开导出的 FXG 文件时，在 Fireworks 中超出画布的对象将会全部显示出来。

习题 4

一、填空题

1. Fireworks 中的工具面板共有 6 个区，分别是（　　　）、（　　　）、（　　　）、（　　　）、（　　　）和（　　　）。

2. Fireworks 中的矢量选择工具共有三种，分别是（　　　）、（　　　）和（　　　）。

3. (　　)可以使用一个对象的形状和填充来改变另一个对象的外观,以实现遮罩图像效果。

4. Fireworks 的文档背景可以设置为三种类型分别是(　　)、(　　)和(　　)。

5. 对于矢量图像和位图图像,执行放大操作,则(　　)图像无影响,(　　)图像出现马赛克。

6. 如果在通过拖动手柄以编辑贝塞尔曲线时,把手柄的移动限制在 45°角,应该按住(　　)键。

7. 要合并两个断开的路径,应选择(　　)工具,单击其中一个路径的端点,将指针移动到(　　)并单击。

8. 如果将(　　)用作蒙版,则 Fireworks 总是会创建矢量蒙版。

9. 动画元件的运动路径上,绿点表示(　　),(　　)表示结束点,(　　)表示帧。

10. Fireworks 中可创建位图蒙版和矢量蒙版两类,而文本蒙版属于(　　)。

二、选择题

1. 默认情况下,一个新的动画元件有 5 个帧,每个帧的延迟时间为(　　)。
A. 7 秒　　　　　B. 0.7 秒　　　　　C. 0.07 秒　　　　　D. 0.007 秒

2. 如何变形和扭曲填充?(　　)
A. 使用填充手柄　B. 使用变形工具　C. 使用扭曲工具　D. 使用倾斜工具

3. Fireworks 的文字特性有(　　)。
A. 应用到路径对象上的操作都可以应用到文字对象
B. 文字对象转化为路径并保留原来的可编辑性
C. Fireworks 可以编辑 GIF 格式的文件
D. 以上都对

4. Fireworks 的效果中,(　　)特效没有设置项。
A. 曲线　　　　　B. 阴影　　　　　C. 内部倒角　　　　　D. 自动色阶

5. Fireworks 中用来颜色采样的工具是(　　)。
A. 样本面板　　　B. 混色器面板　　C. 填充面板　　　D. 滴管工具

6. Fireworks 处理矢量图形的时候,使图形变形扭曲的工具是(　　)。
A. 翻转工具　　　B. 旋转工具　　　C. 倾斜对象　　　D. 扭曲工具

7. Fireworks 影格面板左下角的 looping 中数字表示的意思是(　　)。
A. 动画将一直循环播放,不停止　　B. 动画播放指定的次数
C. 动画不循环播放　　　　　　　　D. 输出的为静止画面

8. Fireworks 中不能打开的文件格式有(　　)。
A. PSD　　　　　B. JPG　　　　　C. PNG　　　　　D. PDF

9. Fireworks 中手工绘制多边形切片使用工具为(　　)。
A. 矩形切片工具　　　　　　　　B. 多边形切片工具
C. 椭圆切片工具　　　　　　　　D. 不规则切片工具

10. Pencil 工具可以用来(　　)。
A. 绘制出单像素的线条　　　　　B. 任意像素的线条
C. 填充颜色　　　　　　　　　　D. 添加笔触

11. Pen 工具绘制路径时(　　)。

　　A. 在画布上放置多个点并连接起来

　　B. 只能绘制直线不能绘制曲线

　　C. 在画面上拖动进行绘制

　　D. 绘制出的路径只有一个起始点和一个结束点

12. PNG 格式可以支持高达(　　)bit 的颜色。

　　A. 24　　　　　　B. 32　　　　　　C. 46　　　　　　D. 5

13. 按住 Shift 和 Alt 键拖动椭圆工具可以(　　)。

　　A. 以中心点为基准画正圆形　　　　B. 以最左边为基准画正圆形

　　C. 画椭圆形　　　　　　　　　　　D. 画正圆形

14. 当图像与背景颜色反差非常大,可用魔术棒选中背景,再执行(　　)命令可将图像选中。

　　A. 反相　　　　B. 选择→反选　　　C. 双色调处理　　　D. 黑白

15. 抖动填充指的是(　　)。

　　A. 利用两种网络安全色模拟出一种非网络安全色的技术

　　B. 将接近网络安全色的颜色转化为网络安全色

　　C. 将颜色数压缩到最少

　　D. 将所有的颜色转化为网络安全色

三、简答题

1. 什么是蒙版？如何创建蒙版？

2. Fireworks 的工作界面由哪些部分组成？

3. 克隆与复制的区别？

4. 位图和矢量选择工具分别有哪些？

5. 什么是热点和切片？它们有什么用处？

四、操作题

1. 制作倒影文字效果。

(1) 新建一个画布,然后选择“文本工具”,在画布上面写上文字,设置画布的背景色和文字的颜色,最好二者的颜色能够形成鲜明对比,这样倒影效果更明显。

(2) 复制并粘贴刚才的文字。将文字副本“垂直翻转”,并放置于原来的文字下面且左右对齐。

(3) 将翻转后的文字副本设置成上明下暗的渐变形式。生成如图 4.136 所示的效果。

2. 制作水滴效果。

(1) 打开花朵图片(如图 4.137);

(2) 新建图层,并锁定花朵所在图层;

(3) 在新图层上选中“椭圆工具”绘制一个椭圆,设置椭圆的填充颜色为“无”,设置线条颜色为“浅灰色(♯CCCCCC)”;

(4) 使用“部分选择工具”,调整椭圆的形状,使其成为一个水滴的形状;

图 4.136　文字倒影

（5）将图形的颜色填充为由"白（♯FFFFFF）到浅灰（♯CCCCCC）"的渐变填充，方向"由下到上"；

（6）给水滴增加内侧阴影效果；

（7）克隆水滴，并去掉克隆水滴的阴影效果；

（8）绘制一个椭圆，将位置摆放在合适的位置（如图 4.138）；

图 4.137　原始图片

图 4.138　椭圆与水滴打孔以制作高光部分

（9）选择克隆的水滴和该椭圆，进行打孔操作，然后组合路径，得到高光部分图形；

（10）将高光图形填充为"白色"，边框颜色设置为"无"，在图层面板中降低其透明度为"80％"；

（11）使用变形工具将高光图形缩放为 80％；

（12）调整水滴图层的透明度为"50％"；

（13）复制出多个水滴副本，放置于花朵的适合位置，并用变形工具对水滴做适当变形。水滴效果制作完毕（如图 4.139）。

图 4.139　花瓣上的露珠

网页动画制作工具

计算机动画已开始渗透到人们生活的方方面面,无论是看电影、电视,还是上网,总能看到许多制作精美引人入胜的动画。计算机生成的动画是虚拟世界,画面中的物体并不需要真正去建造。现在仅需在计算机上安装简单易用的动画编辑软件,就可以把自己的独特创意付诸动画,并通过互联网传遍世界。本章主要介绍用 Flash CS5 制作矢量动画的基本技术。

5.1 Flash CS5 简介

Adobe Flash Professional CS5 是一个创作工具,它可以创建出演示文稿、应用程序以及支持用户交互的其他内容。Flash 项目可以包含简单的动画、视频内容、复杂的演示文稿、应用程序以及介于这些对象之间的任何事物。使用 Flash 制作出的具体内容就称为应用程序(或 SWF 应用程序),尽管它们可能只是基本的动画。

SWF 格式十分适合在 Internet 上使用,这是因为它大量使用了矢量图形。与位图图形相比,矢量图形的内存和存储空间要求都要低得多,因为它们是以数学公式而不是大型数据集的形式展示的。位图图形较大,是因为图像中的每个像素都需要一个单独的数据进行展示。

5.1.1 认识 Flash CS5

1. 建立 Flash CS5 文档

启动 Flash CS5 后,首先出现的是如图 5.1 所示的开始界面,在该界面中,提供了两种建立文档的方法。

1) 从模板创建

这是以模板方式建立文档。方法是:在开始界面(如图 5.1)中,选择"从模板创建"栏下某一个模板命令项。

2) 新建文档

这种方法建立的是一个空文件,具体内容由用户自己设计。方法是:在开始界面(图 5.1)中,选择"新建"栏下某一个命令项(如 ActionScript 3.0 选项),即可创建一个默认名称为"未命名-1"的 FLA 空文档。

注意: ActionScript 代码允许为文档中的媒体元素添加交互性,例如,可以添加代码,当用户单击某个按钮时此代码会使按钮显示一个新图像。也可以使用 ActionScript 为应用程序添加逻辑。逻辑使应用程序能根据用户操作或其他情况表现出不同的行为。创建 ActionScript 3.0 或 Adobe AIR 文件时，Flash Professional 使用 ActionScript 3.0，创建 ActionScript 2.0 文件时，它使用 ActionScript 1.0 和 ActionScript 2.0。

图 5.1　Flash CS5 开始界面

2. 工作界面

在"新建"命令列表中选择一项(如 ActionScript 3.0)，就可进入 Flash CS5 的工作界面(如图 5.2)。

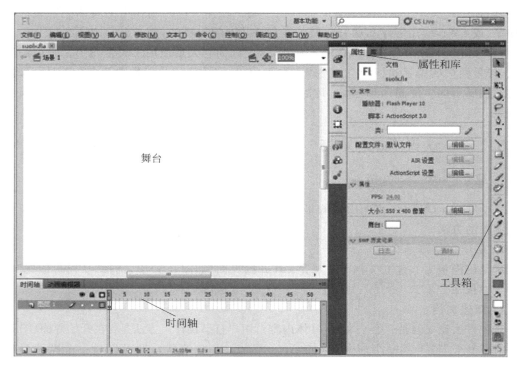

图 5.2　Flash CS5 Professional 工作界面

Flash CS5 的工作界面主要由舞台、工具箱、时间轴、属性、库面板 5 个主要部分组成，其作用如下。

(1)"舞台"：图形、视频、按钮等在回放过程中显示在舞台中。

(2)"时间轴"：控制影片中元素出现在舞台中的时间。也可以使用时间轴指定图形在舞台中的分层顺序，高层图形显示在低层图形上方。

(3)"工具箱"面板：包含一组常用工具，可使用它们选择舞台中的对象和绘制图形。

(4)"属性"面板：显示有关任何选定对象的可编辑信息。

(5)"库"面板：用于存储和组织媒体元素和元件。

5.1.2　时间轴和图层

Flash CS5 时间轴、图层和帧界面如图 5.3 所示。时间轴用于组织和控制文档内容在一定时间内播放的图层数和帧数。时间轴的主要组件是图层、帧和播放头。

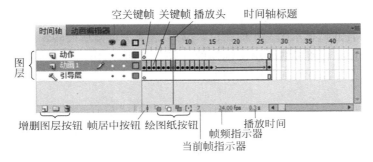

图 5.3　Flash CS5 时间轴、图层和帧界面

1. 时间轴

时间轴顶部的"时间轴标题"指示帧编号。"播放头"指示当前在舞台中显示的帧。播放 Flash 文档时，播放头从左向右通过时间轴。时间轴状态显示在时间轴的底部，它指示所选的帧编号、当前帧频以及到当前帧为止的运行时间。

2. 图层

图层在时间轴左侧(如图 5.3)，每个图层中包含的帧显示在该图层名右侧的一行中，图层就像透明的醋酸纤维薄片一样，在舞台上一层层地向上叠加。图层可以组织文档中的插图，可以在图层上绘制和编辑对象，而不会影响其他图层上的对象。如果一个图层上没有内容，那么就可以透过它看到下面的图层。要绘制、上色或者对图层或文件夹进行修改，需要在时间轴中选择该图层以激活它。时间轴中图层或文件夹名称旁边的铅笔图标表示该图层或文件夹处于活动状态。一次只能有一个图层处于活动状态(尽管一次可以选择多个图层)。

当文档中有多个图层时，跟踪和编辑一个或多个图层上的对象可能很困难。如果一次处理一个图层中的内容，这个任务就容易一点。若要隐藏或锁定当前不使用的图层，可在时间轴中单击图层名称旁边的"眼睛"或"挂锁"图标。

3．帧

在时间轴中,使用帧来组织和控制文档的内容。不同的帧对应不同的时刻,画面随着时间的推移逐个出现,就形成了动画。动画中帧的数量及播放速度决定了动画的长度。最常用的帧类型有以下几种。

1）关键帧

制作动画过程中,在某一时刻需要定义对象的某种新状态,这个时刻所对应的帧称为关键帧(如图 5.3)。关键帧是画面变化的关键时刻,决定了 Flash 动画的主要动态。关键帧数目越多,文件就越大。因此对于同样内容的动画,逐帧动画的体积比补间动画大得多。

实心圆点是有内容的关键帧,即实关键帧。无内容的关键帧,即空白关键帧,用空心圆点表示。每层的第 1 帧被默认为空白关键帧,可以在上面创建内容,一旦创建了内容,空白关键帧就变成了实关键帧。

2）普通帧

普通帧也称为静态帧,在时间轴中显示为一个矩形单元格。无内容的普通帧显示为空白单元格,有内容的普通帧显示出一定的颜色。例如,静止关键帧后面的普通帧显示为灰色。

关键帧后面的普通帧将继承该关键帧的内容。例如,制作动画背景,就是将一个含有背景图案的关键帧的内容沿用到后面的帧上。

3）过渡帧

过渡帧实际上也是普通帧。过渡帧中包括了许多帧,但其前面和后面要有两个帧,即起始关键帧和结束关键帧。起始关键帧用于决定动画主体在起始位置的状态,而结束关键帧则决定动画主体在终点位置的状态。

在 Flash 中,利用过渡帧可以制作两类补间动画,即运动补间和形状补间。不同颜色代表不同类型的动画,此外,还有一些箭头、符号和文字等信息,用于识别各种帧的类别,可以通过表 5.1 所示的方式区分时间轴上的动画类型。

表 5.1　过渡帧类型

过渡帧形式	说　　　明
●▭	补间动画用一个黑色圆点指示起始关键帧,中间的补间帧为浅蓝色背景
●———————→	传统补间动画用一个黑色圆点指示起始关键帧,中间的补间帧有一个浅紫色背景的黑色箭头
●———————→	补间形状用一个黑色圆点指示起始关键帧,中间的帧有一个浅绿色背景的黑色箭头
●- - - - - - - - -	虚线表示传统补间是断开的或者是不完整的,例如丢失结束关键帧
●▭	单个关键帧用一个黑色圆点表示。单个关键帧后面的浅灰色帧包含无变化的相同内容,在整个范围的最后一帧还有一个空心矩形
a●▭	出现一个小 a 表明此帧已使用"动作"面板分配了一个帧动作
⌐hykjk	红色标记表明该帧包含一个标签或者注释
⌐hykjk	金色的锚记表明该帧是一个命名锚记

5.1.3　元件和实例

元件是一些可以重复使用的对象,它们被保存在库中。实例是出现在舞台上或者嵌套在其他元件中的元件。使用元件可以使影片的编辑更加容易,因为在需要对许多重复的元素进行修改时,只要对元件做出修改,程序就会自动地根据修改的内容对该元件的所有实例进行更新,同时,利用元件可以更加容易创建复杂的交互行为。在 Flash 中,元件分为影片剪辑元件、按钮元件和图形元件三种类型。

1. 影片剪辑元件

影片剪辑元件(Movie Clip)是一种可重复使用的动画片段,即一个独立的小影片。影片剪辑元件拥有各自独立于主时间轴的多帧时间轴,可以把场景上任何看得到的对象,甚至整个时间轴内容创建为一个影片剪辑元件,而且可以将这个影片剪辑元件放置到另一个影片剪辑元件中。还可以将一段动画(如逐帧动画)转换成影片剪辑元件。在影片剪辑中可以添加动作脚本来实现交互和复杂的动画操作。通过对影片剪辑添加滤镜或设置混合模式,可以创建各种复杂的效果。

在影片剪辑中,动画可以自动循环播放,也可以用脚本来进行控制。例如,每看到时钟时,其秒针、分针和时针一直以中心点不动,按一定间隔旋转(如图 5.4)。因此,在制作时钟时,应将这些针创建为影片剪辑元件。

图 5.4　时钟指针旋转

2. 按钮元件

按钮用于在动画中实现交互,有时也可以使用它来实现某些特殊的动画效果。一个按钮元件有 4 种状态,它们是弹起、指针经过、按下和单击,每种状态可以通过图形或影片剪辑来定义,同时可以为其添加声音。在动画中一旦创建了按钮,就可以通过 ActionScript 脚本来为其添加交互动作。

3. 图形元件

图形元件可用于静态图像,并可用来创建连接到主时间轴的可重用动画片段。图形元件与主时间轴同步运行。与影片剪辑和按钮元件不同,用户不能为图形元件提供实例名称,也不能在动作脚本中引用图形元件。

图形元件也有自己的独立的时间轴,可以创建动画,但其不具有交互性,无法像影片剪辑那样添加滤镜效果和声音。

5.1.4 编辑图形

1．基本工作流程

（1）规划文档。决定文档要完成的基本工作。

（2）加入媒体元素。绘制图形、元件及导入媒体元素，如影像、视讯、声音与文字。

（3）安排元素。在舞台上和时间轴中安排媒体元素，并定义这些元素在应用程序中出现的时间和方式。

（4）应用特殊效果。套用图像滤镜（如模糊、光晕和斜角）、混合以及其他您认为合适的特殊效果。

（5）使用 ActionScript 控制行为。撰写 ActionScript 程序代码以控制媒体元素的行为，包含这些元素响应用户互动的方式。

（6）测试及发布应用程序。测试以确认建立的文档是否达成预期目标，以及寻找并修复错误。最后将 FLA 文档发布为 SWF 文档，这样才能在网页中显示并使用 Flash Player 播放。

注意：在 Flash 中创作内容时，使用称为 FLA 的文档。FLA 文件的文件扩展名为 FLA。

2．工具箱介绍

Flash CS5 工具箱提供了多种绘制图形工具和辅助工具（如图 5.5）。其常用工具的作用如下。

选择工具：用于选择对象和改变对象的形状。

部分选择工具：对路径上的锚点进行选取和编辑。

任意变形工具：对图形进行旋转、缩放、扭曲、封套变形等操作。

套索工具：是一种选取工具，使用它可以勾勒任意形状的范围来进行选择。

3D 旋转工具：转动 3D 模型，只能对影片剪辑发生作用。

钢笔工具：绘制精确的路径（如直线或者平滑流畅的曲线），并可调整直线段的角度和长度以及曲线段的斜率。

文本工具：用于输入文本。

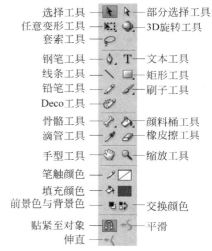

图 5.5 Flash CS5 工具箱

线条工具：绘制从起点到终点的直线。

矩形工具：用于快速绘制出椭圆、矩形、多角星形等相关几何图形。

铅笔工具：既可以绘制伸直的线条，也可以绘制一些平滑的自由形状。在进行绘图工作之前，还可以对绘画模式进行设置。

刷子工具：绘制刷子般的特殊笔触（包括书法效果），就好像在涂色一样。

Deco 工具：是一个装饰性绘画工具，用于创建复杂几何图案或高级动画效果，如火焰等。

骨骼工具：向影片剪辑元件实例、图形元件实例或按钮元件实例添加 IK(反向运动)骨骼。

颜料桶工具：对封闭的区域、未封闭的区域以及闭合形状轮廓中的空隙进行颜色填充。

滴管工具：用于从现有的钢笔线条、画笔描边或者填充上取得(或者复制)颜色和风格信息。

橡皮擦工具：用于擦除笔触段或填充区域等工作区中的内容。

对应于不同的工具，在工具栏的下方还会出现其相应的参数修改器，可以对所绘制的图形做外形、颜色以及其他属性的微调。比如对矩形工具，可以用笔触颜色设定外框的颜色或者不要外框，还可以用填充颜色选择中心填充的颜色或设定不填充，还可以设定为圆角矩形。对于不同的工具，其修改器是不一样的。

3. 基本绘图工具的应用

万丈高楼平地起，再漂亮的动画，都是由基本的图形组成的，所以掌握绘图工具对于制作好的 Flash 作品至关重要。

1) 同一图层位图图形重叠效果

(1) 线条穿过图形

当绘制的线条穿过别的线条或图形时，它会像刀一样把其他的线条或图形切割成不同的部分，同时，线条本身也会被其他线条和图形分成若干部分，可以用选择工具将它们分开(如图 5.6～图 5.8)。

图 5.6　原图　　　　　　图 5.7　在原图上画线　　　　图 5.8　被分开的各部分

(2) 两个图形重叠

当新绘制的图形与原来的图形重叠时，新的图形将取代下面被覆盖的部分，用选择工具分开后原来被覆盖的部分就消失了(如图 5.9～图 5.11)。

图 5.9　原图　　　　　　图 5.10　在其上画图形　　　图 5.11　被覆盖部分消失

(3) 图形的边线

在 Flash 中，边线是独立的对象，可以进行单独操作。比如在绘制圆形或者矩形时，默认情况就有边线,用选择工具可以把两者分开(如图 5.12、图 5.13)。

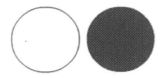

图 5.12　绘制的圆形　　　　　图 5.13　用选择工具可以直接把中间填充部分拖出

2) 铅笔工具应用

选择"铅笔"工具,在舞台上单击鼠标,按住鼠标不放,在舞台上随意绘制出线条。如果想要绘制出平滑或伸直线条和形状,可以在工具箱下方的选项区域中为铅笔工具选择一种绘画模式。可以在铅笔工具"属性"面板中设置不同的线条颜色、线条粗细、线条类型。

伸直模式下画出的线条会自动拉直,并且画封闭图形时,会模拟成三角形、矩形、圆等规则的几何图形。平滑模式下,画出的线条会自动光滑化,变成平滑的曲线。墨水模式下,画出的线条比较接近于原始的手绘图形。用三种模式画出的一座山分别如图 5.14 所示。

铅笔工具的颜色选择,可以用笔触颜色设定。

图 5.14　从左到右分别是伸直模式、平滑模式和墨水模式绘制的图形

用铅笔绘制出来的线的形状,可在属性面板中进行设置。在属性面板(如图 5.15)中可对铅笔绘制的线的宽度和线型进行设定,还可以通过单击"编辑笔触样式"按钮进行自定义线型。

图 5.15　铅笔的线型的设定

3) 线条工具应用

选择"线条"工具,在舞台上单击鼠标,按住鼠标不放并拖动到需要的位置,绘制出一条直线。可以在其"属性"面板中设置不同的线条颜色、线条粗细、线条类型等,方法与铅笔绘制的线设置一样。图 5.16 是用不同属性绘制的一些线条示例。

图 5.16　不同属性绘制的线条

4）矩形工具应用

这个工具比较简单,主要用于绘制椭圆、矩形、多角星形等相关几何图形。例如,选择"椭圆"工具,在舞台上单击鼠标,按住鼠标不放,向需要的位置拖曳鼠标,即可绘制出椭圆图形。在"属性"面板也可设置不同的边框颜色、边框粗细、边框线型和填充颜色,图 5.17 是用不同的边框属性和填充颜色绘制的椭圆图形示例。

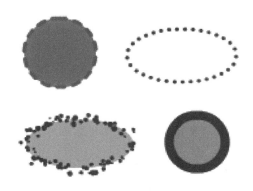

图 5.17　不同属性绘制的椭圆图形

5）刷子工具应用

选择"刷子"工具,在舞台上单击鼠标,按住鼠标不放,随意绘制出笔触。在工具栏的下方还会出现其相应的参数修改器,如刷子形状,单击后可选择一种形状。在"属性"面板中可设置不同的笔触颜色和平滑度。图 5.18 是用不同的刷子形状绘制的图形示例。

图 5.18　不同刷子形状所绘制的笔触效果

6）钢笔工具应用

选择"钢笔"工具,将鼠标放置在舞台上想要绘制曲线的起始位置,然后按住鼠标不放,此时出现第一个锚点,并且钢笔尖光标变为箭头形状。松开鼠标,将鼠标放置在想要绘制的第二个锚点的位置,单击鼠标并按住不放,绘制出一条直线段。将鼠标向其他方向拖曳,直线转换为曲线,松开鼠标,一条曲线绘制完成(如图 5.19)。

图 5.19　绘制曲线的过程

7）任意变形工具应用

任意变形工具可以随意地变换图形形状,它可以对选中的对象进行缩放、旋转、倾斜、翻转等变形操作。要执行变形操作,需要先选择要改动的部分,再选择任意变形工具,在选定图形的四周将出现一个边框,拖动边框上的控制节点就可以修改大小和变形(如图 5.20)。如果要旋转图形,则可以将鼠标移动到控制点的外侧,当出现旋转图标的时候,就可以执行旋转了(如图 5.21)。

图 5.20　改变大小和变形　　　　　图 5.21　旋转

对于 Flash 中的其他绘图工具的使用和设置,可以根据前面学习过的 Flash 绘图的基本工具,举一反三轻松掌握。

另外,还可以选择渐变变形工具,它可以改变选中图形中的填充渐变效果。当图形填充色为线性渐变色时,选择"渐变变形"工具,用鼠标单击图形,出现 3 个控制点和 2 条平行线,向图形中间拖动方形控制点,渐变区域缩小。将鼠标放置在旋转控制点上,拖动旋转控制点来改变渐变区域的角度。图 5.22 所示是应用渐变变形工具改变渐变效果。

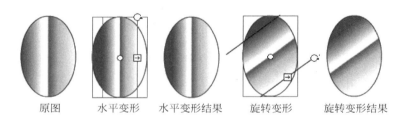

原图　　水平变形　　水平变形结果　　旋转变形　　旋转变形结果

图 5.22　应用渐变变形工具改变渐变效果

4．辅助绘图工具的应用

1）选择工具使用

（1）选择对象

选择"选择"工具,在舞台中的对象上单击即可选择对象。按住 Shift 键,再单击其他对象,可以同时选中多个对象。在舞台中拖曳一个矩形可以框选多个对象。

（2）移动和复制对象

选择对象,按住鼠标不放,直接拖曳对象到任意位置。若按住 Alt 键,拖曳选中的对象到任意位置,则选中的对象被复制。

（3）调整线条和色块

选择"选择"工具,将鼠标移至对象,鼠标下方出现圆弧。拖动鼠标,对选中的线条和色块进行调整。

2）部分选取工具使用

选择"部分选取"工具，在对象的外边线上单击，对象上出现多个节点（如图 5.23）。拖动节点可调整控制线的长度和斜率，从而改变对象的曲线形状。

图 5.23　边线上的节点

3）套索工具使用

选择"套索"工具，用鼠标在位图上任意勾选想要的区域，形成一个封闭的选区，松开鼠标，选区中的图像被选中。选择套索工具后在工具栏的下方还会出现"魔术棒"和"多边形模式"选取工具。

魔术棒工具：在位图上单击鼠标，与单击取点颜色相近的图像区域被选中。

多边形模式：在图像上单击鼠标，确定第一个定位点，松开鼠标并将鼠标移至下一个定位点，再单击鼠标，用相同的方法直到勾画出想要的图像，并使选取区域形成一个封闭的状态，双击鼠标，选区中的图像被选中。

4）滴管工具使用

（1）吸取填充色

选择"滴管"工具，将滴管光标放在要吸取图形的填充色上单击，即可吸取填充色样本，在工具箱的下方，取消对"锁定填充"按钮的选取，在要填充的图形的填充色上单击，图形的颜色被吸取色填充。

（2）吸取边框属性

选择"滴管"工具，将鼠标放在要吸取图形的外边框上单击，即可吸取边框样本，在要填充的图形的外边框上单击，线条的颜色和样式被修改。

（3）吸取位图图案

选择"滴管"工具，将鼠标放在位图上单击，吸取图案样本，然后在修改的图形上单击，图案被填充。

（4）吸取文字属性

滴管工具还可以吸取文字的属性，如颜色、字体、字型、大小等。选择要修改的目标文字，然后选择"滴管"工具，将鼠标放在源文字上单击，源文字的文字属性被应用到了目标文字上。

5）橡皮擦工具使用

选择"橡皮擦"工具，在图形上想要删除的地方按下鼠标并拖动鼠标，图形被擦除。在工具箱下方的"橡皮擦形状"按钮的下拉菜单中，可以选择橡皮擦的形状与大小。如果想得到特殊的擦除效果，系统在工具箱的下方设置了如图 5.24 所示的 5 种擦除模式，图 5.25 从左至右分别是用这 5 种擦除模式擦除图形的效果图。

图 5.24　擦除模式

图 5.25　应用 5 种擦除模式擦除图形的效果

标准擦除：这时橡皮擦工具就像普通的橡皮擦一样，将擦除所经过的所有线条和填充，只要这些线条或者填充位于当前图层中。

擦除填色：这时橡皮擦工具只擦除填充色，而保留线条。

擦除线条：与擦除填色模式相反，这时橡皮擦工具只擦除线条，而保留填充色。

擦除所选填充：这时橡皮擦工具只擦除当前选中的填充色，保留未被选中的填充以及所有的线条。

内部擦除：只擦除橡皮擦笔触开始处的填充。如果从空白点开始擦除，则不会擦除任何内容。以这种模式使用橡皮擦并不影响笔触。

5．文字工具的应用

从 Flash Professional CS5 开始可以使用"文本布局框架（TLF）"向 FLA 文件添加文本。TLF 支持更多丰富的文本布局功能和对文本属性的精细控制。与以前的文本引擎（现在称为传统文本）相比，TLF 文本可加强对文本的控制，TLF 文本提供了下列增强功能。

（1）更多字符样式，包括行距、连字、加亮颜色、下划线、删除线、大小写、数字格式及其他。

（2）更多段落样式，包括通过栏间距支持多列、末行对齐选项、边距、缩进、段落间距和容器填充值。

（3）控制更多亚洲字体属性，包括直排内横排、标点挤压、避头尾法则类型和行距模型。

（4）可以为 TLF 文本应用 3D 旋转、色彩效果以及混合模式等属性，而无须将 TLF 文本放置在影片剪辑元件中。

（5）文本可按顺序排列在多个文本容器。这些容器称为串接文本容器或链接文本容器。

（6）能够针对阿拉伯语和希伯来语文字创建从右到左的文本。

（7）支持双向文本，其中从右到左的文本可包含从左到右文本的元素。当遇到在阿拉伯语或希伯来语文本中嵌入英语单词或阿拉伯数字等情况时，此功能必不可少。

TLF 文本是 Flash Professional CS5 中的默认文本类型。它提供了点文本和区域文本两种类型的文本容器。点文本容器的大小仅由其包含的文本决定，区域文本容器的大小与其包含的文本量无关。要将点文本容器更改为区域文本，可使用选择工具调整其大小或双击容器边框右下角的小圆圈。

TLF 文本有只读、可选和可编辑三种类型的文本块，可在"属性"面板中设置（如图 5.26(a)），其在运行时的表现方式如下。

（1）只读：当作为 SWF 文件发布时，文本无法选中或编辑。

（2）可选：当作为 SWF 文件发布时，文本可以选中并可复制到剪贴板，但不可以编辑。对于 TLF 文本，此设置是默认设置。

（3）可编辑：当作为 SWF 文件发布时，文本可以选中和编辑。

传统文本有静态文本、动态文本和输入文本三种类型的文本块，可在"属性"面板中设置（如图 5.26(b)）。

（1）静态文本：是指不会动态更改的字符文本，常用于决定作品的内容和外观。

（2）动态文本：是指可以动态更新的文本，如体育得分、股票报价或天气报告。

（3）输入文本：可在播放后输入文本。

 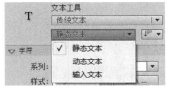

(a) TLF文本 (b) 传统文本

图 5.26 文本模式和类型

注意：①TLF 文本要求在 FLA 文件的发布设置中指定 ActionScript 3.0 和 Flash Player 10 或更高版本。②TLF 文本无法用作遮罩，可以使用传统文本建遮罩。

1）创建文本

选择"文本工具"后，可在属性面板（如图 5.27）中选择使用 TLF 文本或传统文本。如果选择 TLF 文本，则可进一步选择只读、可选或可编辑类型文本块；若选择传统文本，则可进一步选择静态文本、动态文本或输入文本。

在舞台单击，出现文本输入光标，直接输入文字即可。若单击后向右下角方向拖曳出一个文本框，输入的文字被限定在文本框中，如果输入的文字较多，会自动转到下一行显示。

2）设置文本的属性

文本属性一般包括字体属性和段落属性。字体属性包括字体、字号、颜色、字符间距、自动字距微调和字符位置等；段落属性则包括对齐、边距、缩进和行距等。

当需要在 Flash 中使用文本时，可先在属性面板（如图 5.27）中设置文本的属性，也可以在输入文本之后，再选中需要更改属性的文本，然后在属性面板中对其进行设置。

图 5.27 文本属性面板

3）变形文本

选中文字，执行两次"修改"→"分离"命令（或按两次 Ctrl＋B 组合键），将文字打散，文字变为如图 5.28(a)所示的位图模式。然后选择"修改"→"变形"→"封套"命令，在文字的周围出现控制点（如图 5.28(b)），拖动控制点，改变文字的形状（如图 5.28(c)）。最后的变形结果如图 5.28(d)所示。

(a) 打散的文字 (b) 封套 (c) 变形 (d) 变形后的结果

图 5.28 文本变形过程

4）填充文本

选中文字，执行两次"修改"→"分离"命令（或按两次 Ctrl＋B 组合键），将文字打散。然后选择"窗口"→"颜色"命令，弹出"颜色"面板（如图 5.29）。在类型选项中选择"线性渐变"，在颜色设置条上设置渐变颜色，文字被填充上渐变色。图 5.30 是对"变化"两个文字填充渐变色的效果示例图。

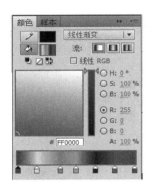

图 5.29　文字填充颜色面板　　　　图 5.30　填充渐变色的文字

5.1.5　对象的编辑

使用工具栏中的工具创建的图形相对来说比较单调，如果能结合修改菜单命令修改图形，就可以改变原图形的形状、线条等，并可以将多个图形组合起来达到所需要的效果。

1. 对象类型

Flash CS5 的对象类型主要有矢量对象、图形对象、影片剪辑对象、按钮对象和位图对象。

1）矢量对象

矢量对象（矢量图形）是由绘画工具所绘制出来的图形，它包括线条和填充两部分。注意，使用文字工具输入文字是一个文本对象，不是矢量对象，但可以使用"修改"→"分离"命令（或按 Ctrl＋B 组合键）打散后，它就变成了矢量对象。

2）图形对象

图形对象也称图形元件，它是存储在"库"中可被重复使用的一种图形对象。理论上讲，任何对象都可以转换为图形对象，但在 Flash 实际操作过程中，从图形元件的作用出发，一般只有将矢量对象、文字对象、位图对象、组合对象转化为图形对象。

从外部导入的图片，是位图对象，不是图形元件，但可以转换为图形元件。

3）影片剪辑对象

影片剪辑对象也称影片剪辑元件，它是存储在"库"中可被重复使用的影片剪辑，用于创建独立于主影像时间轴进行播放的实例。理论上讲，任何对象都可以转换为影片剪辑对象，转换的对象主要是根据实际需要而定。

4）按钮对象

按钮对象也称按钮元件，用于创建在影像中对标准的鼠标事件（如单击、滑过或移离等）做出响应的交互式按钮。理论上讲，任何对象都可以转换为按钮对象，在操作过程中，应按实际需要而定。

5）位图对象

位图对象是对矢量、图形、文字、按钮和影片剪辑对象打散后形成的分离图形。它主要用于制作形变动画对象，如圆形变成方形及文字变形。有些对象只有变为分离图形后（即位图），才能填充颜色，如线条、边线等。

不管何种对象，只要多次执行"修改"→"分离"命令（或按 Ctrl＋B 组合键）打散对象后，最终都能转变为位图对象。当然，位图对象通过执行"修改"→"组合"命令，也可以转换为矢量图形。

2．制作对象

1）制作图形元件

制作图形元件有两种方法，一是直接制作，二是将矢量对象转换成图形元件。

（1）直接制作

选择"插入"→"新建元件"命令，弹出"创建新元件"对话框（如图 5.31），在"名称"选项的文本框中输入"圆"，在"类型"选项的下拉列表中选择"图形"选项，单击"确定"按钮，创建一个新的图形元件"圆"。图形元件的名称出现在舞台的左上方，舞台切换到了图形元件"圆"的窗口，窗口中间出现十字，代表图形元件的中心定位点，用矩形工具在窗口十字处制作一个圆（如图 5.32），在"库"面板中显示出"圆"图形元件。

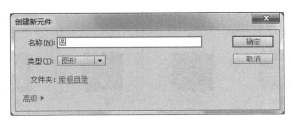

图 5.31　"创建新元件"对话框

（2）矢量对象转换

如果在舞台上已经创建好矢量图形并且以后还要再次应用，可将其转换为图形元件。方法是选中矢量图形，然后选择"修改"→"转换为元件"命令，弹出"转换为元件"对话框，在"名称"选项的文本框中输入元件名，在"类型"选项的下拉列表中选择"图形"选项，单击"确定"按钮，转换完成，此时在"库"面板中显示出转换的图形元件。

2）制作按钮元件

选择"插入"→"新建元件"命令，弹出"创建新元件"对话框，在"名称"选项的文本框中输入按钮元件名，在"类型"选项的下拉列表中选择"按钮"选项，单击"确定"按钮，此时，按钮元件的名称出现在舞台的左上方，舞台切换到了按钮元件的窗口，窗口中间出现十字，代表按钮元件的中心定位点。在"时间轴"窗口中显示出 4 个状态帧：弹起、指针、按下、单击。在

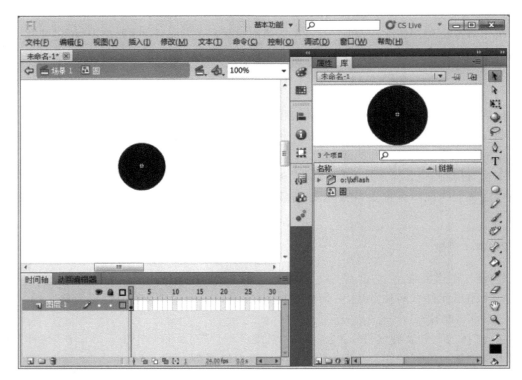

图 5.32　制作一个圆图形元件

"库"面板中显示出按钮元件。

利用绘图工具绘制按钮的 4 个帧,图形如图 5.33 所示。最后单击图层左上角的"场景"按钮,返回场景,按钮制作完毕。

弹起　　　　　指针　　　　　按下　　　　　单击

图 5.33　按钮元件的 4 个帧图形

3）制作影片剪辑

选择"插入"→"新建元件"命令,弹出"创建新元件"对话框,在"名称"选项的文本框中输入"变形动画",在"类型"选项的下拉列表中选择"影片剪辑"选项,单击"确定"按钮,此时,影片剪辑元件的名称出现在舞台的左上方,舞台切换到了影片剪辑元件"变形动画"的窗口,窗口中间出现十字,代表影片剪辑元件的中心定位点。

利用绘图工具绘制影片剪辑,最后单击图层左上角的"场景"按钮,返回场景,影片剪辑制作完毕。

3．一个简单 Flash 动画制作

1）新建一个文档

在"开始界面"(如图 5.1)中,选择"新建"列表中的 ActionScript 3.0 命令项,Flash CS5

自动建立一个默认名称为"未命名-1"的 FLA 空文档(如图 5.2)。

2) 设置舞台属性

在 Flash CS5 工作界面(如图 5.2)中单击右边的"属性"选项卡,查看并可重新设置该文档的舞台属性。默认情况下,前舞台大小设置为 550×400 像素(如图 5.34),单击"编辑"按钮可重新设置;舞台背景色板设置为白色,单击色板可更改舞台背景颜色。

图 5.34　舞台属性面板

注意:Flash 影片中的舞台的背景色可使用"修改"→"文档"命令设置,也可以选择舞台,然后在"属性"面板中修改"舞台颜色"字段。当发布影片时,Flash Professional 会将 HTML 页的背景色设置为与舞台背景色相同的颜色。

新文档只有一个图层,名字为图层 1,可以通过双击图层名,重新输入一个新图层名称。

3) 绘制一个圆圈

创建文档后,就可以在其中制作动画。

从"工具箱"面板中选择"椭圆"工具,在属性中单击笔触颜色(描边色板),并从"拾色器"中选择"无颜色"选项,再在属性中单击"填充颜色"按钮,选择一种填充颜色(如红色)。

当"椭圆"工具仍处于选中状态时,按住 Shift 键在舞台上拖动以绘制出一个圆圈(如图 5.35)。

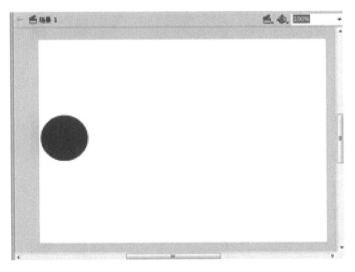

图 5.35　舞台上绘制出的圆圈

注意:按住 Shift 键使"椭圆"工具只能绘制出圆圈。

注意:如果绘制圆圈时只看到轮廓而看不到填充色,首先在属性检查器的"椭圆"工具属性中检查描边和填充选项是否已正确设置。如果属性正确,检查以确保时间轴的层区域中未选中"显示轮廓"选项。注意时间轴层名称右侧的眼球图标、锁图标和轮廓图标三个图标,确保轮廓图标为实色填充而不仅仅是轮廓。

4）创建元件

将绘制的圆圈转换为元件,使其转变为可重用资源。

用"选择"工具选择舞台上画出的圆圈,然后选择"修改"→"转换为元件"(或按 F8 键)命令,出现"转换为元件"对话框(如图 5.36)(也可以将选中的图形拖到"库"面板中,将它转换为元件)。

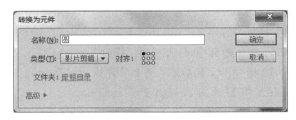

图 5.36　"转换为元件"对话框

在"转换为元件"对话框中为新建元件起一个名称(如"圆"),类型中选择"影片剪辑",单击"确定"按钮,系统创建一个影片剪辑元件。此时"库"面板中将显示新元件的定义,舞台上的圆成为元件的实例。

5）添加动画

将圆圈拖到舞台区域的左侧(如图 5.37)。右击舞台上的圆圈实例,从菜单中选择"创建补间动画"选项,时间轴将自动延伸到第 24 帧并且红色标记(当前帧指示符或播放头)位于第 24 帧(如图 5.37)。这表明时间轴可供编辑 1 秒,即帧频率为 24fps。

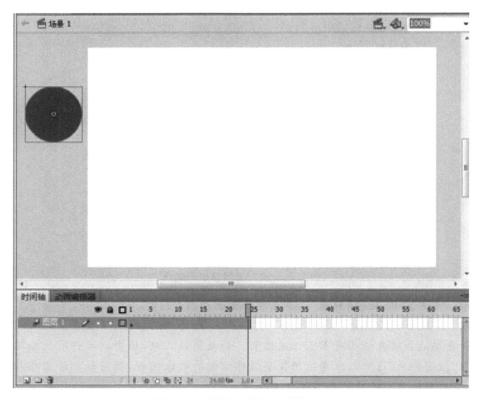

图 5.37　圆圈移到舞台区域左侧

将圆圈拖到舞台区域右侧。此步骤创建了补间动画。动画参考线表明第 1 帧与第 24 帧之间的动画路径(如图 5.38)。

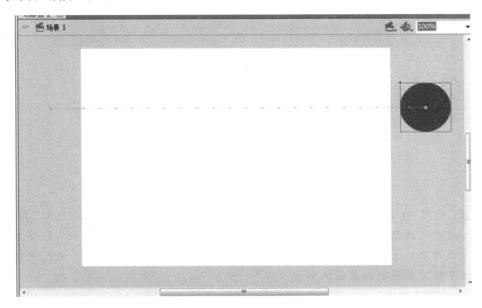

图 5.38 一个 24 帧动画路径及第 24 帧处的圆圈

在时间轴的第 1 帧和第 24 帧之间来回拖动红色的播放头可预览动画。

将播放头拖到第 10 帧,然后将圆圈移到屏幕上的另一个位置,在动画中间添加方向变化(如图 5.39)。

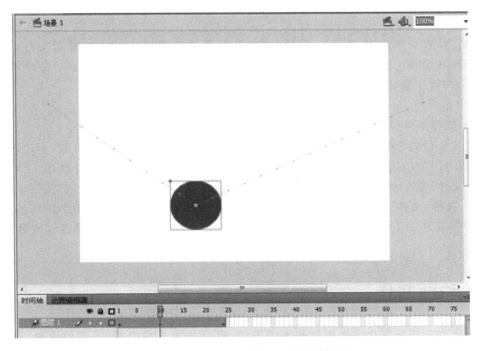

图 5.39 补间动画显示第 10 帧方向更改

用选择"工具"拖动动画参考线使线条弯曲(如图 5.40)。弯曲动画路径将使动画沿着一条曲线而不是直线运动。

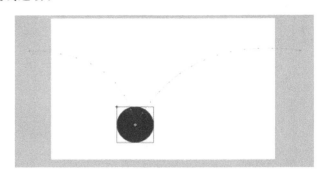

图 5.40　动画参考线更改后的曲线

注意：使用"选取"和"部分选取"工具可改变运动路径的形状。使用"选取"工具,可通过拖动方式改变线段的形状。补间中的属性关键帧将显示为路径上的控制点。使用部分选取工具可公开路径上对应于每个位置属性关键帧的控制点和贝塞尔手柄。可使用这些手柄改变属性关键帧点周围的路径的形状。

6）测试影片

经过上面的制作,一个简单的动画已经建好,但在发布之前应测试影片。方法是：在菜单栏中选择"控制"→"测试影片"命令。

7）保存文档

选择菜单栏的"文件"→"保存"命令即可。Flash CS5 将以 FLA 文件格式保存新建的文档。

8）发布

完成 FLA 文档的建立后即可发布它,以便通过浏览器查看它。发布文件时,Flash Professional 会将它压缩为 SWF 文件格式,这是放入网页中的格式。"发布"命令可以自动生成一个包含正确标签的 HTML 文件。

方法如下。

（1）选择菜单栏的"文件"→"发布设置"。

在"发布设置"对话框中,选择"格式"选项卡并确认只选中了 Flash 和 HTML 选项。然后再选择 HTML 选项卡并确认"模板"项中是"仅 Flash"。该模板会创建一个简单的 HTML 文件,它在浏览器窗口中显示时只包含 SWF 文件。最后单击"确定"按钮。

（2）选择"文件"→"发布"命令。在保存 FLA 文档的文件夹中,可以找到与 FLA 文档同名的 SWF 和 HTML 两个文件,打开 HTML 文件就可在浏览器窗口中看到所做的 Flash 动画。

5.2　动画制作

Flash 动画按照制作时采用的技术的不同,可以分为 5 种类型,即逐帧动画、运动补间动画、形状补间动画、轨迹动画和蒙版动画。

5.2.1 创建逐帧动画

1. 逐帧动画

逐帧动画就是对每一帧的内容逐个编辑,然后按一定的时间顺序进行播放而形成的动画,它是最基本的动画形式。逐帧动画适合于每一帧中的图像都在更改,而并非仅仅简单地在舞台中移动的动画,因此,逐帧动画文件容量比补间动画要大很多。

创建逐帧动画的几种方法如下。

1) 用导入的静态图片建立逐帧动画

用 JPG、PNG 等格式的静态图片连续导入 Flash 中,就会建立一段逐帧动画。

2) 绘制矢量逐帧动画

用鼠标或压感笔在场景中一帧帧地画出帧内容。

3) 文字逐帧动画

用文字做帧中的元件,实现文字跳跃、旋转等特效。

4) 导入序列图像

可以导入 GIF 序列图像、SWF 动画文件或者利用第三方软件(如 Swish、Swift 3D 等)产生的动画序列。

2. 走路的动画制作

这是一个利用导入连续图片而创建的逐帧动画,具体步骤如下。

(1) 创建一个新 Flash 文档,选择"文件"→"新建"命令,设置舞台大小为 550×230 像素,背景色为白色。

(2) 创建背景图层。选择第一帧,执行"文件"→"导入到舞台"命令,将本实例中的名为"草原.jpg"的图片导入到场景中。在第 8 帧按 F5 键,加过渡帧使帧内容延续(如图 5.41)。

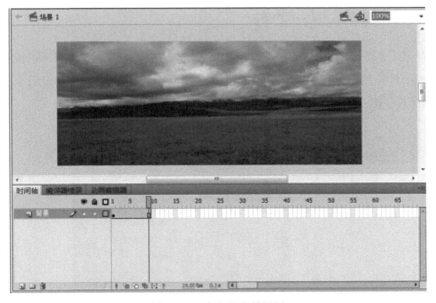

图 5.41 建立的背景图层

（3）导入走路的图片。新建一个"走路"图层，选择第1帧，执行"文件"→"导入到舞台"命令，将走路的系列图片导入。导入完成后，就可以在"库"面板中看到导入的位图图像（如图5.42）。

由于导入到库中的同时，也把所有图像都放到了第1帧，所以，需要将舞台中第1帧下的所有图像删除。

（4）在时间轴上分别选择"走路"图层的第1帧到第9帧，并从库中将相应的走路图拖放到舞台中。

注意：因为第1帧是关键帧，可直接放入，而后面的帧都需要先插入空白关键帧后才能把图拖放到工作区中。

此时，时间帧区出现连续的关键帧，从左向右拉动播放头，就会看到一个人在向前走路（如图5.43），但是，动画序列位置尚未处于需要的地方，必须移动它们。

图5.42　导入"库"中的位图

图5.43　向前走路的人

可以一帧帧调整位置，完成一幅图片后记下其坐标值，再把其他图片设置成相同坐标值，也可以用"多帧编辑"功能快速移动。

多帧编辑方法如下。

先把"背景"图层加锁，然后单击"时间轴"面板下方的"绘图纸显示多帧"按钮，再单击"修改绘图纸标记"按钮，在弹出的菜单中选择"所有绘图纸"选项（如图5.44）。用鼠标调整各帧图像的位置，使位于各帧的图像位置合适即可（如图5.45）。

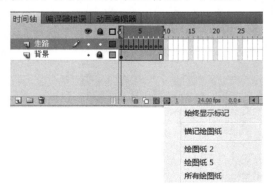

图5.44　洋葱皮工具

图 5.45　调整各帧后的走路人

（5）测试影片。选择"控制"→"测试影片"命令，就能看到动画的效果。选择"文件"→"保存"命令将动画保存以备后用。

5.2.2　创建补间动画

1．补间动画

补间是通过为一个帧中的对象属性指定一个值并为另一个帧中的该相同属性指定另一个值创建的动画。在创建补间动画时，可以在不同关键帧的位置设置对象的属性，如位置、大小、颜色、角度、Alpha 透明度等。编辑补间动画后，Flash 将会自动计算这两个关键帧之间属性的变化值，并改变对象的外观效果，使其形成连续运动或变形的动画效果。

例如，可以在时间轴第 1 帧的舞台左侧放置一个影片剪辑，然后将该影片剪辑移到第 20 帧的舞台右侧。在创建补间时，Flash 将计算指定的右侧和左侧这两个位置之间的舞台上影片剪辑的所有位置。最后会得到影片剪辑从第 1 帧到第 20 帧，从舞台左侧移到右侧的动画。在中间的每个帧中，Flash 将影片剪辑在舞台上移动二十分之一的距离。

Flash CS5 支持两种不同类型的补间以创建动画：一种是传统补间（包括在早期版本中 Flash 创建的所有补间），其创建方法与原来相比没有改变；另一种是补间动画，其功能强大且创建简单，可以对补间的动画进行最大程度的控制。另外，补间动画根据动画变化方式的不同又分为"运动补间动画"和"形状补间动画"两类，运动补间动画是对象可以在运动中改变大小和旋转，但不能变形，而形状补间动画可以在运动中变形（如圆形变成方形）。

制作补间动画的对象类型包括影片剪辑元件、图形元件、按钮元件以及文本字段。

2．飞鸟的运动补间动画制作

（1）创建一个新 Flash 文档，选择"文件"→"新建"命令，设置舞台大小为 550×230 像素，背景色为白色。

（2）将当前图层重命名为背景图层，选择第 1 帧，执行"文件"→"导入到舞台"命令，将一个风景图片导入到场景中。在第 60 帧按 F5 键，加过渡帧使帧内容延续。

（3）新建一个图层，并重命名为"小鸟"，选择第 1 帧，执行"文件"→"导入到舞台"命令，导入一个小鸟飞的图片。用鼠标将舞台上导入的小鸟移动到右侧，并用"任意变形"工具调整到合适的大小（如图 5.46）。

图 5.46　第 1 帧的小鸟

（4）创建传统补间动画。右击小鸟图层的第 60 帧，在弹出的快捷菜单中选择"插入关键帧"命令，然后用"选择"工具将小鸟调整到左上方的位置，并用"任意变形"工具把小鸟调小一些（如图 5.47）。右击"小鸟"图层第 1 帧到第 60 帧中间的任意帧，在弹出的快捷菜单中选择"创建传统补间"命令，结果如图 5.48 所示，播放即可看到小鸟飞的动画。

图 5.47　第 60 帧的小鸟

图 5.48　小鸟飞的传统补间动画

（5）Flash CS5 提供更加灵活的方式创建补间动画，下面的操作从步骤（3）结束后开始。右击第 1 帧，在弹出的快捷菜单中选择"创建补间动画"命令，之后拖动"播放头"到第 60 帧，然后单击时间轴上的"动画编辑器"标签（或选择菜单栏中的"窗口"→"动画编辑器"命令），打开"动画编辑器"面板（如图 5.49）。

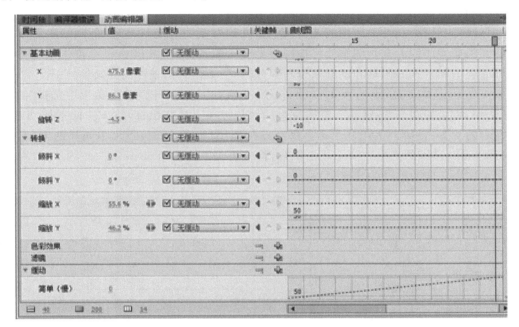

图 5.49 "动画编辑器"面板

"动画编辑器"面板由三组时间轴构成，分别是"基本动画"、"转动"和"缓动"，其中"基本动画"组的时间轴可以分别设置元件在 X、Y 和 Z 轴方向的移动情况；"转换"组的时间轴可以设置元件在 X 和 Y 轴方向的倾斜、旋转以及元件色彩和滤镜等特殊效果；"缓动"组的时间轴可以设置上面两组时间轴在移动过程中位置属性变化的方式，比如"简单"、"弹簧"和"正弦波"等。

通过"动画编辑器"面板，可以查看所有补间属性及其属性关键帧。它还提供了向补间添加精度和详细信息的工具。动画编辑器显示当前选定的补间的属性。在时间轴中创建补间后，动画编辑器允许以多种不同的方式来控制补间。

使用动画编辑器可以进行以下操作。

① 设置各属性关键帧的值。

② 添加或删除各个属性的属性关键帧。

③ 将属性关键帧移动到补间内的其他帧。

④ 将属性曲线从一个属性复制并粘贴到另一个属性。

⑤ 翻转各属性的关键帧。

⑥ 重置各属性或属性类别。

⑦ 使用贝塞尔控件对大多数单个属性的补间曲线的形状进行微调（X、Y 和 Z 属性没有贝塞尔控件）。

⑧ 添加或删除滤镜或色彩效果并调整其设置。

⑨ 向各个属性和属性类别添加不同的预设缓动。

⑩ 创建自定义缓动曲线。

⑪ 将自定义缓动添加到各个补间属性和属性组中。

⑫ 对 X、Y 和 Z 属性的各个属性关键帧启用浮动。通过浮动,可以将属性关键帧移动到不同的帧或在各个帧之间移动以创建流畅的动画。

选择“时间轴”中的补间范围或者舞台上的补间对象或运动路径后,动画编辑器即会显示该补间的属性曲线。动画编辑器将在网格上显示属性曲线,该网格表示发生选定补间的时间轴的各个帧。在时间轴和动画编辑器中,播放头将始终出现在同一帧编号中。

(6) 选中“基本动画”组的 X 时间轴,在第 60 帧右击,在弹出的快捷菜单中选择“插入关键帧”命令,结果如图 5.50 所示。在关键帧的黑色方块上单击鼠标,将方块向下拖动到 100 像素左右的位置,在舞台上会显示出小鸟移动的轨迹(如图 5.51)。采用同样的方法,选中 Y 时间轴,在关键帧的黑色方块上单击鼠标,将方块向下拖动到 55 像素左右的位置,在舞台上会显示出小鸟向上移动的情况。

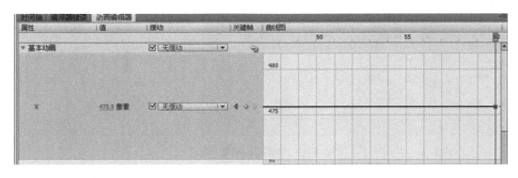

图 5.50　在 X 时间轴中插入关键帧

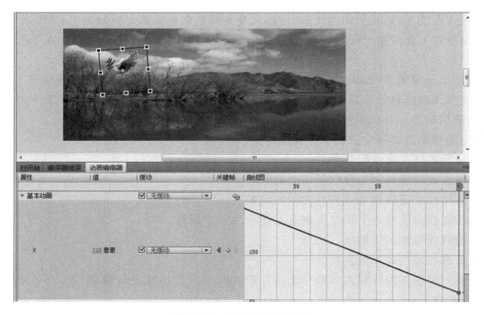

图 5.51　移动关键点位置

（7）单击"时间轴"标签，用"任意变形"工具将第 60 帧的小鸟调小（如图 5.52）。这样就完成了小鸟飞的补间动画。

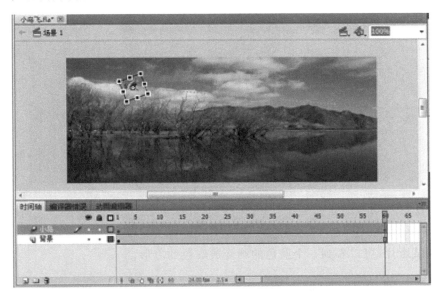

图 5.52 小鸟飞行补间动画

（8）选择菜单栏的"控制"→"测试影片"命令测试动画，就能看到小鸟飞的动画。

3. 圆变方形状补间动画制作

（1）创建一个新 Flash 文档，选择"文件"→"新建"命令，设置舞台大小为 550×400 像素，背景色为白色。

（2）选择椭圆工具，将填充色设置为蓝色，然后按住 Shift 键的同时在舞台上绘一个圆（如图 5.53）。

（3）在时间轴面板的第 24 帧按 F6 键插入一个关键帧，删除舞台上的圆，然后选择矩形工具，并将填充色改为红色，按住 Shift 键的同时在舞台上绘制一个正方形（如图 5.54）。

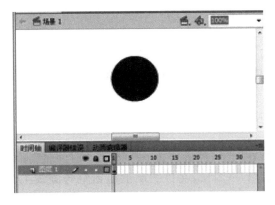

图 5.53 舞台上的圆形

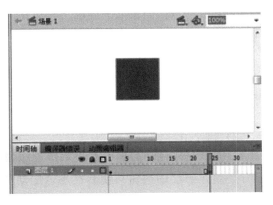

图 5.54 舞台上的方形

（4）在"时间轴"面板上的两个关键帧之间的任一帧上右击，在弹出的菜单中选"创建补间形状"命令，之后界面如图 5.55 所示。至此一个简单的形变动画制作完成。

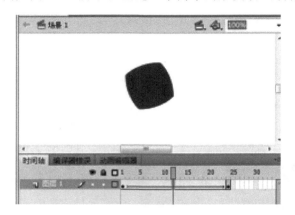

图 5.55　创建补间形状后的舞台情况

（5）测试影片，可以看到一个蓝色的圆变成红色的方形。

5.2.3　创建引导层动画

1. 引导层

为了在绘画时帮助对象对齐，可以创建引导层，然后将其他层上的对象与引导层上的对象对齐。引导层中的内容不会出现在发布的 SWF 动画中，可以将任何层用作引导层，它是用层名称左侧的辅助线图标表示的。

还可以创建运动引导层，用来控制运动补间动画中对象的移动情况。这样不仅仅可以制作沿直线移动的动画，也能制作出沿曲线移动的动画。

2. 沿引导线运动的小球动画制作

1）制作一个小球移动的动画

（1）用"工具"面板上的椭圆工具按住 Shift 键绘制一个小圆，选择一个径向渐变的填充颜色填充小圆球。

（2）在"时间轴"面板上选择第 1 帧，鼠标右击，在弹出菜单上选择"创建传统补间"命令。

（3）在时间轴第 60 帧（多少帧自己定，帧数越多，动画速度越慢，越少，则越快），鼠标右击，在弹出菜单上选择"插入关键帧"命令。

（4）将第 60 帧的小球向右拖动到新的位置，结果如图 5.56 所示。

2）制作引导线

（1）在"时间轴"面板上选择小球直线运动所在图层，然后新建一个图层（"时间轴"面板上有个新建图层的按钮），使其在小球运动图层的上一图层，在该图层上用铅笔等画线工具绘制一条曲线（如图 5.57）。

（2）在"时间轴"面板上选择曲线所在图层，鼠标右击，在弹出菜单上选择"引导层"命令，使曲线变成引导线。

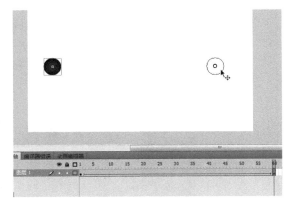

图 5.56　小球移动制作界面　　　　　图 5.57　制作的引导线

3）引导小球

（1）用鼠标左键按住小球直线运动所在图层稍向上拖动，使其被引导。

（2）选择第 1 帧，拖动小球到引导线的第一个端点，选择最后一帧，拖动小球到引导线的第二个端点（如图 5.58）。

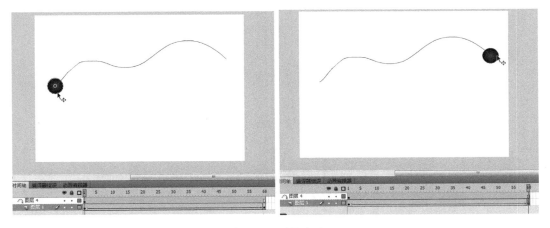

图 5.58　引导小球

4）测试影片

选择"控制"→"测试影片"命令，就能看到小球沿引导线移动的动画效果。选择"文件"→"保存"命令将动画保存以备后用。

5.2.4　遮罩层动画

1. 遮罩层

遮罩动画是 Flash 中的一个很重要的动画类型，很多效果丰富的动画都是通过遮罩动画来完成的。在 Flash 的图层中有一个遮罩图层类型，为了得到特殊的显示效果，可以在遮罩层上创建一个任意形状的"视窗"，遮罩层下方的对象可以通过该"视窗"显示出来，而"视窗"之外的对象将不会显示。

在 Flash 动画中,"遮罩"主要有两个作用:一个作用是用在整个场景或一个特定区域,使场景外的对象或特定区域外的对象不可见;另一个作用是用来遮罩某一元件的一部分,从而实现一些特殊的效果。

2．聚光灯照字动画制作

通过用文字层遮罩来实现聚光灯照字的效果,掌握"遮罩"动画制作的三个过程:

① 制作要遮罩的实体层,本例是对圆球进行遮罩;

② 制作遮罩层,本例使用文字作为遮罩物;

③ 选中遮罩层,右击鼠标选择遮罩层。

(1) 创建一个新 Flash 文档,选择"文件"→"新建"命令,设置舞台大小为 550×130 像素,背景色为浅蓝色。

(2) 选择"文本"工具,在"属性"面板中选择"隶书"字体、"大小"设置为 80,"颜色"设置为黄色,"字母间距"设置为 20(如图 5.59)。然后在图层 1 第 1 帧输入文字"聚光灯照文字的效果"(如图 5.60)。

图 5.59　文字属性设置

图 5.60　输入文字

(3) 在时间轴上新建一个图层,并命名为"灯光",在第 1 帧使用"椭圆"工具绘制一个圆(如图 5.61)。Flash 会忽略遮罩层中的位图、渐变、透明度、颜色和线条样式。在遮罩中的任何填充区域都是完全透明的,而任何非填充区域都是不透明的。

(4) 在"灯光"层的第 90 帧插入关键帧,将关键帧中的圆形移动到文字的右边,在第 1 至第 90 帧之间创建传统补间动画。回到文字所在的图层 1,在第 90 帧插入普通帧。

(5) 右击"灯光"图层名称,在弹出的快捷菜单上选择"遮罩层"命令,下面的层自动被遮罩层遮罩(如图 5.62)。

(6) 测试影片。选择"控制"→"测试影片"命令,就能看到一个聚光灯照字的动画效果。选择"文件"→"保存"命令将动画保存以备后用。

图 5.61　建立遮罩项

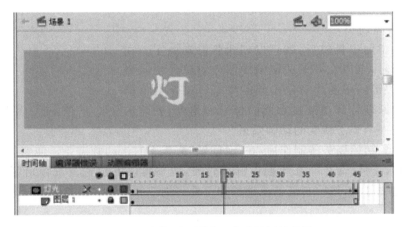

图 5.62　将"灯光"层设置为遮罩层效果图

5.2.5　骨骼动画

1. 骨骼动画简介

在动画设计中,运动学系统分为正向运动学和反向运动学这两种。正向运动学指的是对于有层级关系的对象来说,父对象的动作将影响到子对象,而子对象的动作将不会对父对象造成任何影响。如当对父对象进行移动时,子对象也会同时随着移动。而子对象移动时,父对象不会产生移动。由此可见,正向运动中的动作是向下传递的。

与正向运动学不同,反向运动学动作传递是双向的,当父对象进行位移、旋转或缩放等动作时,其子对象会受到这些动作的影响,反之,子对象的动作也将影响到父对象。反向运动是通过一种连接各种物体的辅助工具来实现的运动,这种工具就是 IK（Inverse Kinematics,反向动力学）骨骼,也称反向运动骨骼。使用 IK 骨骼制作的反向运动学动画,就是骨骼动画。

在 Flash 中,创建骨骼动画一般有两种方式,一种方式是为实例添加与其他实例相连接的骨骼,使用关节连接这些骨骼,骨骼允许实例链一起运动;另一种方式是在形状对象(即各种矢量图形对象)的内部添加骨骼,通过骨骼来移动形状的各个部分以实现动画效果,这样操作的优势在于无须绘制运动中该形状的不同状态,也无须使用补间形状来创建动画。

2. 骨骼动画的制作

1) 定义骨骼

Flash CS5 提供了一个"骨骼工具",使用该工具可以向影片剪辑元件实例、图形元件实例或按钮元件实例添加 IK 骨骼。在工具箱中选择"骨骼工具"命令项,单击一个对象,然后拖动到另一个对象,释放后就可以创建两个对象间的连接。此时,两个元件实例间将显示出创建的骨骼(如图 5.63)。在创建骨骼时,第一个骨骼是父级骨骼,骨骼的头部为圆形端点,有一个圆圈围绕着头部。骨骼的尾部为尖形,有一个实心点。

图 5.63 骨骼形状

2) 创建骨骼动画

在为对象添加了骨骼后,就可以创建骨骼动画了。在制作骨骼动画时,可以在开始关键帧中制作对象的初始姿势,在后面的关键帧中制作对象不同的姿态,Flash 会根据反向运动学的原理计算出连接点间的位置和角度,创建从初始姿态到下一个姿态转变的动画效果。

在完成对象初始姿势的制作后,在"时间轴"面板中右击动画需要延伸到的帧,选择关联菜单中的"插入姿势"命令。在该帧中选择骨骼,调整骨骼的位置或旋转角度。此时 Flash 将在该帧创建关键帧,按回车键测试动画即可看到创建的骨骼动画效果。

3. 设置骨骼动画属性

1) 设置缓动

创建骨骼动画后,在属性面板中设置缓动。Flash 为骨骼动画提供了几种标准的缓动,可以对骨骼的运动进行加速或减速,从而使对象的移动获得重力效果。

2) 约束连接点的旋转和平移

在 Flash 中,可以通过设置约束骨骼的旋转和平移,可以控制骨骼运动的自由度,创建更为逼真和真实的运动效果。

3) 设置连接点速度

连接点速度决定了连接点的粘贴性和刚性,当连接点速度较低时,该连接点将反应缓慢,当连接点速度较高时,该连接点将具有更快的反应。在选取骨骼后,在"属性"面板的"位置"栏的"速度"文本框中输入数值,可以改变连接点的速度。

4) 设置弹簧属性

弹簧属性是 Flash CS5 新增的一个骨骼动画属性。在舞台上选择骨骼后,在"属性"面板中展开"弹簧"设置栏。该栏中有两个设置项。其中,"强度"用于设置弹簧的强度,输入值越大,弹簧效果越明显。"阻尼"用于设置弹簧效果的衰减速率,输入值越大,动画中弹簧属性减小得越快,动画结束得就越快。其值设置为0时,弹簧属性在姿态图层中的所有帧中都将保持最大强度。

4. 用骨骼动画制作老人出行皮影动画

1)分割图形

(1)创建一个新Flash文档,选择"文件"→"新建"命令,设置舞台大小为550×400像素,背景色为白色。然后导入如图5.64所示图片。

(2)将老人的各肢体转换为影片剪辑(因为皮影戏的角色只做平面运动),然后将角色的关节简化为10段6个连接点(如图5.65)。

图5.64 老人出行皮影图　　　　　图5.65 连接点

(3)按连接点切割人物的各部分,然后将每个部分转换为影片剪辑(如图5.66)。

(4)将各部分的影片剪辑放置好,然后选中所有元件,再将其转换为影片剪辑(名称为"老人"),如图5.67所示。

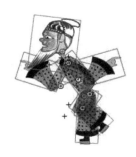

图5.66 切割图片　　　　　图5.67 元件放置图

2)制作老人行走动画

(1)选择"工具箱"中的"骨骼"工具,然后在左手上创建骨骼(如图5.68)。

图5.68 创建左手骨骼

注意：使用"骨骼工具"连接两个轴点时，要注意关节的活动部分，可以配合"选择工具"和 Ctrl 键来进行调整。

（2）采用相同的方法创建出头部、身体、左手、右手、左脚与右脚的骨骼。

（3）人物的行走动画使用 35 帧完成，因此在各图层的第 35 帧插入帧。

（4）调整第 10 帧、第 18 帧和第 27 帧上的动作，使角色在原地行走，然后创建出"担子"在行走时起伏运动的传统补间动画（如图 5.69）。

图 5.69　调整行走动作

（5）返回到主场景，然后创建出"老人"影片剪辑的补间动画，使其向前移动一段距（离如图 5.70）。

图 5.70　创建补间动画

3）测试影片

选择"控制"→"测试影片"命令，就能看到动画的效果。选择"文件"→"保存"命令将动画保存以备后用。

5.3　多媒体元素的使用

Flash 支持在动画中引入声音、视频等媒体信息，这让 Flash 动画变得更加有趣和引人入胜。

5.3.1　声音的嵌入

由于声音文件占用的磁盘和内存空间相当大，因此一般情况下最好使用 22kHz、16bit 单声道声音（立体声数据的大小是单声道数据的 2 倍）。Flash 可以分别以 11kHz、22kHz 或者 44kHz 的取样速度输入 8bit 或者 16bit 的声音。Flash 在输出的时候可以将声音转变为更低的取样速度。

在 Flash 中不能录音,要使用声音只能从外部导入。

1. 导入声音

图 5.71 导入音乐后的"库"面板

选择"文件"→"导入"→"导入到库"命令,弹出"导入"对话框,在其中选择需要导入的声音文件,最后单击"打开"按钮即可导入声音文件到库中,图 5.71 所示是对"飞鸟"动画中添加声音后的"库"面板。声音导入 Flash文档后,"库"面板中将显示声音的波形图,单击"播放"按钮可以试听声音效果。

2. 使用声音

在"飞鸟"动画时间轴上添加一个新图层并将图层命名为"音乐",选择该音乐图层的第 1 帧,从库中将需要的声音文件拖放到舞台上,此时在该音乐图层的时间轴上将显示声音的波形图,声音被添加到文档中(如图 5.72)示。

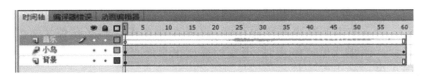

图 5.72 插入音乐的时间轴

注意:在向文档中添加声音时,可以将多个声音放置到同一个图层中,也可以放置到包含动画的图层中。但最好将不同的声音放置在不同的图层中,每个图层相当于一个声道,这样有助于声音的编辑处理。

3. 编辑声音

1)更改声音

与放置在"库"中的各种元件一样,声音放置在"库"中,可以在文档的不同位置重复使用。在时间轴上添加声音后,在声音图层中选择任意一帧,在"属性"面板的"名称"下拉列表框中选择声音文件,此时,选择的声音文件将替换当前图层中的声音。

2)添加声效

添加到文档中的声音可以添加声音效果。在"时间轴"面板中选择声音图层的任意帧,在"属性"面板的"效果"下拉列表框中选择声音效果即可。

3)声音编辑器

在时间轴上选择声音所在图层,在"属性"面板中单击"效果"下拉列表框右侧的"编辑声音封套"按钮(或在"效果"下拉列表中选择"自定义"选项)将打开"编辑封套"对话框(如图 5.73)。使用该对话框将能够对声音的起始点、终止点和播放时的音量进行设置。

4)同步声音

Flash 的声音可以分为两种,一种是事件声音,一种是流式声音。

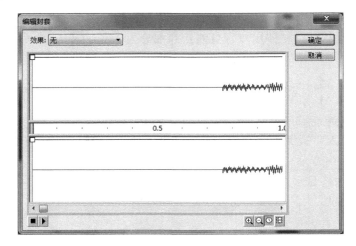

图 5.73 "编辑封套"对话框

事件声音：是将声音与一个事件相关联，只有当事件触发时，声音才会播放。例如，单击按钮时发出的提示声音就是一种经典的事件声音。事件声音必须在全部下载完毕后才能播放，除非声音全部播放完，否则其将一直播放下去。

流式声音：是一种边下载边播放的声音，使用这种方式将能够在整个影片范围内同步播放和控制声音。当影片播放停止时，声音的播放也会停止。这种方式一般用于体积较大，需要与动画同步播放的声音文件。

5）声音的循环和重复

选择声音所在图层，在"属性"面板中可以设置声音是重复播放还是循环播放。

6）压缩声音

当添加到文档中的声音文件较大时，会造成影片下载过慢，影响观看效果。要解决这个问题，可以对声音进行压缩。

在"库"面板中双击声音图标（或在选择声音后单击"库"面板下的"属性"按钮），打开"声音属性"对话框（如图 5.74）。该对话框将显示声音文件的属性信息，在"压缩"下拉列表中可以选择对声音使用的压缩格式。

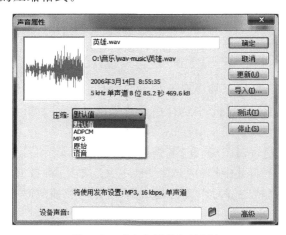

图 5.74 "声音属性"对话框

5.3.2　视频的嵌入

在 Flash CS5 中，有三种方法来使用视频，它们分别是从 Web 服务器渐进式下载方式、使用 Adobe Flash Media Server 流式加载方式和直接在 Flash 文档中嵌入视频方式。

1．渐进式下载视频

从 Web 服务器渐进式下载方式是将视频文件放置在 Flash 文档或生成的 SWF 文档的外部，用户可以使用 FLVPlayback 组件或 ActionScript 在运行时的 SWF 文件时加载并播放这些外部 FLV 或 F4V 视频文件。

使用渐进方式下载视频有很多优点，在作品创作过程中，仅发布 SWF 文件即可预览或测试 Flash 文档内容，这样可以实现对文档的快速预览，并缩短测试时间。在文档播放时，第一段视频下载并缓存在本地计算机后即可开始视频播放，然后将一边播放一边下载视频文件。

2．流式加载方式

从 Flash Media Server 流式加载 FLV 文件的要求会有所不同，具体取决于 Flash Video Streaming Service 供应商是否提供本机带宽检测。本机带宽检测的意思是带宽检测功能内置在流服务器中，从而提高了性能。

有关 Flash Media Server 的详细信息，包括如何设置实时流，可以访问下面给出的网址获得的 Flash Media Server 文档：www.adobe.com/support/documentation/en/flashmediaserver。

3．嵌入视频

嵌入视频，是将所有的视频文件数据都添加到 Flash 文档中。使用这种方式，视频被放置在时间轴上，此时可以方便查看时间轴中显示的视频帧，但这样也会导致 Flash 文档或生成的 SWF 文件比较大。下面介绍在 Flash 文档中嵌入视频的具体操作方法。

1）导入视频

选择"文件"→"导入"→"导入视频"命令，弹出"导入视频"对话框，在对话框中选择导入的视频文件；如果视频不是 Flash 可以播放的格式，则会提醒用户。

注意：如果视频不是 FLV 或 F4V 格式，则可以使用 Adobe Media Encoder 以适当的格式对视频进行编码。

单击"下一步"按钮设置播放器的外观和位置。最后单击"完成"按钮，视频文件导入到舞台中，此时在舞台上会出现如图 5.75 所示的视频播放器，通过测试播放可以看看效果。

2）处理导入的视频文件

使用"属性"面板（如图 5.76），可以更改舞台上嵌入或链接视频剪辑的实例属性。在视频的"属性"面板中，可以为实例指定名称，设置宽度、高度和舞台的坐标位置，及播放器组件的参数。

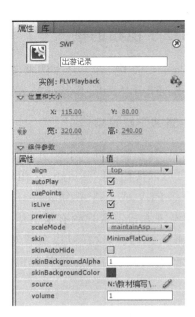

图 5.75　舞台上的"视频播放器"　　　　　图 5.76　视频"属性"面板

5.3.3　ActionScript

ActionScript(动作脚本)是一种面向对象的编程语言,它基于 ECMAScript 脚本语言规范,是在 Flash 影片中实现互动的重要组成部分,也是 Flash 能够优于其他动画制作软件的主要因素。

1. Flash 中的 ActionScript

Flash CS5 中的 ActionScript 3.0 强化了 Flash 的编程功能,进一步完善了各项操作细节。ActionScript 能帮助制作者轻松地实现对动画的控制,以及对对象的属性进行修改等操作。还可以获取使用者文件中的 ActionScript 或相关资料,进行必要的数值计算以及对动画中的音效进行控制等。灵活地运用这些功能并配合 Flash 动画内容进行设计,可以制作出想做出的任何互动式的 Flash 文档或游戏。

2. ActionScript 的语法

1) 点操作符

在 ActionScript 中,点操作符"."用于访问一个对象内部的属性或方法。使用点操作符,在一个实例名的后面跟着指定的属性名或方法名,来引用类的属性或方法。如语句"myFamily. member＝5;",该语句就是引用 myFamily 对象中的 member 属性。

2) 界定符

(1) 花括号：ActionScript 的一组语句可以被一对花括号"{}"包括起来组成一个语句块。

（2）分号：ActionScript 中一条语句由一个分号来结尾，但是并不是必需的。语句结尾不加分号，Flash 亦可以成功编译。如"myFamily. member＝5;"语句就是以分号结尾的语句。

（3）圆括号：在定义一个函数的时候，任何的参数定义都必须放在一对圆括号内。

3）字母的大小写

在 ActionScript 3.0 中标识符要区分大小写，例如下面的两条语句是不等价的。

myFamily. member＝5;

MyFamily. member＝5;

如果出现大小写有错误的话，在编译的时候就会出现错误信息提示。

4）注释

在"动作"面板中，使用注释语句可以在一个帧或者按钮的脚本中添加注释，以增加程序的易读性。

ActionScript 3.0 支持两种类型的注释：单行注释和多行注释。编译器将忽略标记为注释的文本。注释显示的颜色为灰色，注释的内容可以为任意长度且不用考虑任何语法，注释不会影响 Flash 输出动画的文件大小。

5）保留字（关键字）

保留字是一些单词，因为这些单词是保留给 ActionScript 使用的，所以，不能在代码中将它们用作标识符。

6）常量

常量是指具有无法改变的固定值的属性。

ActionScript 3.0 支持 const 语句，该语句可用来创建常量。只能为常量赋值一次，而且必须在最接近常量声明的位置赋值。例如，如果将常量声明为类的成员，则只能在声明过程中或者在类构造函数中为常量赋值。

7）运算符

运算符是一种特殊的函数，它们具有一个或多个操作数并返回相应的值。"操作数"是被运算符用作输入的值，通常是字面值、变量或表达式。

8）条件和循环语句

在 ActionScript 中，条件语句有 if 语句；循环语句包括 do…while、while、for 和 for…in 等。按钮能改变执行 ActionScript 流程的控制，完成选择和循环执行某些语句。

3. ActionScript 3.0 代码

在 Flash CS5 中一般选择建立的动画都使用 ActionScript 3.0 代码，而 ActionScript 3.0 是面向对象编程的语言，因此，要加载一个显式对象（要在舞台上显示的元件），必须要载入一个类，然后要声明这个类的一个实例，再用 new 关键字创建它，最后用 addChild()方法将它加载到舞台。另外，在 ActionScript 3.0 中无法将代码写在元件上，只能写在帧动作上。而 ActionScript 3.0 的事件侦听格式如下。

```
function 函数名称(事件对象:事件类型):void
{
```

```
        //此处是为响应事件而执行的动作.
    }
```

触发事件的对象

```
.addEventListener(事件类型.事件名称, 函数名称);
```

必须先声明一个函数,将要执行的代码放在其中,然后触发事件的对象用 addEventListener( )
去侦听事件,如果事件发生则调用函数。

4．按钮控制动画播放

按钮是 Flash 中三种元件唯一一种可以和浏览者进行交互的动画元素。下面通过对
5.2.3 小节中制作的"小球移动"的动画添加按钮,介绍使用 ActionScript 和按钮控制动画
播放进程的方法。

（1）打开"小球移动"的动画文件。

（2）创建一个按钮元件。

① 选择"插入"→"新建元件"命令,弹出"创建新元件"对话框,在"名称"选项的文本框
中输入按钮元件名"暂停",在"类型"选项的下拉列表中选择"按钮"选项,单击"确定"按钮,
在按钮"时间轴"窗口中显示出 4 个状态帧:弹起、指针、按下、单击。

② 使用矩形绘图工具在"弹起"帧中制作一个圆角半径为 10 的矩形,设置颜色为
♯FFFF00(如图 5.77)。

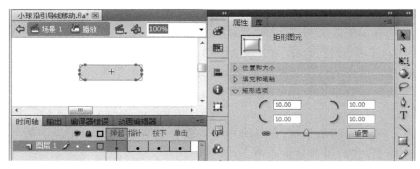

图 5.77　制作按钮元件的界面

③ 新建一个图层,在新建图层的"弹起"帧中插入"暂停"文本,并设置为蓝色字,大小为
20,调整到矩形中间(如图 5.78)。

图 5.78　按钮元件中添加文字

④ 将两个图层的"指针"帧设置为"插入关键帧",选择文本,将颜色设置为♯FFCC00,选中圆形矩形,将颜色设置为♯65FFFF。

⑤ 将两个图层的"接下"帧设置为"插入关键帧",选择文本,将颜色设置为♯FFFFFF,选中圆形矩形,将颜色设置为♯000099。

⑥ 将两个图层的"单击"帧设置为"插入关键帧",选择文本,将颜色设置为♯FF00FF,选中圆形矩形,将颜色设置为♯666699。"暂停"按钮制作完毕。

⑦ 采用同样的方法建立文本为"继续"的按钮元件。最后单击"场景"按钮,返回场景,按钮制作完毕。

（3）插入控制按钮。

新建两个图层,分别命名为"暂停"和"继续"。在"暂停"图层第 1 帧插入"暂停"实例,在"属性"面板中设置实例名称为 S1,在"继续"图层第 1 帧插入"继续"实例,在"属性"面板中设置实例名称为 C1,调整插入的两个按钮位置如图 5.79 所示。

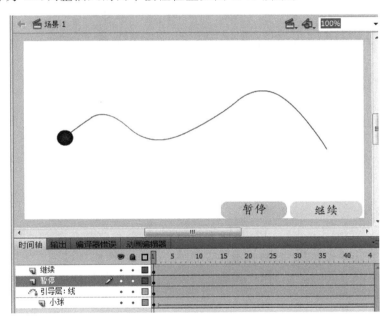

图 5.79　插入"暂停"和"继续"按钮

（4）设置事件响应 ActionScript。

右击"暂停"图层第 1 帧,在弹出的快捷菜单中选择"动作"命令,在"动作"面板中输入如下事件监听器 ActionScript(如图 5.80)。

```
function S1stop(e:MouseEvent):void{
    stop();
}
function C1play(e:MouseEvent):void{
    play();
}
S1.addEventListener(MouseEvent.CLICK,S1stop);
C1. addEventListener(MouseEvent.CLICK,C1play);
```

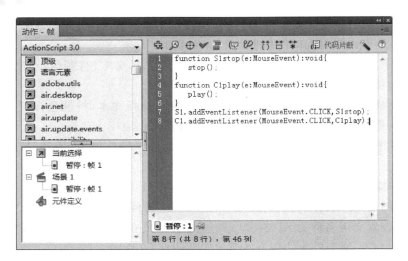

图 5.80 "动作"面板和事件监听器脚本

测试动画,就能够通过"暂停"和"继续"按钮控制动画的播放情况。

5.4 Flash 影片保存与发布

完成 Flash 文档后,就可以对它进行发布,以便能够在浏览器中查看它。

5.4.1 发布的文件格式

发布 FLA 文件时,Flash 提供多种形式发布动画,其中比较重要的格式有以下三种。

1) SWF 格式

SWF(Shock Wave Flash)是 Flash 的专用格式,是一种支持矢量和点阵图形的动画文件格式,被广泛应用于网页设计、动画制作等领域,SWF 文件通常也被称为 Flash 文件。其优点是体积小、颜色丰富、支持与用户交互,可用 Adobe Flash Player 打开,但浏览器必须安装 Adobe Flash Player 插件。

2) GIF 格式

GIF 就是图像交换格式(Graphics Interchange Format),特点是:

(1) GIF 只支持 256 色以内的图像;

(2) GIF 采用无损压缩存储,在不影响图像质量的情况下,可以生成很小的文件;

(3) 它支持透明色,可以使图像浮现在背景之上;

(4) GIF 文件可以制作动画,这是它最突出的一个特点。

如果 Flash 制作的动画颜色要求不高,也没有交互的话,则可以发布为该格式。

3) EXE 可执行文件格式

一种内嵌播放器的格式,这样在任何环境中都可以自由播放。

5.4.2 影片的发布

选择"文件"→"发布设置"命令,打开"发布设置"对话框(如图 5.81)。在"发布设置"对话框中选择 Flash 选项卡,可以对 Flash 发布的细节进行设置,包括"图像和声音"、"SWF 设置"等(如图 5.82)。设置完毕后单击"发布"按钮,完成动画的发布。

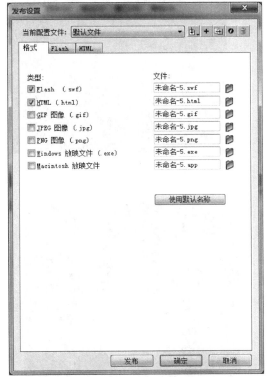

图 5.81　"发布设置"对话框

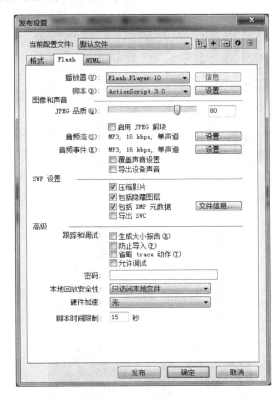

图 5.82　SWF 格式设置项

5.5　应用实例

5.5.1　闪光五角星动画

制作一个闪光的五角星,效果如图 5.83 所示。

(1) 新建 Flash 文档,设置文档的宽为"500px"、高为"500px",背景颜色为"黑色"。

(2) 制作"五角星一角"图形元件。

① 选择"插入"→"新建元件"命令,取名为"角",元件类型选择"图形",单击"确定"按钮。在图形编辑区域内绘制正方形,将其旋转 45°并将边框线和内部填充"红色"(如图 5.84)。

② 选择工具箱中的"扭曲"按钮,对图形局部进行变形操作,将图形调整至如图 5.85 所示的效果。

③ 选择调整后的形状,复制一个,然后将其垂直翻转,并将边框线和内部填充"黄色",将制作好的图形水平居中对齐、垂直底部对齐(如图 5.86)。

图 5.83   闪光的五角星效果图

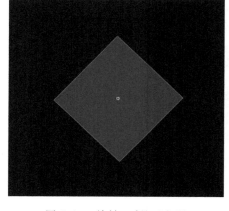

图 5.84   旋转 45°的正方形

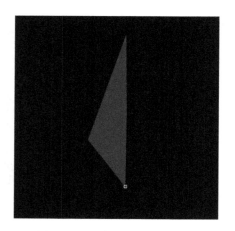

图 5.85   正方形调整后的形状

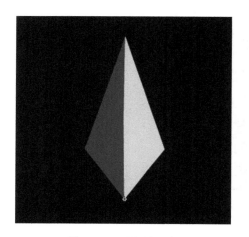

图 5.86   五角星一角

（3）制作"五角星"图形元件。

① 选择"插入"→"新建元件"命令，取名为"五角星"，元件类型选择"图形"，单击"确定"按钮。从"库"面板中拖曳"角"元件到当前元件编辑区域，水平方向居中对齐、垂直方向底部对齐。

② 在"五角星"元件编辑区域内选择"角"元件，打开"变形"面板（如图 5.87）。

③ 在"变形"面板内设置旋转角度为 72°，单击"变形"面板右下角的"重建选区和变形"按钮 4 次，生成如图 5.88 所示的"五角星"图形。

（4）制作"射线"图形元件。

选择"插入"→"新建元件"命令，取名为"射线"，元件类型选择"图形"，单击"确定"按钮。在元件编辑区域内绘制矩形框，并以红、黄、白线性渐变填充，调整其位置偏向于屏幕中心右下角，效果如图 5.89 所示。

（5）制作"旋转射线"图形元件。

① 执行"插入"→"新建元件"命令，取名为"旋转射线"，元件类型选择"图形"，单击"确定"按钮。

图 5.87　"变形"面板

图 5.88　完成的"五角星"元件形状

图 5.89　"射线"元件形状及位置

② 从"库"面板中拖曳"射线"元件到元件编辑区域,调整其位置偏向于屏幕中心右下角。

③ 在"旋转射线"元件编辑区域内选择"射线"元件,按组合键 Ctrl＋T,弹出"变形"面板,设置旋转角度为 10°,单击"变形"面板右下角的"重建选区和变形"按钮 35 次,生成如图 5.90 所示的图形。

(6) 返回场景制作动画,将"图层 1"重命名为"被遮罩层"图层,创建两个新图层,并将创建出"图层 2"和"图层 3",分别重命名为"遮罩"图层和"五角星"图层。图层结构如图 5.91 所示。

图 5.90　旋转复制得到的"旋转
射线"元件

(7) 从元件库中拖曳"旋转射线"元件到"被遮罩层"图层工作区域内,并设置其位置为"中部居中"。从元件库中拖曳"旋转射线"元件到"遮罩"图层工作区域内,并移动其位置生成射线交叉效果(如图 5.92)。

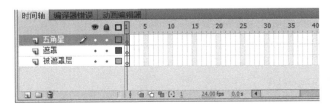

图 5.91　图层结构

图 5.92　水平翻转后的交叉射线效果

（8）从元件库中拖曳"五角星"元件到"五角星"图层工作区域内，设置位置为中部居中，并用变形工具调整五角星的大小。然后选择所有图层的第 30 帧，将其设置为插入关键帧。

（9）选择"五角星"图层，在两个关键帧中间创建补间动画，单击第 1 帧，在属性面板中设置旋转方式为"顺时针"，次数为"1"。然后选择"遮罩"图层，在两个关键帧中间创建补间动画，单击第 1 帧，在属性面板中设置旋转方式为"逆时针"，次数为"1"。

（10）选择"遮罩"图层，在其名称上右击，在弹出的菜单中执行"遮罩"命令，完成动画效果设置。

测试影片，浏览动画效果如图 5.83 所示。

5.5.2　花的复制和删除动画

制作一个复制和删除花的动画，效果如图 5.94 所示。

（1）新建一个名为 1×7 的 ActionScript 3.0 新文档，设置文档的宽为"500px"、高为"500px"，背景颜色为"白色"。

（2）制作"一朵小花"影片剪辑元件，并命名为 mc（如图 5.93）。

（3）右击图层 1 的第 1 帧，在弹出的快捷菜单中选择"动作"命令，然后在"动作"面板中输入如下代码。

图 5.93　一朵小花

```
var i = 0;
var s:Array = new Array(13);
```

（4）制作"复制"和"删除"两个按钮元件，并分别命名为"复制"和"删除"。

（5）插入"图层 2"，在第 1 帧插入"复制"实例，并设置实例名称为 b1，再在第 1 帧插入"删除"实例，将实例名称设为 b2，调整插入的两个按钮位置（如图 5.94）。

（6）右击图层 2 的第 1 帧，在弹出的快捷菜单中选择"动作"命令，然后在"动作"面板中输入如下事件监听器 ActionScript 代码。

```
function b1copy(e:MouseEvent):void{
    i++;
    s[i] = new mc;
    s[i].x = 275 + 120 * Math.sin(i * 1/6 * Math.PI);
    s[i].y = 180 + 120 * Math.cos(i * 1/6 * Math.PI);
    if(i <= 12) addChild( s[i] );
    else i = 12;
}
function b2del(e:MouseEvent):void{
if(i >= 1) removeChild(s[i]);
else i = 1;
i -- ;
}
b1.addEventListener(MouseEvent.CLICK,b1copy);
b2.addEventListener(MouseEvent.CLICK,b2del);
```

（7）测试影片，反复单击"复制"和"删除"按钮，可以看到如图 5.94 所示的动画效果。

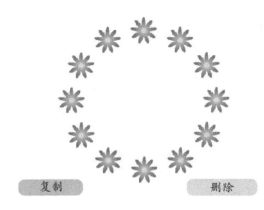

图 5.94　复制和删除花

习题 5

一、填空题

1. SWF 格式十分适合在 Internet 中使用,因为它的文件很小。这是因为它大量使用了(　　)。

2. 图层可以组织文档中的插图,可以在图层上绘制和编辑对象,而(　　)影响其他图层上的对象。

3. 元件是一些可以(　　)使用的对象,它们被保存在库中。实例是出现在舞台上或者嵌套在其他元件中的(　　)。

4. 按钮用于在动画中实现(　　),有时也可以使用它来实现某些特殊的动画效果。

5. 选择套索工具后会在工具栏的下方还会出现(　　)和(　　)选取工具。

6. 逐帧动画就是对(　　)的内容逐个编辑,然后按一定的时间顺序进行播放而形成的动画,它是最基本的动画形式。

7. 可以创建引导层,用来控制运动补间动画中对象的移动情况,它可以制作出(　　)移动的动画。

8. TLF 文本要求在 FLA 文件的发布设置中指定(　　)和(　　)或更高版本。

9. 在 Flash 的图层中有一个遮罩图层类型,为了得到特殊的显示效果,可以在遮罩层上创建一个任意形状的“视窗”,遮罩层下方的对象可以通过该“视窗”(　　),而“视窗”之外的对象将(　　)。

10. Flash CS5 提供了一个(　　)工具,使用该工具可以向影片剪辑元件实例、图形元件实例或按钮元件实例添加 IK 骨骼。

二、选择题

1. 下面(　　)工具可以制作 Gif 动画。

   A. CorelDraw　　　B. Photoshop　　　C. GIF Animator　　　D. Cool Edit

2. 以下是矢量动画相对于位图动画的优势,除了(   )。

    A. 文件大小要小很多   B. 放大后不失真

    C. 更加适合表现丰富的现实世界   D. 可以在网上边下载边播放

3. Flash 的元件包括图形、影片剪辑和(   )。

    A. 图层   B. 时间轴   C. 按钮   D. 声音

4. 如果要在第 5 帧产生一个关键帧,下面(   )是错误的。

    A. 在时间轴上单击第 5 帧,按 F6 键

    B. 在时间轴上单击第 5 帧,在舞台上绘制任意图形

    C. 在时间轴上单击第 5 帧,右键鼠标,选择"插入关键帧"命令

    D. 在时间轴上单击第 5 帧,单击菜单项"插入 à 关键帧"

5. 要把一个绘制的正方形制作成 50 帧的补间动画,下面(   )操作是错误的。

    A. 将整个正方形全部选中

    B. 将正方形转换为元件

    C. 在第 50 帧插入空白关键帧

    D. 右击第 1 帧,选择"创建补间动画"

6. 通过填充变形工具,不能调整填充颜色的(   )属性。

    A. 角度   B. 宽窄   C. 范围   D. 颜色

7. 通过补间动画,可以制作的动画效果有多种,除了(   )。

    A. 曲线运动   B. 颜色变化的动画

    C. 旋转动画   D. 大小变化的动画

8. 关于图层,下面的说法不正确的是(   )。

    A. 各个图层上的图像互不影响

    B. 上面图层的图像将覆盖下面图层的图像

    C. 如果要修改某个图层,必须将其他图层隐藏起来

    D. 常常将不变的背景作为一个图层,并放在最下面

9. 以下(   )不是 Flash 所支持的图像或声音格式。

    A. JPG   B. MP3   C. PSD   D. GIF

10. 关于脚本,下面(   )不正确。

    A. 通过脚本可以控制动画的播放流程

    B. Flash 的脚本功能强大

    C. 使用脚本必须要进行专门的编程的学习

    D. 使用按钮往往需要结合脚本来使用

三、简答题

1. 相对于传统的 GIF 动画格式,Flash 动画有什么优势?

2. Flash 中的时间轴主要由哪些部分组成?它们各自的作用是什么?

3. 形变动画和运动动画的主要区别是什么?

4. 元件与实例有什么关联?

5. 骨骼动画适合什么样的动画制作?

四、操作题

1. 制作一个风筝在天空飞翔的 Flash 动画,并选择一个音乐作为背景音乐。

2. 在 Flash 中使用逐帧动画的方式,制作一个水滴的动画示例,并按照 Flash 和 GIF 两种格式输出。

3. 选择一首喜爱的 mp3 歌曲,设计一些动画,尝试制作一首歌曲的 Flash MTV。

4. 用 Flash 制作一个日出到日落的动画,应该包含如下内容:

(1) 有一个简单的场景(可以是大山、大海等);

(2) 太阳从升起到落下的动画;

(3) 太阳在运动过程中的颜色的变化;

(4) 其他的一些辅助的内容(云彩,整个场景的明暗的变化)。

5. 绘制(或导入)一个简易的飞机,制作飞机沿任意指定路线飞行,并同时留下飞行轨迹路径。

6. 使用文本工具输入一些文字,使用"属性"面板设置文字的字体、大小、颜色、行距和字符设置。设计一个文字飘动进入和消失的动画。

网页设计工具Dreamweaver CS5

Dreamweaver CS5 是一款超强的集网页制作和网站管理为一体的网页编辑器,利用它可以容易地制作出跨越平台限制的动感十足的网页。Dreamweaver CS5 可以满足用户制作各类网页的设计需要,因此受到用户和设计师的厚爱。

6.1　Dreamweaver CS5 基本功能

6.1.1　Dreamweaver CS5 简介

Dreamweaver 是美国 Macromedia 公司开发的集网页制作和管理网站于一身的所见即所得网页编辑器,它是第一套针对专业网页设计师特别发展的视觉化网页开发工具,利用它可以轻而易举地制作出跨越平台限制和跨越浏览器限制的充满动感的网页。

1) Dreamweaver CS5 的新增功能

Adobe Dreamweaver CS5 软件使设计人员和开发人员能充满自信地构建基于标准的网站。由于同新的 Adobe CS Live 在线服务 Adobe BrowserLab 集成,可以使用 CSS 检查工具进行设计,使用内容管理系统进行开发并实现快速、精确的浏览器兼容性测试。

2) 集成 CMS 支持新增功能

尽享对 WordPress、Joomla! 和 Drupal 等内容管理系统框架的创作和测试支持。

3) CSS 检查新增功能

以可视方式显示详细的 CSS 框模型,轻松切换 CSS 属性并且无须读取代码或使用其他实用程序。

4) 与 Adobe BrowserLab 集成新增功能

使用多个查看、诊断和比较工具预览动态、网页和本地内容。

5) PHP 自定义类代码提示新增功能

为自定义 PHP 函数显示适当的语法,帮助您更准确地编写代码。

6) CSS Starter 页增强功能

借助更新和简化的 CSS Starter 布局,快速启动基于标准的网站设计。

7) 与 Business Catalyst 集成新增功能

利用 Dreamweaver 与 Adobe Business Catalyst 服务(单独提供)之间的集成,无须编程

即可实现卓越的在线业务。

8）保持跨媒体一致性

将任何本机 Adobe Photoshop 或 Illustrator 文件插入 Dreamweaver 即可创建图像智能对象。更改源图像,然后快速、轻松地更新图像。

9）增强的 Subversion 支持

借助增强的 Subversion 软件支持,提高协作、版本控制的环境中的站点文件管理效率。

10）仔细查看站点特定的代码提示

站点特定的代码提示新增功能。

在启动 Dreamweaver CS5 之后,会弹出启动界面,然后选择如图 6.1 所示的工作界面。一般来说,主要的操作都将在各个面板中进行,每个面板都可以任意地拖动与关闭,也可以在使用的时候重新打开。

图 6.1　Dreamweaver CS5 工作界面

6.1.2　创建站点

在开始制作网页之前,应该考虑创建一个本地站点。这样可以更好地利用站点对文件进行管理。同时也可以减少路径出错、链接出错等错误出现。例如,在插入图片的时候可以考虑将普片都存放在所定义站点的文件夹内,则代码会自动写入相对地址,即可保证网站发布时候的完整性。若不事先定义站点,则代码会写成本地地址而指向本地电脑,发布的时候图片就会失效。

　　在 Dreamweaver CS5 中创建站点很简单,下面是利用 Dreamweaver CS5 创建本地站点的具体操作步骤。

　　(1) 启动 Dreamweaver CS5 程序,在菜单栏中选择"站点"→"管理站点"命令(如图 6.2)。

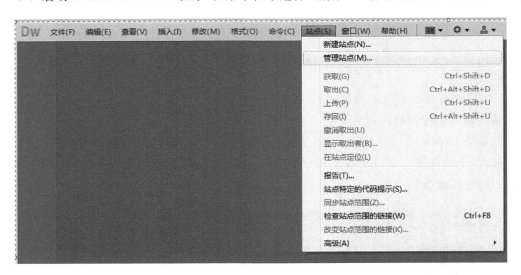

图 6.2　"新建站点"对话框

　　(2) 弹出"管理站点"对话框,在该对话框中单击"新建"按钮(如图 6.3)。

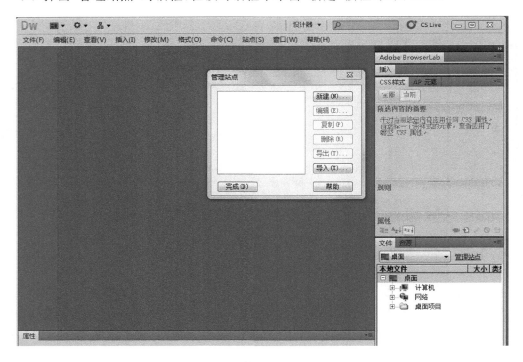

图 6.3　"管理站点"对话框

（3）单击"新建"按钮,弹出"站点设置对象"对话框,选择"站点"选项卡,在"站点名称"文本框中输入准备使用的站点名称；单击"本地站点文件夹"右侧的"浏览文件夹"按钮,选择准备使用的站点文件夹,单击"保存"按钮(如图 6.4)。

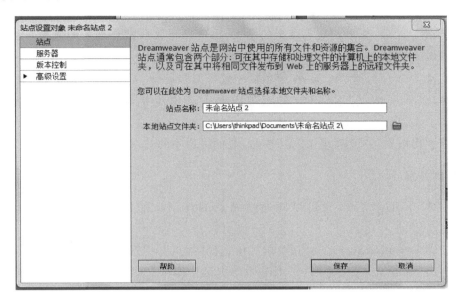

图 6.4　站点设置

6.1.3　站点的管理

Dreamweaver CS5 不但具有强大的网页编辑功能,还具有管理站点的功能,如打开站点、编辑站点、删除站点和复制站点。

1. 打开站点

运行 Dreamweaver CS5 之后,单击文档窗口右边的"文件"面板中左边的下拉按钮,在弹出的列表中,选择准备打开的站点,单击即可打开相应的站点(如图 6.5)。

2. 编辑站点

站点创建之后,可以根据需要对站点进行编辑。具体步骤如下。

（1）启动 Dreamweaver CS5,在菜单栏中选择"站点"→"管理站点"命令。

（2）弹出"管理站点"对话框,在该对话框中选中站点后,单击"编辑"按钮。

图 6.5　"文件"面板

（3）弹出"站点设置对象"对话框,选择"高级设置"选项卡,其中包括编辑站点的相关信息,从中可以进行相应的编辑操作。

（4）单击"保存"按钮，返回"管理站点"对话框。单击"完成"按钮，即可完成站点的编辑。

3．删除站点

在站点建立之后，如果发现有多余的站点，也可以将其从站点列表中删除，以方便以后对站点的操作。具体步骤如下。

（1）启动 Dreamweaver CS5，在菜单栏中选择"站点"→"管理站点"命令。

（2）弹出"管理站点"对话框，在该对话框中选中想要删除的站点后，单击"删除"按钮。

（3）在弹出的对话框中，单击"是"按钮，即可将选中的站点删除。

4．复制站点

对于一些有用的站点，我们可以通过站点的复制功能进行相应的复制，具体步骤如下。

（1）启动 Dreamweaver CS5，在菜单栏中选择"站点"→"管理站点"命令。

（2）弹出"管理站点"对话框，在该对话框中选中想要进行复制的站点后，单击"复制"按钮。

（3）在"管理站点"列表框中显示新建的站点。单击"完成"按钮，即可完成对该站点的复制。

6.2　文字和图像编辑

通过 6.1 节的内容完成创建站点与相应的文件和文件夹操作之后，便可以开始页面的制作了。本节主要介绍如何通过文字、图片、多媒体的插入来制作图文混排页面。

6.2.1　文字编辑

1．插入文本

插入文本的方法很简单，常见的有三种：直接输入文本、从其他文档中复制文本、导入整篇文本。

（1）直接输入文本：将鼠标的光标移动到文档的编辑区域内需要插入文本的位置，选择相应的输入法即进行文字的输入（如图 6.6）。

（2）从其他文档中复制文本。从其他文本编辑器中（如 Word、文本文档、记事本等）复制需要的文本，然后将光标移动到 Dreamweaver CS5 的文档编辑区，右击鼠标，在弹出的快捷菜单中选择"粘贴"命令即可。

（3）导入整篇文档。选择 Dreamweaver CS5 菜单栏中的"文件"→"导入"命令，选择要导入的文档类型，再选择要导入的文档即可。

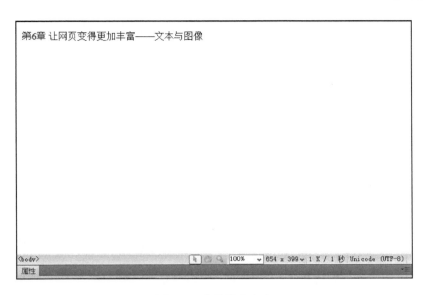

图 6.6　直接输入文本

2. 其他操作

除了插入文本操作之外,还有插入日期、插入水平线、插入特殊符号等丰富的功能,并且可以根据需要对文本的相关属性进行设置,如字体格式、段落格式、标题格式等。文本属性设置得好,可以使得页面显得丰富而有趣。

6.2.2　插入图像

在 Dreamweaver CS5 中,将图像插入文档时,将在 HTML 源文档中自动生成图像文件。如果要正常显示,则所要插入的图像必须保存在当前站点中。如果图像不在当前站点中,则将会提醒是否将图像复制到站点,用户只需要单击"是"按钮即可。

1. 插入图像

图像是网页上最常见的元素之一,在网页中适当地插入图像不仅可以达到美化网页的作用,还有利于烘托网页主题、彰显网站主题。在网站制作过程中,首先要做的工作是按照网站制作效果图将编辑器中制作完成的图像插入到相应的布局表格中,遵循的基本原则是从上往下、从左往右插入图像。插入图像的方法一般有两种。一是选择菜单栏中的"插入"→"图像"命令。二是选择"插入"面板中的"图像"→"图像"选项。通过这两种方法均可以打开"选择图像源文件"对话框(如图 6.7)。在"查找范围"下拉列表框中选择图像所在的位置,然后选择相应的图像。在"图像浏览"区域中可以查看所选图像的效果、图像格式以及文件大小等信息,以防插入错误的图像。单击"确定"按钮,即可以实现图像的插入。

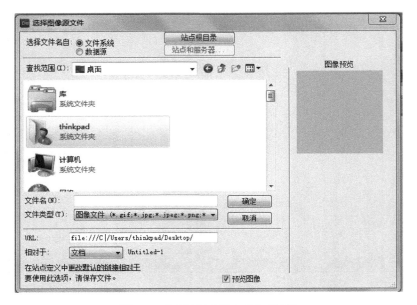

图 6.7 "选择图像源文件"对话框

2. 插入交互式图像

交互式图像通俗来讲是说，当鼠标经过一幅图像时，它会变成另外一幅图像。实现的具体步骤如下。

（1）选择菜单栏中的"插入"→"图像对象"→"鼠标经过图像"命令，或者在"插入"面板中选择"常用"→"图像：鼠标经过图像"选项（如图 6.8）。

图 6.8 "插入鼠标经过图像"对话框

（2）设置相应的参数，单击"确定"按钮，即可完成操作。此处需要注意的是，鼠标经过的两个图像的大小应该相等，否则第二个图像的大小自动与第一个图像的大小匹配；鼠标经过的图像效果只有在浏览器中才会显示，在编辑状态下无法查看。

3. 设置图像属性

为了使图像更加整洁美观，在网页中插入的图像可以根据需要对其各种相关属性参数进行设置。因此需要调用图像的属性面板，方法为：在文档的合适位置插入一幅图片，然后选中该图片,则出现图像"属性"面板。对图像属性的设置便可以通过修改面板中相应的参数实现(如图 6.9)。

图 6.9 图像"属性"面板

6.2.3 设计和制作网页实例

下面介绍一个简单的实例。Flash 中的交替图像按钮一直是网页爱好者喜欢的动画按钮,在 Dreamweaver 中只需要几步简单的操作,就可以制作出这些极具动感的交替图像按钮,而且占用空间极少。具体的效果如下解释:建立一组相互交替的图像,当鼠标移至目标图像上时,会显示出另外一幅图像,就像会动的按钮,既动感,又时尚(如图 6.10)。

图 6.10 动画按钮效果图

打开 Dreamweaver MX 2004 软件,执行"插入"→"图像对象"→"鼠标经过图像"命令,或者单击工具栏中下拉菜单里的"鼠标经过图像"命令,按要求进行设置,最后保存文件完成制作。具体操作步骤如下。

(1) 打开 Dreamweaver MX 2004 软件新建文件。可以用两种方式制作出交替图像按钮(如图 6.11,图中上下两部分分别表示了第一和第二种方法)。

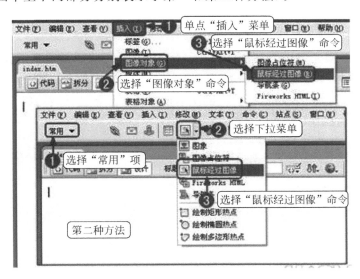

图 6.11 设置图像交替按钮

(2) 打开"插入鼠标经过图像"对话框,如图 6.12 所示进行设置,选择图像文件。

注意:在图中的第❶、第❷小步中单击"浏览"按钮,可以重新选择图像的位置。

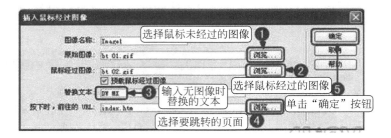

图 6.12　设置参数

（3）按快捷键 Ctrl＋S 保存文件。本实例操作完毕。交换按钮如果结合按钮特效，效果将会更好。

6.3　超链接

对于一个完整的网站来讲，各个页面之间应该是有一定的从属或链接关系，这就需要在页面之间建立超链接。超链接是构成网站最为重要的部分之一。单击网页中的超链接，即可跳转至相应的位置，因此可以非常方便地从一个位置到达另一个位置。一个完整的网站往往包含了比较多的链接。

6.3.1　创建超链接

创建超链接的方法很简单，其中包括：使用"属性"面板创建链接、使用指向文件图标创建链接和使用菜单创建链接。

（1）使用"属性"面板创建链接。

（2）使用"属性检查器文件夹"图标和"链接"文本框可用于创建从图像、对象或文本到其他文档或文件的链接。首先，选择准备创建链接的对象，然后在菜单栏中选择"窗口"→"属性"命令。在"属性"面板"链接"后面的文本框中输入准备链接的路径，即可完成使用"属性"面板创建链接的操作（如图 6.13）。

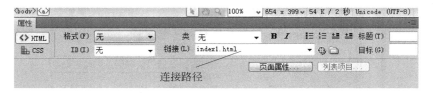

图 6.13　使用"属性"面板创建链接

（3）使用指向文件图标创建链接。

首先，选择准备创建链接的对象，在菜单栏中选择"窗口"→"属性"命令，在"属性"面板中单击"指向文件"按钮，单击并拖动到站点窗口的目标文件上，释放鼠标左键即可完成创建链接的操作（如图 6.14）。

图 6.14 使用指向文件图标创建链接

（4）使用菜单创建链接。

首先，准备创建链接的文本，选择"插入"→"超级链接"命令，弹出"超级链接"对话框。在"链接"文本框中输入链接的目标，或者单击"链接"文本框，选择相应的链接目标。单击"确定"按钮，即可完成使用菜单创建链接的操作（如图 6.15 和图 6.16）。

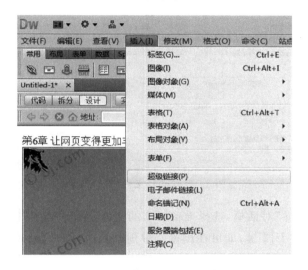

图 6.15 通过"插入"选择"超级链接"

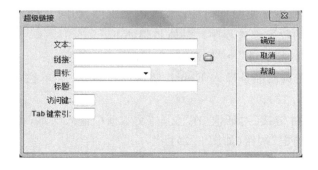

图 6.16 "超级链接"文本框选项

6.3.2 创建文本超链接

平常在浏览网页上的新闻时，经常要单击网页上的链接，然后打开新的网页查看消息内容,查看时单击的通常是新闻的标题。类似这样的超链接通常被认为是文本链接。创建文本链接的具体方法如下。

（1）在菜单栏中选择"文件"→"打开"命令,打开素材文件。

（2）展开"属性"面板,单击"链接"文本框右侧的"浏览文件"按钮（如图 6.17）。

图 6.17　"选择文件"对话框

（3）弹出"选择文件"对话框,选择准备插入的文件,单击"确定"按钮。

（4）保存文档。按 F12 键,即可在浏览器中预览到网页的效果。

6.3.3　创建电子邮件超链接及空链接

创建 E-mail 链接能够方便网页浏览者发送电子邮件,访问者只需要单击该链接即可启用操作系统本身自带的收发邮件程序。具体步骤如下。

（1）在菜单栏中选择"文件"→"打开"命令,打开素材文件。

（2）将光标放置在页面准备插入 E-mail 链接的位置,在菜单栏中选择"插入"→"电子邮件链接"命令（如图 6.18）。

（3）弹出"电子邮件链接"对话框,在"文本"文本框中输入文本,在"电子邮件"文本框中输入电子邮件,单击"确定"按钮（如图 6.19）。

空链接有时又叫做热链接。在网页设计的开发过程中,有时要在网页中添加许多空链接,创建空链接的好处是,可以为一些文本或者图像创建一个空的应用行为。创建一个空链接的方法为：在网页中选中需要建立空链接的文本或图像,然后在属性面板的"链接"文本框中输入"♯"即可。值得注意的是,当预览网页文件时,单击文本或图像的空链接,网页页面便会自动跳转到网页文件的开始处。

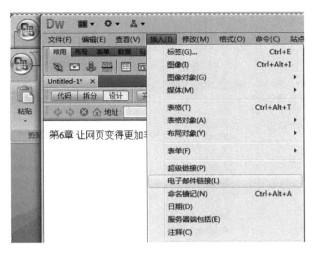

图 6.18 创建电子邮件超链接

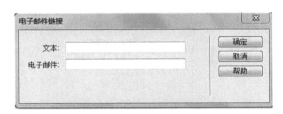

图 6.19 完成电子邮件超链接的创建

6.3.4 图像的超链接设置

创建图像超级链接的方法和文本超级链接的方法基本一致。首先,要选择准备插入的图像,然后在"属性"面板中,选择"链接"文本框右侧的"浏览文件"按钮,弹出"选择文本"对话框。选择准备插入的图像,单击"确定"按钮,保存文档(如图 6.20)。

图 6.20 "创建图像超级链接"属性面板

6.4 建立表格

表格是网页设计制作中不可缺少的重要元素,它可以直接明了且比较高效快捷地将数据、文本、图片、表单等元素有序地显示在页面上,从而设计出版式漂亮的页面。

6.4.1 表格的插入

表格是网页设计时不可缺少的元素,下面介绍插入表格的方法。

在菜单栏中选择"插入"→"表格"命令,弹出"表格"对话框。在该对话框中,可以设置表格的行数、列数、表格宽度、单元格间距、单元格边距和边框粗细等选项(如图 6.21 和图 6.22)。

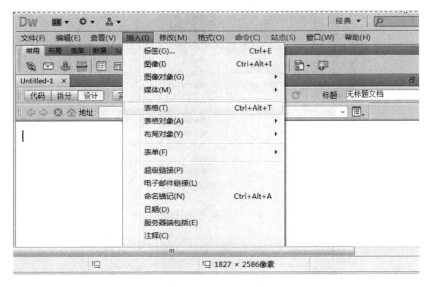

图 6.21　创建表格

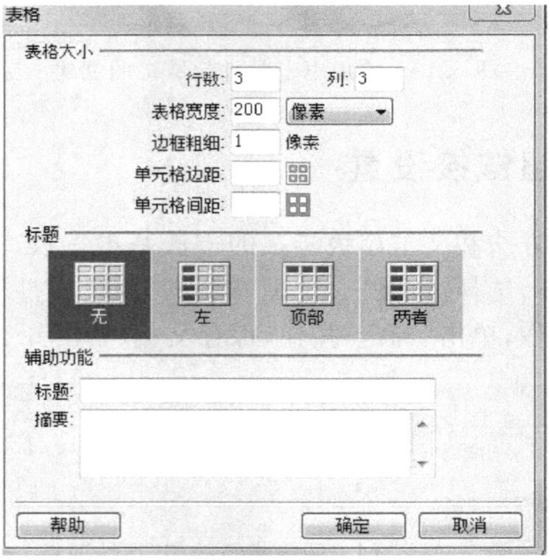

图 6.22　表格选项设置

表格创建完成后,可以向其中添加内容。在表格中添加的内容可以是文本、图像或数据。

6.4.2　设置表格及单元格属性

对于插入的表格,可以进行一定的设置,通过设置表格和单元格属性能够满足网页设置的需要。

1．设置表格属性

设置表格属性可以使用网页文档的"属性"面板，在文档中插入表格之后选中当前表格，在"属性"面板中可以对表格进行相关设置（如图6.23）。

图6.23　表格"属性"面板

2．设置单元格属性

单元格是表格容纳数据内容的地方，单个数据的输入和修改都是在单元格中进行的，它是组成表格的最小单位，因此，对单元格的操作是使用表格的一个重要部分。除了对单元格进行拆分合并等最基本操作外，可以设置行或列的属性，还可以设置单元格的属性（如图6.24）。

图6.24　单元格属性

6.4.3　表格的编辑

在网页中，可以对表格进行编辑与调整，从而美化表格，具体方法如下。

1．选择表格及单元格

单击表格上的任意一个边线框，可以选择整个表格；或者将光标置于表格内的任意位置，在菜单栏中选择"修改"→"表格"→"选择表格"命令，将鼠标指针移动到表格的上边框或者是下边框，当鼠标指针变成网格形状时，单击即可选中全部表格，将鼠标指针移动到表格上右击，在弹出的菜单中选择"表格"→"选择表格"命令，即可选择全部表格。

2．选择单元格

选择单个单元格的方法是：将鼠标指针移动到表格区域，按住Ctrl键，当指针变成小方框形状时单击，即可选中所需单元格。如果是选择不连续的单元格：将鼠标指针移动到表格区域，按住Ctrl键，当鼠标指针变成小方框形状时单击，即可选择多个不连续的单元格。如果是选择连续单元格：将光标定位于单元格内，按住Shift键，单击并拖动鼠标指针，即可选择连续的单元格。

6.4.4　用表格布局网页

很多网页设计者喜欢使用表格设计网页的布局。通过表格可以精确地定位网页元素，准确地表达创作意图。下面以制作"我的书屋"为例，详细介绍使用表格设计网页的过程。

（1）在本地站点窗口中，新建网页文件 bookroom.html。

（2）双击打开该文件，将页面标题设置为"使用表格设计网页"。

（3）按下 Ctrl＋S 快捷键保存网页。

（4）插入表格。选择"插入"→"表格"命令打开"表格"对话框，设置"行数"为5，"列数"为2，"表格宽度"为800像素，"边框粗细"为0像素，单元格边距与单元格间距均为0，单击"确定"按钮，在页面中插入一个5行2列的表格。

（5）选中第1行的两个单元格，并将其合并为一个单元格；选中第2行的两个单元格，也将其合并为一个单元格。

（6）选中表格的第1行，选择"插入记录"→"图像"菜单命令，将已经准备好的图像插入到第1行中。

（7）插入嵌套表格。在表格的第2行插入一个1行8列的表格，宽度设置为800像素，边框粗细、单元格边距及单元格间距均为0，单击"确定"按钮。

（8）制作导航菜单。在插入的嵌套表格中输入文本，并在其"属性"面板中设置为"居中对齐"。

（9）调整第一列的列宽，然后用同样的方法在表格第3行的第1列插入一个5行1列的表格，宽度设置为100％，边框粗细、单元格边距及单元格间距均为0。

（10）在嵌套的表格中输入栏目内容，并在其"属性"面板中设置为"居中对齐"。

（11）选中输入的文本，在其"属性"面板中设置"字体"为幼圆，"大小"为18。

（12）为嵌套的表格设置背景颜色。选中页面顶端嵌套的表格，在单元格"属性"面板中设置"背景颜色"为＃FFFF99；选中页面左侧嵌套的表格，在单元格"属性"面板中设置"背景颜色"为＃88DDF1。

（13）选中"计算机类图书"文本所在的单元格，设置其"背景颜色"为＃CC99FF，并将文本设置为粗体，用作栏目头，效果如图6.25。

图 6.25　为嵌套的表格设置背景颜色

（14）保存页面文件，按下 F12 键预览网页效果。

6.5 表单编辑

一个完整的表单包含两个部分：一是在网页中进行描述的表单对象；二是应用程序，它可以是服务器端的，也可以是客户端的，用于对客户信息进行分析处理。浏览器处理表单的过程一般是：用户在表单中输入数据，提交表单，浏览器根据表单体中的设置处理用户输入的数据。若表单指定通过服务器端的脚本程序进行处理，则该程序处理完毕后将结果反馈给浏览器；若表单指定通过客户端的脚本程序处理，则处理完毕后也会将结果反馈给用户。

如果要在页面中插入表单，可以使用插入面板的"表单"分类加入表单体和表单元素。单击插入面板的"表单"分类中的"表单"按钮，表单框将出现在编辑窗口中，选择插入的表单后，属性面板中会显示表单属性。

6.5.1 创建表单

表单的工作主要是完成了这样一个过程：浏览者在表单中填写好信息，然后提交信息，服务器中专门的程序对数据进行处理以后，返回相对应的处理结果。表单工作的流程如下。

（1）访问者在访问有表单的页面时，填写必要的信息，然后单击"提交"按钮。

（2）该信息通过 Internet 传送到服务器上。

（3）服务器上专门的程序对这些数据进行处理，如果有错误会返回错误信息，并需要纠正错误。

（4）当核实数据完整无误后，服务器将返回一个输入完成信息。

此节将详细介绍几种主要表单域的创建。

1．创建文本域

文本域用来输入文本。由于用户使用文本域输入信息比较麻烦，因此，在表单中应尽量少使用文本域。文本域的创建方法有以下两种。

（1）将光标定位在需要使用文本域的位置，然后在"插入"面板中单击"文本字段"（如图 6.26），弹出如图 6.27 所示的"输入标签辅助功能属性"对话框。

（2）将光标定位在需要使用表单对象的位置，然后选择菜单栏中的"插入"→"表单"→"文本域"命令。

2．创建文件域

文件域可以让访问者来选择文件，它由一个文本框和一个"浏览"按钮组成。用户既可以在文本框中输入文件的路径和文件名，也可以单击"浏览"按钮从磁盘上查找和选择所需要的文件。创建文件域的方法有以下两种。

（1）选择菜单栏中的"插入"→"表单"→"文件域"命令。

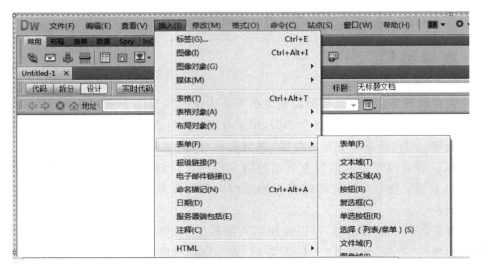

图 6.26 创建文本域

图 6.27 "输入标签辅助功能属性"对话框

（2）单击"插入"面板中的文件域按钮。

3. 创建隐藏域

隐藏域可以将不希望访问者看到的信息隐藏。隐藏域不被浏览器所显示，具有名称和值，当提交表单的时候，隐藏域会将设置时定义的名称和值发送到服务器上。它的主要作用是实现服务器和浏览器之间的信息交换。创建隐藏域的常见方法有以下两种。

（1）单击"插入"面板中的"隐藏域"按钮。

（2）选择菜单栏中的"插入"→"表单"→"隐藏域"命令。

4．创建复选框

复选框可以使浏览者在所提供的项目中选择一个或者多个目标，是复选框在网页中的典型应用。创建复选框的方法有以下两种。

（1）单击"插入"面板中的"复选框"按钮，可以在光标所在处添加复选框对象。

（2）选择菜单栏中的"插入"→"表单"→"复选框"命令。

此外创建表单对象还包括创建单选按钮，创建列表和菜单，创建表单按钮等内容。

6.5.2　设置表单对象属性

上面介绍了几种主要的表单对象的创建方法，接下来讲述各种表单对象的属性设置。

1．文本域属性设置

文本域可以接受任何类型的文本，如字母、数字和汉字等文本。它包括单行、多行和密码这三种显示方式，还可以将密码以圆点或星号等形式来显示，相关属性设置如图 6.28 所示。

图 6.28　文本域属性设置

2．隐藏域属性设置

要设置隐藏域在属性面板中的属性，应该先选中表单中的一个隐藏表单域。如果无法查看，选择菜单栏中的"编辑"→"首选参数"命令，在弹出的对话框中选择"不可见元素"选项，并勾选"表单隐藏域"复选框。

6.6　AP Div

Div 元素体现了网页技术的一种延伸，是一种新的发展方向。有了 Div 元素，可以在网页中实现例如下拉菜单、图片、文本等各种效果。此外，使用 Div 元素和 CSS 样式表也可以实现页面的排版布局。

6.6.1　认识 AP Div

AP Div 是指存放用 Div 标记描述的 HTML 内容的容器，用来控制浏览器窗口中元素的位置、层次。AP Div 最主要的特性就是它是浮动在网页内容之上的，也就是说，可以在网页上任意改变其位置，实现对 AP Div 的准确定位。

网页上出现的 AP Div 元素使得用户的工作从"二维"进入到了"三维",说"三维"是因为它存在一个 Z 轴的概念,即垂直于显示器平面方向。AP Div 是一种能够随意定位的页面元素,如果浮动在页面里的透明层,可以将 AP Div 放置在页面的任何位置。由于 AP Div 中可以放置包含文本、图像或多媒体对象等其他内容,很多网页设计者都会使用 AP Div 定位一些特殊的网页内容。页面中所有的 AP Div 都会显示在"AP元素"面板中。选择"窗口"→"AP 元素"命令,可以打开"AP元素"面板(如图 6.29)。

图 6.29　"AP 元素"面板

在"AP 元素"面板中可以实现以下功能。

(1) 可以对 AP Div 进行重命名。

(2) 可以修改 AP Div 的 Z 轴顺序。

(3) 可以禁止 AP Div 重叠。

(4) 可以显示或隐藏 AP Div。

(5) 可以选定 AP Div,如果按住 Shift 键不放,依次单击可选中多个 AP Div。

(6) 按住 Ctrl 键不放,将某一个 AP Div 拖动到另一个 AP Div 上,将形成嵌套的 AP Div。

6.6.2　AP Div 的建立

创建 AP Div 元素有以下几种方法。

(1) 使用主菜单插入 AP Div 元素。将光标置于文档窗口中要插入 AP Div 的位置,选择"插入"→"布局对象"→AP Div 命令,在插入点的位置插入一个 AP Div 元素。

(2) 绘制 AP Div 元素。在"插入"面板中选择"布局"标签,单击后,在文档窗口要插入 AP Div 的位置按下鼠标左键拖曳出一个 AP Div 元素。

(3) 直接拖曳"绘制 AP Div"按钮到文档窗口中插入 AP Div 元素。在"插入"面板的"布局"标签中,按住"绘制 AP Div"按钮不放,将其拖曳到文档窗口即可创建一个 AP Div 元素。

在默认情况下,每当用户创建一个新的 AP Div,都会使用 Div 标志它,并将标记显示到网页左上角的位置。创建的 AP Div 元素如图 6.30。

图 6.30　创建的 AP Div 元素

若要在网页左上角显示出 AP Div 标记,首先选择"查看"→"可视化助理"→"不可见元素"命令,使"不可见元素"命令呈被选择状态,然后再选择"编辑"→"首选参数"命令,弹出"首选参数"对话框,选择"分类"选项框中的"不可见元素"选项,选择右侧的"AP 元素的锚点"复选框(如图 6.31),单击"确定"按钮完成设置。

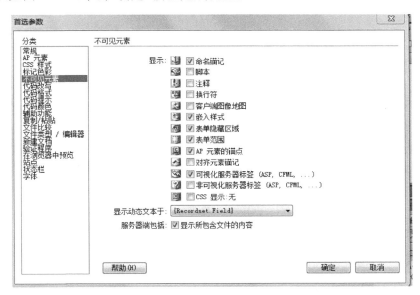

图 6.31　"首选参数"对话框

6.6.3　AP Div 元素的基本操作

1. 设置 AP Div 元素的属性

要正确地运用 AP Div 元素来设计网页,必须了解 AP Div 元素的属性和设置方法。设置 AP Div 元素的属性之前,必须选中 AP Div 元素。选中 AP Div 元素的方法一般有以下几种。

1) 方法一

在文档窗口中,单击要选择的 AP Div 元素左上角的 AP Div 元素标记。

2) 方法二

在 AP Div 元素的任意位置单击,激活 AP Div 元素,再单击 AP Div 左上角的矩形框标记。

3) 方法三

单击 AP Div 元素的边框。在 AP Div 元素未被选中或激活情况下,按住 Shift 键的同时再单击 AP Div 元素中的任意位置。

在"AP Div 元素"面板中,直接单击 AP Div 元素的名称。选中 AP Div 元素后,其对应的"属性"面板如图 6.32 所示。AP Div"属性"面板中各项含义如下。

(1) CSS-P 元素:为选中的 AP Div 元素设置名称。名称由数字或字母组成,不能用特殊字符。每个 AP Div 元素的名称是唯一的。

图 6.32　AP Div 的属性面板

（2）左、上：分别设置 AP Div 元素左边界和上边界相对于页面左边界和上边界的距离，默认单位为像素（px）。也可以指定为 pc(pica)、pt(点)、in(英寸)、mm(毫米)、cm(厘米)或%(百分比)。

（3）宽、高：分别设置 AP Div 元素高度和宽度，单位设置同"左"、"上"属性。

（4）Z 轴：设置 AP Div 元素的堆叠次序，该值越大，则表示其在越前端显示。

（5）可见性：设置 AP Div 元素的显示状态。"可见性"右侧下拉列表框包括 4 个可选项：default(缺省)，选中该项，则不明确指定其可见性属性，在大多数浏览器中，该 AP Div会继承其父级 AP Div 的可见性。inherit(继承)，选择该项，则继承其父级 AP Div 的可见性。visible(可见)，选择该项，则显示 AP Div 及其中内容，而不管其父级 AP Div 是否可见。hidden(隐藏)，选择该项，则隐藏 AP Div 及其中内容，而不管其父级 AP Div 是否可见。

（6）背景图像：设置 AP Div 元素的背景图像。可以通过单击"文件夹"按钮选择本地文件，也可以在文本框中直接输入背景图像文件的路径确定其位置。

（7）背景颜色：设置 AP Div 的背景颜色，值为空表示背景为透明。

2. 调整 AP Div 的大小

调整 AP Div 时，既可以单独调整一个 AP Div，也可以同时调整多个 AP Div。

1）调整一个 AP Div 的大小

选中一个 AP Div 后，执行下列操作之一，可调整一个 AP Div 的大小：

（1）应用鼠标拖曳方式。选中 AP Div，拖动四周的任何调整手柄。

（2）应用键盘方式。选中 AP Div，按住 Ctrl＋方向键，每次调整一个像素大小。

（3）应用网络靠齐方式。选中 AP Div，同时按住 Ctrl＋Shift＋方向键，可按网格靠齐增量来调整大小。

（4）应用修改属性值方式。在"属性"面板中，修改"宽"和"高"选项值来调整 AP Div 的大小。

2）同时调整多个 AP Div 的大小

在"文档"窗口中按住 Shift 键，依次选中两个或多个 AP Div，执行以下操作之一，可同时调整多个 AP Div 的大小。

（1）应用菜单命令。选择"修改"→"排列顺序"→"设成宽度(或高度)相同"命令。

（2）应用快捷键。按下组合键 Ctrl＋Shift＋7 或者 Ctrl＋Shift＋ 9，则以当前 AP Div为标准同时调整多个层的宽度或高度。

3. 更改 AP Div 的堆叠顺序

对网页进行排版时，常需要控制叠放在一起的不同网页元素的显示顺序，以实现特殊的效果。使用 AP 元素"属性"面板或 AP 面板可以改变 AP 元素的堆叠顺序。AP 元素的显示顺序与 Z 轴值的顺序一致。Z 值越大,AP 元素的位置越靠上。在"AP 元素"控制面板中按照堆叠顺序排列 AP 元素的名称(如图 6.33)。

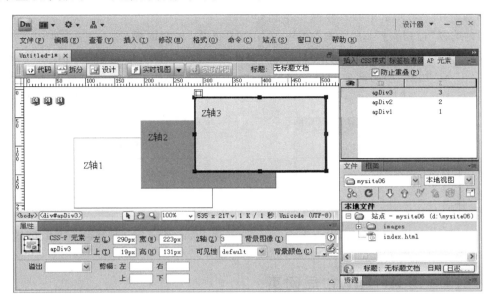

图 6.33　AP 元素的显示顺序与 Z 轴值的顺序一致

(1) 使用 AP 面板改变层的堆叠顺序。

打开 AP 面板,在 AP 面板中执行下列操作之一,改变 AP 元素的堆叠顺序。

① 选中指定的 AP 元素名,将其拖动到所需的堆叠顺序处,然后释放鼠标。

② 在 Z 列中单击需要修改的 AP 元素编号,如果要上移则输入一个比当前值更大的数值,如果要下移则输入一个比当前值更小的数值。

(2) 使用 AP 元素"属性"面板改变层的堆叠顺序。

在"AP 元素"面板或文档窗口中选择一个 AP 元素,在其"属性"面板的"Z 轴"文本框中输入一个更高或更低的编号,使当前 AP 元素沿着堆叠顺序向上或向下移动。

4. AP Div 的重叠与嵌套

所谓嵌套 AP Div,是指在一个 AP Div 元素中创建子 AP Div 元素。使用嵌套 AP Div 的好处是能确保子 AP Div 永远定位于父级 AP Div 上方。嵌套通常用于将 AP 元素组织在一起。

使用下列方法之一,创建嵌套 AP 元素。

(1) 应用菜单命令。将插入点放在现有 AP 元素中,选择"插入"→"布局对象"→AP Div 命令。

(2) 应用按钮拖曳。拖曳"插入"面板"布局"选项卡中的"绘制 AP Div"按钮,然后将其放在现有 AP 元素中。

(3) 应用按钮绘制。选择"编辑"→"首选参数"命令,启用"首选参数"对话框,在"分类"选项列表中选择"AP 元素"选项,在右侧选择"在 AP Div 中创建以后嵌套"复选框,单击"确定"按钮。单击"插入"面板"布局"标签中的"绘制 AP Div"按钮,在现有 AP 元素中,按住 Ctrl 键的同时拖曳鼠标绘制一个嵌套 AP 元素。创建的嵌套 AP 元素如图 6.34 所示。

　　将现有 AP 元素嵌套在另一个 AP 元素中。使用"AP 元素"控制面板,将现有 AP 元素嵌套在另一个 AP 元素中的具体操作步骤如下。

　　(1)选择"窗口"→"AP 元素"命令,启用"AP 元素"控制面板。

　　(2)在"AP 元素"控制面板中选择一个 AP 元素,然后按住 Ctrl 键的同时拖曳鼠标,将其移动到"AP 元素"控制面板的目标 AP 元素上,当目标 AP 元素的名称突出显示时,松开鼠标左键,即可完成操作。本例将 apDiv1 拖曳到目标 apDiv2 中,效果如图 6.35 所示。

图 6.34　创建嵌套的 AP 元素

图 6.35　将 apDiv1 嵌套在 apDiv2 中

6.6.4　用 AP Div 布局网页

　　本节将以一个实例为例讲解如何用 AP Div 布局页面。首先在文档中创建 4 个 AP Div 元素,为其中的一个元素添加图像,为其他三个元素添加文字。通过对两个嵌套的 AP Div 元素属性设置,实现文字的阴影特效。具体步骤如下。

　　(1)在 Dreamweaver CS5 中新建一个空白 HTML 文档,并将其以 6-1.html 为文件名保存。

　　创建 AP Div 元素。在"布局"选项卡下单击"绘制 AP Div"按钮,在文档中绘制一个 AP Div,选中绘制的 AP Div,在其"属性"面板将其命名为 image,设置其"左"、"上"、"宽"、"高"各为 50px、10px、800px、600px,"背景颜色"为♯CCFFCC。

　　(2)插入新的 AP Div 元素,并将其命名为 bottom。设置其"上"、"宽"、"高"各为 610px、800px、50px,"背景颜色"为♯FF9966。

　　(3)对齐 AP 元素。选中插入的两个 AP 元素,选择"修改"→"排列顺序"命令,在其子菜单中选择"左对齐",将两个 AP 元素左边缘对齐。

　　(4)创建嵌套 AP 元素。打开"AP 元素"面板,在"防止重叠"复选框未被选中状态下,选中 image 元素,确保光标处于激活状态,选择"插入"→"布局对象"→AP Div 命令,在 image 元素左上角插入一个嵌套 AP Div,并将其命名为 smallbox,其"宽"、"高"分别设置为 200px 和 60px。

　　用同样的方法,在 image 元素中创建嵌套的 AP Div 元素 bgsmallbox,设置和 smallbox 元素相同的"宽"、"高"属性,并将其调整到合适位置。在"AP 属性"面板中,将 smallbox 元素和 bgsmallbox 的 Z 轴属性分别设置为 3 和 2。此时"AP 元素"面板如图 6.36 所示。

　　按住 Shift 键,同时选中被嵌套的两个元素,选择"修改"→"排列顺序"→"右对齐"命令,将这两个 AP Div 元素按照后选择的元素进行右对齐。设置后的 4 个 AP Div 元素布局如图 6.37 所示。

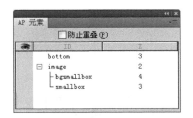

图 6.36 "AP 元素"面板

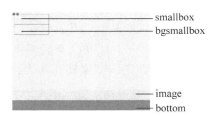

图 6.37 4 个 AP Div 元素的布局

激活 image 元素,将光标置于该元素的左上角,在该元素内部插入一幅图片。

激活 bottom 元素,在 bottom 元素中输入文本,并设置文字的"字体"属性为宋体,"大小"为 18px。

依次在 smallbox、bgsmallbox 中输入"我爱我家"文字,并分别设置文字的"字体"属性为华文新魏,"大小"为 36px,"颜色"分别为 ♯FFBB00 和 ♯000000。效果如图 6.38 所示。

图 6.38 在 AP Div 元素中添加文字和图片

调整 smallbox 和 bgsmallbox 元素到适当位置,使其产生阴影效果。

保存网页文档。按下 F12 键打开浏览器预览效果。

6.6.5 AP Div 与表格的转换

1. 将 AP Div 元素转换为表格

使用 AP Div 可以方便地定位网页中的元素,从而实现网页的布局。与表格相比,AP Div 元素操作更加方便、实现更为灵活、功能更加强大。考虑到浏览器兼容性问题,有时候需要将 AP Div 转换为表格,以防止版本过低的浏览器(IE 3.0 及其以下版本浏览器)不支持 AP Div。另外,可以通过 AP Div 和表格相互转换来充分发挥两种不同布局方式的优点,方便地布局页面。

在 Dreamweaver 中打开已有的网页文件(如图 6.39)。该页面由两个 AP Div 元素构成。将页面中的 AP Div 元素转化为表格的具体操作如下。

一个秋天的傍晚,我来到了沙滩上,此刻,正是夕阳西下的时候。我朝着太阳落下的方向望去,我的眼前闪现出无数片红色,紫的,粉的,黄的,橙的……无数片被夕阳染红了的云彩,朝着四面八方飘去。 我被这一切迷住了,忍不住深吸一口气,仿佛这夕阳也是有香味似的。渐渐的云都远去了,可是夕阳仿佛不愿就这么短暂地停留一下,继续把踏过的云朵们都从雪白的小绵羊变为一只只绚丽的花蝴蝶……

图 6.39　用 AP Div 元素布局的网页

选择"修改"→"转换"→"将 AP Div 转换为表格"菜单命令,弹出"将 AP Div 转换为表格"对话框(如图 6.40)。

"将 AP Div 转换为表格"对话框各选项含义如下。

(1)"最精确"单选按钮:将所有 AP Div 转换为表格。若 AP Div 元素之间存在间隙,则通过插入单元格来填充这些间隙。

(2)"最小:合并空白单元"单选按钮:将一定距离以内的 AP Div 元素创建为相邻的单元格,即融合其间的间隙。选中该单选按钮,可在其下方的文本框中输入最小距离值。

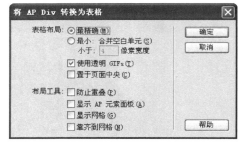

图 6.40　"将 AP Div 转换为
表格"对话框

(3)"使用透明 GIFs"复选框:将转换后表格的最后一行中填充为透明的 GIF 图像,这样可以确保在所有的浏览器中表格显示结果一致。如果取消此选项,则表格中不再放置透明 GIF 图像,这样的表格可能在不同浏览器中显示稍有差异。

(4)"置于页面中央"复选框:选中此复选框,则生成的表格在页面居中位置;若取消此复选框,则生成的表格在页面中左对齐。

(5)"防止重叠"复选框:选中此复选框,可以防止 AP Div 重叠。

(6)"显示 AP 元素面板"复选框:选中此复选框,在转换完成后会显示"AP 元素"面板。

（7）"显示网格"复选框：选中此复选框，可以在转换后的文档中显示网格线。

（8）"靠齐到网格"复选框：选中此复选框，可以将转换后的文档靠齐到网格。

保持默认设置。单击"确定"按钮，将文档中的 AP Div 元素转换为表格。

2. "将表格转换为 AP Div"对话框

网页中的表格元素，也可以转换为 AP Div 元素。具体操作如下。

打开一个用表格布局的网页文件，选择"修改"→"转换"→"将表格转换为 AP Div"菜单命令，弹出"将表格转换为 AP Div"对话框（如图 6.41）。"将表格转换为 AP Div"对话框各选项含义如下。

（1）"防止重叠"复选框：选中此复选框，可以在操作 AP Div 元素时，防止 AP Div 元素之间相互重叠。

（2）"显示 AP 元素面板"复选框：选中此复选框，在转换完成后会显示"AP 元素"面板。

（3）"显示网格"复选框：选中此复选框，可以在转换后的文档中显示网格线。

（4）"靠齐到网格"复选框：选中此复选框，可以将转换后的文档同网格靠齐。

选中"防止重叠"复选框和"显示 AP Div 元素面板"复选框，单击"确定"按钮，即可将文档中的表格转换为 AP Div 元素。

图 6.41　"将表格转换为 AP Div"对话框

6.6.6　AP Div 标签及其使用

AP Div 元素是用来为 HTML 文档内大块（block-level）的内容提供结构和背景的元素。AP Div 的起始标签和结束标签之间的所有内容都是用来构成这个块的，其中所包含元素的特性由 AP Div 标签的属性来控制，或者通过使用 CSS 样式表来控制。AP Div 标签的基本格式为＜div property：value property：value…＞content＜/div＞。其中，property 是 AP Div 标签的属性，value 是该属性的值。AP Div 标签的属性及含义如表 6.1。

表 6.1　AP Div 标签属性及其含义

属　　性	含　　义
Position	Relative：该 AP 元素相对于其他 AP 元素位置
	Absolute：该 AP 元素相对于其所在的窗口位置
Left	设置 AP 元素与窗口左边距
Top	设置 AP 元素与窗口上边距
Width	设置 AP 元素的宽度
Height	设置 AP 元素的高度

续表

属　性	含　义
Clip	Auto：设置 AP 元素内方块位置为默认属性
	Inherit：设置 AP 元素内方块位置为继承父级 AP 元素属性
Visible	Visible：设置 AP 元素为可见
	Hidden：设置 AP 元素为不可见
	Inherit：设置 AP 元素为继承父级 AP 元素可见性
Margin	设置 AP 元素的页边距属性
Padding	设置 AP 元素的填充距离属性

对 AP Div 标签属性有所了解之后，接下来讲述如何使用 Div 标签。

1. CSS 与 Div 标签

Div(division)标签简单来说就是一个区块容器标签，即<div>与</div>之间相当于一个容器，可以容纳段落、标题、表格、图片等各种 HTML 元素。因此，可以把<div>与</div>中的内容视为一个独立的对象，用于 CSS 的控制。使用 CSS 可以控制 Web 页面中块级别元素的格式和定位。例如，<h1>标签、<p>标签、<span>标签、<ul>标签、<li>标签和<div>标签都在网页上生成块级元素。CSS 布局最常用的块级元素是 Div 标签，<div>标签早在 HTML 3.0 中就已经出现，但那时并不常用，直到 CSS 的出现，才逐渐发挥出它的优势。CSS 对块级元素执行以下操作：为它们设置边距和边框、将它们放置在 Web 页面的特定位置、向它们添加背景颜色、在它们周围设置浮动文本等。

2. 插入 Div 标签

在网页中插入 Div 标签，最常用的方法是单击"插入"面板"常用"标签中的按钮，弹出"插入 Div 标签"对话框（如图 6.42）。"插入 Div 标签"对话框各选项含义如下。

图 6.42　"插入 Div 标签"对话框

（1）插入：用于选择 Div 标签的插入位置。其中，"在插入点"选项是指在当前鼠标所在位置插入 Div 标签，此选项仅在没有选中任何内容时可用；"在开始标签之后"选项是指在一对标签的开始标签之后，此标签所引用的内容之前插入 Div 标签，新创建的 Div 标签嵌套在此标签中；"在标签之后"选项是指在一对标签的结束标签之后插入 Div 标签，新创建的 Div 标签与前面的标签是并列关系。该对话框会列出当前文档中所有已创建的 Div 标签供用户确定新创 Div 标签的插入位置。

（2）ID：为新插入的 Div 标签创建唯一的 ID 号。

（3）类：为新插入的 Div 标签附加已有的类样式。

3. 插入 Div 的具体操作

（1）新建一个空白网页文档，并以 7-5.html 为文件名保存。选用"拆分"视图方式，以便查看操作对应的代码变化。

（2）单击"插入"面板"常用"标签中的"插入 Div 标签"按钮，弹出"插入 Div 标签"对话框，在"插入"下拉列表中选择"在插入点"，在 ID 输入框中输入 Div1。

（3）单击"新建 CSS 规则"按钮，弹出"新建 CSS 规则"对话框，选择器类型自动设为 ID，选择器名称自动设为♯Div1，选择规则定义为"（仅限该文档）"。

（4）单击"确定"按钮，打开"♯Div1 的 CSS 规则定义"对话框，此时暂不设置 CSS 规则，连续单击"确定"按钮完成 Div1 的创建。

（5）用同样的方法创建 Div1-1 和 Div1-2。不同的是，创建 Div1-1 时，在"插入 Div 标签"对话框中，在"插入"下拉列表中选择"在开始标签之后"，在其后面的下拉列表框中选择 Div1，在 ID 输入框中输入 Div1-1，单击"确定"按钮。

创建 Div1-2 时，在"插入 Div 标签"对话框中，在"插入"列表中选择"在标签之后"，并选中后面下拉列表框中的 Div1-1，在 ID 输入框中输入 Div1-2。为了显示清晰此处删掉了 Div1 的占位符文本。代码和显示效果如图 6.43。

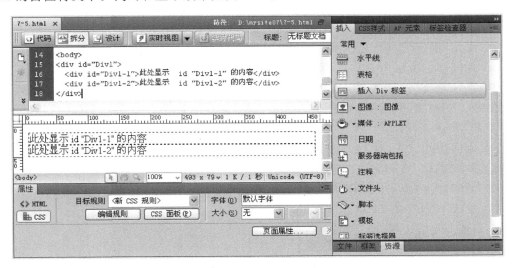

图 6.43　Div 代码和显示效果

4. 设置 Div 属性

Div 属性的定义需要在"CSS 规则"对话框中进行。下面介绍几种与布局相关的属性。

1）设置 Div 的浮动属性

Float 属性在 CSS 页面布局中非常重要，Float 可设置为 left、right 和默认值 none。当设置了元素向左或向右浮动时，元素会向其父元素的左侧或右侧靠近。对上面创建的三个 Div 进行设置，具体操作如下。

（1）打开"CSS 样式"面板，单击"全部"标签，找到选择器♯Div1，双击♯Div1，弹出"♯Div1 的 CSS 规则定义"对话框，选择"方框"分类，设置 Width（宽）为 300px，Height（高）为 240px，Float（浮动）暂时使用默认值（none）（如图 6.44）。单击"确定"按钮完成设置。

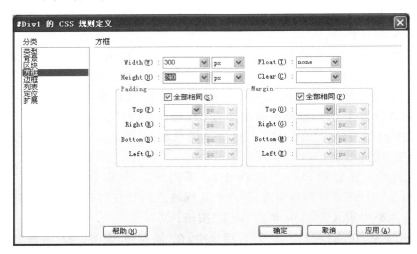

图 6.44　"♯Div1 的 CSS 规则定义"对话框

（2）选中 Div1-1 标签，右击鼠标，在打开的快捷菜单中选择"CSS 样式"→"新建"命令，打开"新建 CSS 规则"对话框，从中进行设置，设置情况如图 6.45 所示。

（3）单击"确定"按钮，选择器♯Div1-1 出现在"CSS 样式"面板中。

（4）用同样的方法为 Div1-2 标签创建选择器♯Div1-2。

（5）在"CSS 样式"面板中，找到选择器♯Div1-1 并双击，弹出"♯Div1-1 的 CSS 规则定义"对话框，选择"方框"分类，并设置 Width 为 100px，Height 为 100px、Float 使用默认值，单击"确定"按钮完成设置。

（6）用同样的方法，对 Div1-2 进行设置，Width 为 100px、Height 为 100px、Float 使用默认值，单击"确定"按钮完成设置。

（7）分别修改 Div1-1 和 Div1-2 的 Float 值为 left。

（8）修改 Div1-2 的 Float 值为 right。

2）设置 Div 的边界、填充和边框

具体操作如下。

（1）在"CSS 样式"面板中双击选择器♯Div1-1，弹出"♯Div1-1 的 CSS 规则定义"对话框，选择"方框"分类，设置 Margin 的 Top 为 50px，Left 为 50px，Right 和 Bottom 分别为 auto，单击"确定"按钮。

（2）在"♯Div1-1 的 CSS 规则定义"对话框中，选择"方框"分类，设置 Padding 四周的填充值均为 12px，单击"确定"按钮。

（3）在"♯Div1-1 的 CSS 规则定义"对话框中，选择"边框"分类，设置 Style（边框类型）均为 dashed，4 条边的 Width（边宽）均为 10px，4 条边的 Color（边框颜色）均为♯0FF。

（4）单击"确定"按钮完成设置。

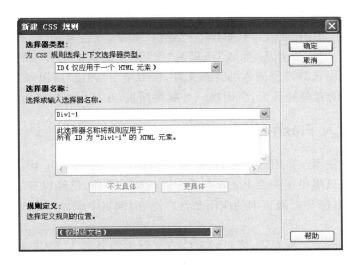

图 6.45　"新建 CSS 规则"对话框

6.7　多媒体应用

在网页的开发和设计过程中,在不影响网页传输速度和网页所要传递的信息的情况下,向网页中插入多媒体元素(如 Flash 动画,视频,音频等),不但可以丰富网页的内容,还可以使得网页更加生动。

6.7.1　插入音频文件

向网页中插入音频文件的方法主要有两种:一种是将音频文件链接到网页,一种是将音频文件嵌入到网页。

1.将音频文件链接到网页

将音频文件链接到网页中是向网页中添加声音的一个非常好的办法。因为网页的访问者可以自己选择是否收听音乐,而且这个音频文件是通过超链接进行链接的,所以在访问网页时不会影响网页的传输速度。链接音频文件的具体步骤如下。

(1)打开网页,在网页中选取需要链接音频文件的文本或者图像。

(2)在属性面板中的"链接"文本框中输入音频文件的路径和名称,或者通过单击"链接"文本框后面的文件夹按钮打开"选择文件"对话框,从对话框中选择需要插入的音频文件,再单击"确定"按钮即可。

2.将音频文件嵌入到网页

嵌入音频文件是指网页开发和设计人员直接将音频文件嵌入到网页之中,在网页中插入一个音频播放器,网页浏览者可以通过这个播放器控制音频文件的播放与停止。在网页中嵌入一个音频文件的具体步骤如下。

（1）打开网页，将光标定位到网页中嵌入音频文件的位置。

（2）选择菜单栏中的"插入"→"媒体"→"插件"命令，在打开的"选择文件"对话框中选择需要插入的音频文件，或者从"插入"面板的"常用"子面板中选择"插件"，然后在打开的"选择文件"对话框中选择需要嵌入的音频文件，接着单击"确定"按钮嵌入音频文件。

（3）选中嵌入的音频插件后，会出现一个属性面板，在其中可以进行设置。

6.7.2　插入 Flash 动画

网页中经常使用的 Flash 文件包括：Flash 按钮、Flash 影片和 Flash 文本。Dreamweaver CS5 只提供了一个 Flash 命令来进行插入操作，已经没有了 Flash 按钮、Flash 文本的选项。Flash 影片在网页中的应用非常广泛，向网页中添加一个 Flash 影片的具体步骤如下。

（1）启动 Dreamweaver CS5，将光标定位到页面中需要插入 SWF 影片的位置，然后选择菜单栏中的"插入"→"多媒体"→SWF 命令即可；也可以选择菜单栏中的"窗口"→"插入"命令，在打开的"插入"面板中选择"常用"子面板，然后选择"媒体"即可。

（2）选择 SWF 命令后，打开"选择 SWF"对话框（如图 6.46）。

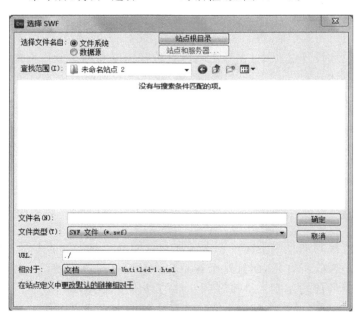

图 6.46　"选择 SWF"对话框

（3）选择需要插入的 SWF 影片，单击"确定"按钮，这样 SWF 影片就被插入到网页之中了。在设计视图中，插入的 SWF 文件的呈现方式是一个占位符。在页面的底部也会打开属性面板，对 Flash 影片进行一系列的设置。

6.7.3　插入视频

随着网络技术的发展，网络视频也迅速发展起来，在计算机网络中存在的视频格式也越来越多。这里将主要介绍网络中常用的视频格式，以及使用 ShockWave 插入电影和设置 Shockwave 属性的方法。

ShockWave 最初的定位是各种在线电影和动画，但事实上它更多地被用于游戏开发领域。它可以应用在需要使用大量图像资源的在线应用环境上，也可以应用于设计物理的模拟、图表和计算等领域。

在网页中插入 ShockWave 的具体步骤如下。

（1）启动 Dreamweaver CS5，打开要插入 ShockWave 的网页，然后将光标定位到网页中需要插入 ShockWave 的位置。

（2）选择菜单栏中的"插入"→"媒体"→ShockWave 命令，打开"选择文件"对话框（如图 6.47）。

图 6.47　"选择文件"对话框

（3）在"选择文件"对话框中找到需要插入的文件，单击"确定"按钮，打开如图 6.48 所示的"对象标签辅助功能属性"对话框。

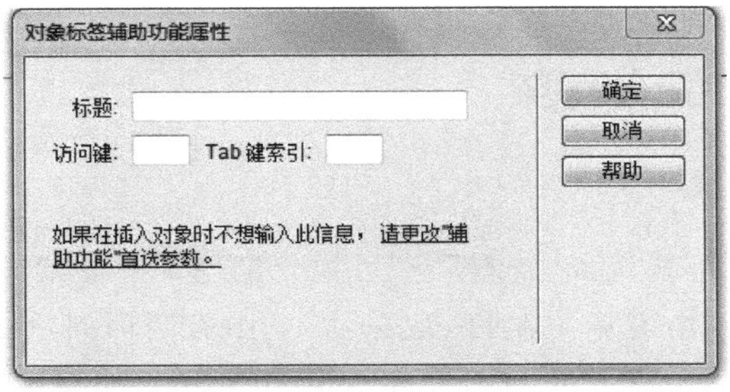

图 6.48　"对象标签辅助功能属性"对话框

6.8　框架应用

框架是框架集的组成元素,它可以简单地理解为对浏览器窗口进行划分后的子窗口,每一个子窗口是一个框架,可以在框架中插入图片、输入文本或者在框架中打开一个独立的网页文档内容。如果在各个框架中分别打开一个已经做好的网页文档,那么这个页面就是由几个网页组合而成的框架网页。框架常用于导航。

6.8.1　建立框架网页

图 6.49 显示出框架与框架集之间的关系。图中的框架集包含了三个框架。实际上,该页面包含的是 4 个独立的 HTML 页面:一个框架集文件和三个框架内容文件。

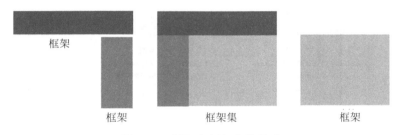

框架　　　　　　　　　　框架集　　　　　　　　　框架

图 6.49　框架和框架集的关系

当一个页面被划分成几个框架时,系统会自动建立一个框架集文档,用来保存网页中所有框架的数量、大小、位置及每个框架内显示的网页名等信息。当用户打开框架集文档时,计算机就会根据其中的框架数量、大小、位置等信息将浏览器窗口划分成几个子窗口,每个窗口显示一个独立的网页文档内容。

框架结构常用在具有多个分类导航或多项复杂功能的 Web 页面上,如 BBS 论坛页面及网站中的邮箱的操作页面等。创建基于框架的网页一般包括以下步骤。

(1) 在网页中创建框架集和框架。

(2) 保存框架集文件与框架文件。每个框架与框架集都是独立的网页,应单独保存。

(3) 设置框架和框架集的属性,包括命名框架与框架集、设置是否显示框架等。

(4) 确认链接的目标框架设置,使所有链接内容显示在正确的区域内。

6.8.2　创建和保存框架

1. 创建框架和框架集

在创建框架和框架集前,选择"查看"→"可视化助理"→"框架边框"命令,使框架边框在"文档"窗口的"设计"视图中可见。在 Dreamweaver 中有两种创建框架的方式:一种是自己设计;另一种是从 Dreamweaver 提供的框架类型中选取。具体方法:确定插入框架的位置,执行下列操作之一插入框架。

(1) 在"插入"面板的"布局"标签中打开"框架"下拉列表,从中选择一种框架。

（2）选择"插入"→HTML→"框架"选项，在"框架"的下级菜单中，单击选择一种框架。

（3）也可以在新建网页文件时创建框架。具体方法：选择"文件"→"新建"命令，弹出"新建文档"对话框，在最左侧选择"示例中的页"选项，在"示例文件夹"列表中选择"框架页"选项，在右边的"示例页"列表框中选择"上方固定，左侧嵌套"选项（如图6.50）。

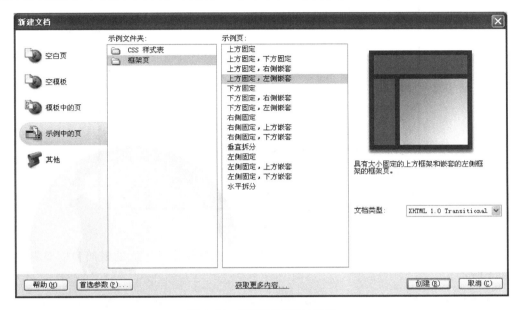

图6.50　"新建文档"对话框

（4）单击"创建"按钮，弹出"框架标签辅助功能属性"对话框（如图6.51），在此可为每一个框架指定一个标题，单击"确定"按钮即可创建一个框架集。单击"窗口"→"框架"菜单命令，打开"框架"面板，显示出创建的框架集（如图6.52）。

2．保存框架和框架集

保存框架结构的网页，需要将整个框架集与它的各个框架文件一起保存。具体方法：选择"文件"→"保存全部"命令，整个框架边框会出现一个阴影框，并弹出"另存为"对话框（如图6.53）。Dreamweaver将依次提示需要保存的内容，首先保存的是框架集文件，一般以index.html作为框架集文件名，然后是其他框架文件。

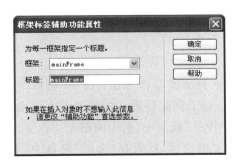

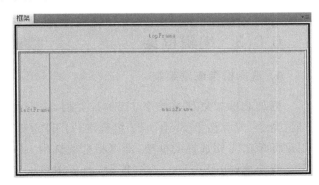

图6.51　"框架标签辅助功能属性"对话框　　　　　图6.52　创建的框架集

图 6.53　"另存为"对话框

　　本例以保存图 6.53 所示的框架结构为例,执行保存操作后生成的框架和框架集文件如图 6.54 所示。

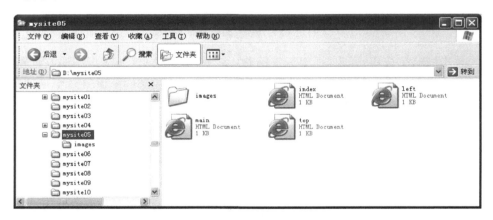

图 6.54　保存得到的框架和框架集文件

6.8.3　编辑框架

1. 选择框架或框架集

　　框架和框架集都是单个 HTML 文档,选择框架或框架集的具体方法:选择"窗口"→"框"命令,或者按下 Shift+F2 组合键,打开"框架"面板,每个框架用默认的框架名来识别。用鼠标单击需要选择的框架,即可将框架选中,此时,在"设计"视图中,选中的框架边框会出现点线轮廓(如图 6.55)。在"框架"面板中单击环绕框架的边框,或者在"文档"窗口中,单击框架的外边框,均可选中框架集。

2. 拆分框架

插入框架之后,可利用拆分框架的方法调整框架的结构。具体方法如下。

选中框架后,按住 Alt 键拖动框架边框,可将框架纵向或横向划分。在需要拆分的框架内单击,选择"修改"→"框架集"菜单项,在如图 6.56 所示的级联式菜单中选择需要的一项,完成框架的拆分。

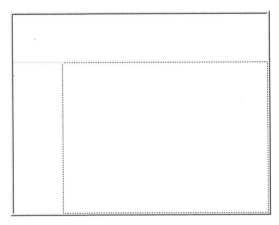

图 6.55 选中的框架边框出现点线轮廓　　　　图 6.56 框架集级联菜单

3. 删除框架

如果删除不需要的框架,可将鼠标指针放在要删除框架的边框上,当鼠标指针变为双向箭头时,按下鼠标左键并拖曳边框到编辑窗口之外即可删除框架。

4. 修改框架的大小

在框架"属性"面板中可以修改框架的大小。具体方法:选中框架,在其对应的"属性"面板中,通过设置"边界宽度"或"边界高度"的值来改变框架的大小。

5. 设置框架和框架集属性

框架与框架集均有对应的"属性"面板。框架属性包括框架的名称、框架源文件、框架的空白边框、滚动特性、重设大小特性以及边框特性等。框架集属性主要包括框架间边框的颜色、宽度和框架大小等。

1) 设置框架属性

在"框架"面板中选中框架,其对应的"属性"面板如图 6.57 所示。

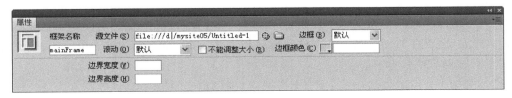

图 6.57 框架"属性"面板

框架"属性"面板各项含义如下。

（1）框架名称：可在文本框中为选中框架输入一个名称，该名称用于超链接和脚本的调用。框架名一般是一个单词。

（2）源文件：指定该框架所在的源文件。如果该框架已经保存，则显示已有的文件名与路径。如果该框架未保存，可输入一个文件名或单击文件夹图标选取一个源文件。

（3）边框：设置框架是否显示边框。"是"指显示边框；"否"指不显示边框；"默认"由浏览器决定是否显示框架的边框。

（4）滚动：设置是否显示滚动条。该列表中有 4 个选项，分别为"是"、"否"、"自动"和"默认"。绝大部分浏览器的默认值是"自动"，即在需要时自动添加滚动条。

（5）不能调整大小：选中该选项将禁止调整当前框架的大小。

（6）边框颜色：用于设置框架集所有边框的颜色。

（7）边界宽度：设置当前框架的内容与框架左右边界的距离，单位是像素。

（8）边界高度：设置当前框架的内容与框架上下边界的距离，单位是像素。

2）设置框架集属性

使用框架集属性可以设置所有边框的共同属性。如果指定的框架设置了属性，将覆盖框架集所对应的属性设置。选中框架集，其对应的"属性"面板如图 6.58 所示。

图 6.58　框架集"属性"面板

框架集"属性"面板各项含义如下。

（1）边框：设置框架集中所有框架边框是否被显示。"是"指显示边框；"否"指不显示边框；"默认"由浏览器决定是否显示边框。

（2）边框颜色：用于设置框架集中的边框颜色。

（3）值：指定所选择的行或列的大小。

（4）单位：设置"值"域中数值所使用的单位。

（5）行列选定范围：深色是框架被选中的部分，浅色是框架未被选中的部分。单击可选中行或列。

6.8.4　利用框架制作网页

具体操作步骤如下。

（1）创建框架集及框架文件。启动 Dreamweaver，在新建的站点 mysite05 中创建一个 anli1 文件夹，用于存放创建的框架文件和框架集文件。在 anli1 中新建一个 images 子文件夹，用于存放网页图片素材。

（2）用前面介绍的方法创建一个"上方固定，左侧嵌套"的框架集（如图 6.59）。分别将创建的框架集和三个框架进行保存，保存后的框架集文件如图 6.60 所示。

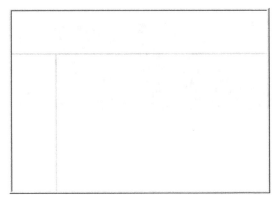

图 6.59　创建的框架集　　　　　　　图 6.60　站点中的框架集文件

（3）设置框架和框架集属性。创建框架后，Dreamweaver 自动为每个框架起一个名字。在本例中，系统自动为三个框架命名为 mainFrame、topFrame、leftFrame。topFrame 往往作为网页的标题栏，为了保证标题栏的浏览效果，其大小应是固定的，并且应关闭滚动条显示，因此，在框架"属性"面板中，选中"不能调整大小"复选框，并设置"滚动"选项为"否"。mainFrame 和 leftFrame 应该设置"滚动"选项为"自动"。

（4）选中框架集，在框架集"属性"面板中设置"边框"为"否"，设置"边框宽度"为 0，即在浏览器中不显示所有框架的边框。

（5）拆分框架。选中 mainFrame，单击"插入"面板"布局"标签中的"框架"下拉列表按钮，在弹出的列表中选择"底部框架"按钮，将 mainFrame 拆分成上下两个框架（如图 6.61）。

（6）改变框架的大小。在"设计"视图中，将鼠标指针放在底部框架的上边框上，当鼠标指针呈双向箭头时，拖曳鼠标改变框架的大小（如图 6.62）。

（7）编辑标题栏框架的内容。在标题栏框架中单击设置插入点，插入一幅 Logo 图片，并适当调整框架的大小，使 Logo 图片完全显示。

（8）拆分 leftFrame。根据步骤（5），将 leftFrame 拆分成上下两个框架（如图 6.63）。

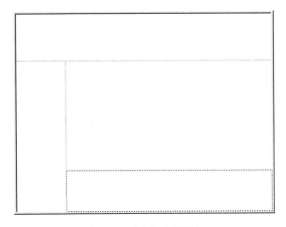

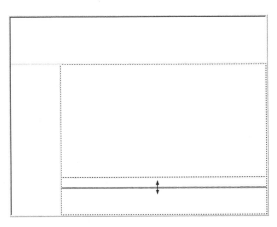

图 6.61　拆分后的框架　　　　　　　图 6.62　改变框架的大小

图 6.63 拆分框架效果

（9）将光标置于左侧的框架中，选择"修改"→"页面属性"命令，弹出"页面属性"对话框，分别设置"左边距"、"右边距"、"上边距"、"下边距"的值为 0px（如图 6.64），单击"确定"按钮。

图 6.64 设置页面属性

（10）在框架中插入表格。在左侧的框架中插入一个 5 行 1 列的表格，在"属性"面板中将表格的"边框"设置为 0。分别在表格的各个单元格中输入文本。选中输入的文本，在其"属性"面板中设置文本的大小、字体、颜色和对齐方式等属性，并设置表格的填充色，效果如图 6.65。

（11）选中左下角的框架，选择"修改"→"页面属性"命令打开"页面属性"对话框，在分类"列表中选择"外观"选项，分别在"左边框"、"右边框"、"上边框"、"下边框"选项的文本框中输入 0，其他选项为默认值。然后，插入一幅已经准备好的图片。

（12）制作链接的网页。制作一个音乐网页，用于链接到主框架（mainFrame）中。制作的网页效果如图 6.66 所示。

（13）在"框架"面板中选择 mainFrame，并在"页面属性"对话框的"外观"选项中，分别设置"左边框"、"右边框"、"上边框"、"下边框"的值为 0。

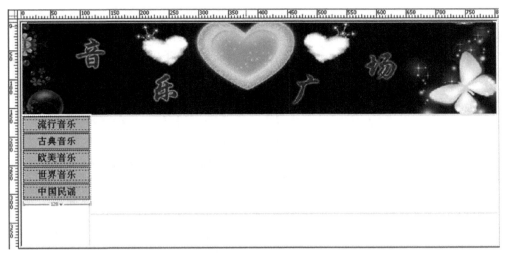

图 6.65 插入的表格

图 6.66 数码相机网页

（14）在框架"属性"面板中，单击"源文件"右侧的"浏览文件"按钮，弹出"选择 HTML 文件"对话框，在弹出的对话框中选择做好的音乐网页，单击"确定"按钮将音乐网页链接到 mainFrame 中，效果如图 6.67 所示。

图 6.67 在主框架加入源文件

（15）链接框架。选中图 6.67 左侧导航栏中的"流行音乐"文本，在"属性"面板中，单击"链接"列表框右侧的"浏览文件"按钮，选择要链接的网页文件，例如，本例要链接的音乐网页文件。在"目标"列表中选择 mainFrame，用于设定链接网页文件打开的位置（如图 6.68）。"属性"面板的"目标"列表中各项含义如下。

_blank：表示在新的浏览器窗口中打开链接网页。

_parent：表示在父级框架窗口中或包含该链接的框架窗口中打开链接网页。

_self：为默认选项，表示在当前框架中打开链接，同时替换该框架中的内容。

_top：表示在整个浏览器窗口中打开链接的文档，同时替换所有框架。一般使用多级框架时才选用此选项。

其中的各框架名称选项，用于指定打开链接网页的具体的框架窗口，一般在包含框架的网页中才会出现此选项。

图 6.68　设置链接的网页文件

（16）用同样的方法，分别为导航栏中的其他文本建立链接。需要注意的是，建立链接前应该制作好要链接的网页文件，"目标"均设定为 mainFrame。

（17）将光标置于 bottomFrame 中，输入网页相关版权信息。

（18）到此为止，网页制作完成。保存文档，按下 F12 键预览网页效果（如图 6.69）。

图 6.69　网页预览效果

6.9　CSS 样式表

6.9.1　CSS 概念

层叠样式表(Cascading Style Sheet，CSS)是 W3C 定义和维护的标准，是一种为结构化文档添加样式的计算机语言。样式表可以使网页制作者的工作更加轻松和灵活，现在越来越多的网站采用了 CSS 技术。CSS 是一组格式设置规则，用于控制 Web 页面的外观。通过使用 CSS 样式设置页面的格式，可将页面的内容与表现形式分离。页面内容存放在 HTML 文档中，而用于定义表现形式的 CSS 规则则存放在另一个文件中或 HTML 文档的某一部分，通常为文件头部分。将内容与表现形式分离，不仅可使维护站点的外观更加容易，而且还可以使 HTML 文档代码更加简练，缩短浏览器的加载时间。

浏览器在显示 CSS 样式时，遵循以下几个原则。

(1) 当来自不同样式中的文本属性应用到同一段文本产生冲突时，浏览器将按照与文本关系的远近来决定到底显示哪一项属性。

(2) 当两个不同样式应用在同一段文本时，浏览器将显示这段文本所具有的所有属性，除非定义的两个样式之间有实现上的冲突。例如，一个样式定义这段文本是黄色，另一个样式定义这段文本是绿色。

此外，CSS 样式具有比 HTML 样式更好的优先级。也就是说，如果 HTML 样式与 CSS 样式存在冲突时，浏览器将按照 CSS 样式中定义的文本属性进行显示。

6.9.2　CSS 样式的创建与编辑

1. 创建 CSS 样式

在 Dreamweaver CS5 中，创建 CSS 样式的方法如下。

选择菜单栏中的"格式"→"CSS 样式"→"新建"命令。在"CSS 样式"面板中，单击"新建 CSS 规则"按钮。执行以上两种方法都可以打开"新建规则"对话框，可以进一步设置 CSS 类型、名称以及保存位置(如图 6.70)。

在"新建 CSS 规则"对话框中，首先要在"选择器类型"下拉列表框中确定所创建的 CSS 样式类型，所选择的的类型不同，其对话框所展示的内容和参数也不同。

"选择器类型"下拉列表框中各选项含义如下。

(1) 类(可应用于任何 HTML 元素)：相当于自定义 CSS 样式，可以应用于页面中的任何对象(如图 6.71)。

(2) 标签(重新定义 HTML 元素)：对 HTML 标签样式重新定义，凡是网页中出现这个标签的地方，都会自动使用所定义的样式。选择该选项后，单击"选择器名称"下拉列表框，可以选择相应的 HTML 标签(如图 6.72)。

(3) 复合内容(基于选择的内容)：可以用于设置链接样式。

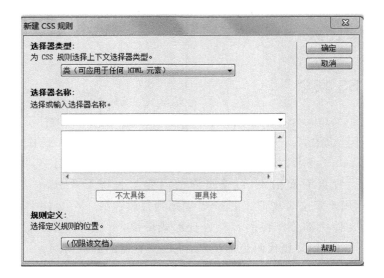

图 6.70　在"新建 CSS 规则"面板中创建 CSS 规则

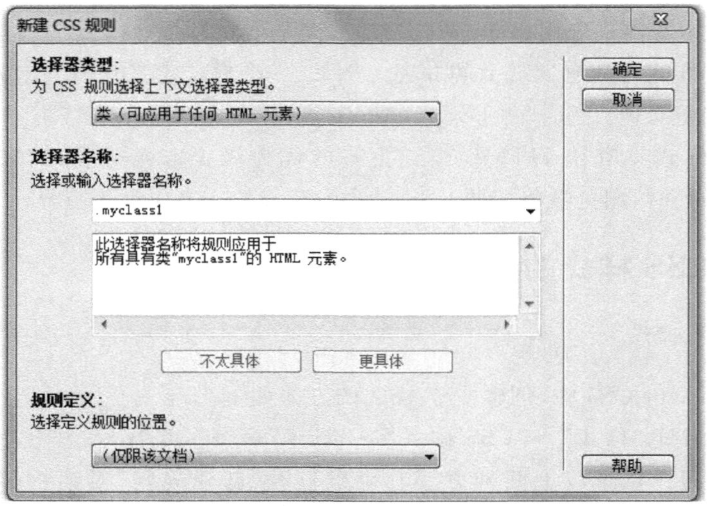

图 6.71　选择"类(可应用于任何 HTML 元素)"

（4）ID(仅应用于一个 HTML 元素)：将设置的 CSS 样式规则应用于一个 HTML 元素中。

在确定了创建的 CSS 样式类型之后，需要选择 CSS 样式的保存位置，在"新建 CSS 规则"的对话框的"规则定义"下拉列表框中，共有两种选择：一是"仅限该文档"，即保存为内部样式只能为当前使用的网页；二是"新建样式表文件"，即保存为外部样式表文件，可将 CSS 样式保存为独立的文件，其扩展名为.css。

单击"确定"按钮后，打开"将样式表文件另存为"对话框，可选择 CSS 样式文件的存放位置和文件名，保存后可以设置 CSS 样式的相关属性。

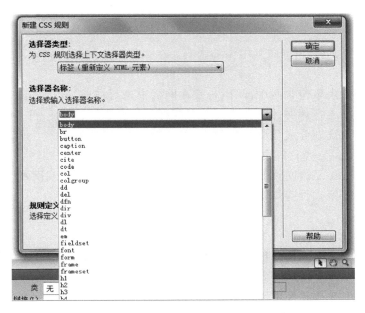

图 6.72　选择"标签(重新定义 HTML 元素)"

2. 编辑 CSS 样式

定义好 CSS 样式之后,接下来介绍编辑好的 CSS 如何对页面元素起作用。套用样式表的方法主要有以下几种,下面分别介绍。在"属性面板"中应用特定的样式。打开属性面板,在"样式"下拉列表框中列出来已经定义的 CSS 样式。

1) 利用"标签选择器"选择样式

首先需要在"标签选择器"上选择一个标签,选中<div. post>标签,然后在该标签上右击,在弹出的快捷菜单中选择"设置类"→post 命令,则可以把已经定义的 post 样式类快速地指定给<div. post>标签。

2) 使用快捷菜单

可以使用快捷菜单直接给对象制定一个样式。右击对象,在弹出的快捷菜单中指定样式类。编辑 CSS 样式有以下两种情况。

(1) 新建一种样式,然后根据需要编辑样式表属性。

(2) 对已经存在的样式进行编辑。当编辑一个已经存在于文件中的文本样式时,会立即将该文本重新格式化。

习题 6

一、填空题

1. 插入文本的方法很简单,常见的有三种:(　　)、(　　)和(　　)。

2. 在 Dreamweaver CS5 中,将图像插入文档时,将在 HTML 源文档中自动生成(　　)。

3. 对于一个完整的网站来讲,各个页面之间应该是有一定的从属或链接关系,这就需要在页面之间建立( )。

4. 表格创建完成后,可以向其中添加内容。在表格中添加的内容可以是( )、( )或( )。

5. 一个完整的表单包含两个部分:一是在网页中进行描述的( );二是( )。

6. 向网页中插入音频文件的方法主要有两种:一种是( ),一种是( )。

7. 当一个页面被划分成几个框架时,系统会自动建立一个( ),用来保存网页中所有框架的数量、大小、位置及每个框架内显示的网页名等信息。

8. 嵌入音频文件是指网页开发和设计人员直接将( )嵌入到网页之中。

9. CSS 是一组格式设置规则,用于控制 Web 页面的( )。

二、选择题

1. 在浏览器中输入网站地址,打开的第一个网页称为( )。
   A. 首页　　　　　　　B. 网页　　　　　　　C. 网址　　　　　　　D. 网站

2. 网页的基本构成元素中不包括( )。
   A. 文本　　　　　　　B. 图像　　　　　　　C. 数据表　　　　　　D. 表单

3. 下面的标签组合中,表示活动链接的是( )。
   A. a:active　　　　　B. a:hover　　　　　C. a:link　　　　　D. a:visited

4. 在 Dreamweaver 中,关闭软件的快捷键是( )。
   A. Alt+F4　　　　　　　　　　　B. Ctrl+W
   C. Ctrl+Shift+W　　　　　　　　D. Ctrl+F4

5. 文本域用来输入( )。
   A. 文本　　　　　　　　　　　　B. 文字
   C. 表单　　　　　　　　　　　　D. 任何想输入的内容

6. 在表单元素"列表"的属性中,( )用来设置列表显示的行数。
   A. 类型　　　　　　　B. 高度　　　　　　　C. 允许多选　　　　　D. 列表值

7. 若要使访问者无法在浏览器中通过拖动边框来调整框架大小,则应在框架的属性面板中设置( )。
   A. 将"滚边"设为"否"
   B. 将"边框"设为"否"
   C. 选中"不能调整大小"
   D. 设置"边界宽度"和"边界高度"

8. 以下关于网页文件命名的说法错误的是( )。
   A. 使用字母和数字,不要使用特殊字符
   B. 建议使用长文件名或中文文件名以便更清楚易懂
   C. 用字母作为文件名的开头,不用使用数字
   D. 使用下划线或者破折号来模拟分割单词的空格

三、简答题

1. 简述如何拆分和合并表格中的单元格。

2. 网页中的超级链接分为几种？如何创建？

四、操作题

制作一个花卉相册。

要求：

(1) 标题为"花卉相册"，设置字体为黑体，大小为36像素，颜色为♯FFCC33，居中对齐；

(2) 创建导航位置的表格1行5列、表格宽度700像素、边框为0、填充3、间距0、背景颜色为♯FF99CC、每个单元格必须一样宽，且里面的文字居中对齐；

(3) 设置网页背景颜色为♯009900，设置导航链接；

(4) 创建图像展示表格3行4列。

第7章 网站发布与维护

网站是用来传递信息的,是要大家来浏览的。通过前面的网页设计学习,大家已经能做出许多非常好的网站,本章介绍如何把网站发布在因特网,以及如何维护建立的网站。

7.1 网站信息发布

网站建设完毕后,需要将其信息发布到连接在因特网的 Web 服务器上,这样才能够被浏览者访问。网站信息发布流程如图 7.1 所示。

图 7.1 网站上传流程

7.1.1 发布方式

在网页文件编写、调试通过后就可以将其上传到网站空间。一般上传文件分为 Web 上传和 FTP 上传两种方法。Web 上传需要登录到网站的空间管理页面按要求进行上传,缺点是不能一次传送多个文件及较大的文件,而 FTP 上传则可以传送。

1. Web 上传方式

Web 上传就是指通过单击网页中的"浏览"、"选定"、"上传"(或"确定"、"提交")等按钮来上传文件的方式,即通过网页的功能上传文件。

Web 上传的一般应用如下。

(1) 用 Web 登录方式在线撰写 E-mail 时添加 E-mail 附件。

(2) 在论坛(BBS)发帖时上传附件。

(3) 在 QQ 空间或网易相册上传照片。

(4) 上传文件到网络硬盘。

(5) 大多数免费网站空间提供的上传服务。

现在有很多 Web 程序都有上传功能,实现上传功能的组件或框架也很多,如基于 Java 的 CommonsFileUpload、还有 Struts 1. x 和 Struts 2 中带的上传文件功能,在 ASP. NET 中也有相应的上传文件的控件。

2．FTP 上传方式

FTP（文件传输协议）是 TCP/IP 网络上两台计算机传送文件的协议。FTP 客户机可以给服务器发出命令来下载文件、上传文件、创建或改变服务器上的目录。利用 FTP 工具软件，可以很方便地把网站发布到自己的服务器上。

1）FTP 上传工具

FTP（File Transfer Protocol，文件传输协议）的主要作用就是让用户连接上一个远程服务器（这些服务器上运行着 FTP 服务器程序），查看远程服务器有哪些文件，并把文件从远程服务器上复制到本地计算机，或把本地计算机的文件发送到远程服务器中去，这个过程就是 FTP 的服务器上传与下载。

FTP 传输可以用 Windows 中的 FTP 命令，也可以借助于一些专门的 FTP 软件，如著名的 LeapFTP 软件、FlashFXP 软件和 CuteFTP 软件等，上传与下载都支持文件续传和远程文件直接编辑等功能。下面介绍 5 款常用 FTP 软件。

（1）CuteFTP

CuteFTP 软件是目前使用最为广泛也是最好使用的 FTP 上传工具，操作界面与 Windows 的资源管理器相似。CuteFTP 具有上传队列、上传断点续传、上传或上传整个目录、整个目录覆盖和删除等功能，支持两个远程服务器直接的文件传输，软件本身已经集成了很多的 FTP 站点。

（2）LeapFTP

LeapFTP 是一个非常好用的 FTP 工具。它支持断点续传，支持整个目录的上传、下载，可以轻松地做好上传、下载的工作。

（3）FlashFXP

FlashFXP 是一个功能强大的 FXP/FTP 软件，融合了一些其他优秀 FTP 软件的优点，如像 CuteFTP 一样可以比较文件夹，支持彩色文字显示；像 BpFTP 支持多文件夹选择文件，能够缓存文件夹；像 LeapFTP 一样的外观界面，甚至设计思路也差不多。支持文件夹（带子文件夹）的文件传送、删除；支持上传、下载及第三方文件续传；可以跳过指定的文件类型，只传送需要的文件；可以自定义不同文件类型的显示颜色。

（4）FTPRush

FTPRush 同样支持 FTP/FXP 文件传输，可以使用 FTPRush 来进行文件上传下载和服务器对服务器传输，FTPRush 支持完全的界面自定义，可以定制出你喜欢的界面布局和风格。

（5）极速 FTP

极速 FTP 是一款小巧的 FTP 客户端软件，只需利用鼠标拖曳即可上传或下载文件，速度极快，操作简洁明了。

2）网站的 FTP 发布

下面以 FlashFXP 4.3.0 为例，讲述通过 FTP 工具上传网站文件到空间中的方法。假定已经在 http://www.3v.cm 上申请了免费空间，相关账号信息如图 7.2 所示。

FTP信息

FTP地址： nwujsj.svfree.net

FTP账号： nwujsj

FTP密码： 默认为注册账号的密码　　　点此修改FTP密码

图 7.2　免费空间账号信息

具体的操作步骤如下。

（1）双击桌面上的 FlashFXP 图标，打开 FlashFXP 的主窗口（如图 7.3）。

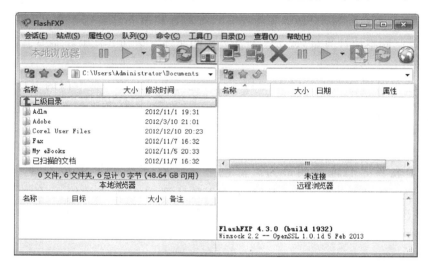

图 7.3　FlashFXP 启动界面

（2）选择"会话"→"快速连接"命令，打开"快速连接"对话框，在其中输入免费空间服务器地址、用户名和密码等，其他项默认为空，结果如图 7.4 所示。

图 7.4　"快速连接"对话框

（3）单击"连接"按钮，连接指定的远程 FTP 服务器。

（4）连接成功之后，打开用户申请的网站空间，主窗口左侧即为本地文件目录。在其中选择全部要上传的文件，右击鼠标，在弹出的快捷菜单中选择"传送"命令，即可将要上传的文件传输到网站空间中（如图 7.5）。

（5）断开 FTP 连接，在浏览器中输入网址 http://nwujsj.svfree.net/即可浏览内容。

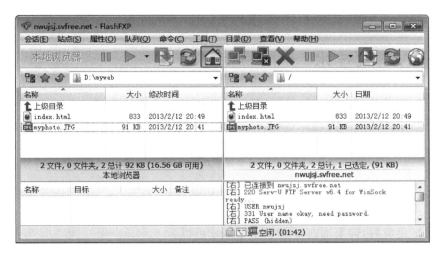

图7.5 传送文件

7.1.2 网站的推广宣传

网站如果缺乏足够的宣传和推广,不会引起网友们的关注。要提高网站的知名度,就必须对网站进行必要的宣传和推广。

1. 注册搜索引擎

搜索引擎(如百度、Google、网易、新浪等)是专门提供信息检索和查询的网站,它们是网友查询信息和冲浪的最佳去处,因此,在搜索引擎中注册是宣传和推广网站的首选方法,并且注册的搜索引擎越多,网站被检索、访问到的机会就越大。但是,若要让网站排名靠前,就必须支付一定的费用。搜索引擎的数目成千上万,如果用户逐个去注册,势必会浪费大量的时间,采用专门用于网站推广的软件进行批量注册,则无疑是省时省力的最佳选择。

2. 与其他网站友情链接

现在的网站一般都提供有专门的友情链接页面,可以找一些与自己网站内容类似的站点,先主动把别人的网站加入自己的友情链接,再给对方的管理员发送邮件,并请求对方把自己的网站也加入到对方的友情链接中。一般情况下,这种可以为双方站点都起到宣传作用的协作方式,对方是不会拒绝的。

3. 使用广告交换链接

使用广告交换链接也是一种不错的网站宣传方式。一般要先在提供服务的网站上免费注册成为会员,并提交自己网站的相关信息,然后会得到一段服务代码,将代码复制到自己网站主页的适当位置即可。广告交换链接一般都拥有1∶10的高交换比例,即他人网站链接在自己的主页上显示一次,那么自己的站点链接就会在其他10个网站上显示。

除上述几种方式之外,还可以利用新闻组、邮件签名、留言板、聊天室、论坛等来发布网站宣传信息。当然,利用传统媒体如报纸、电视和广播等来宣传网站也是不错的选择,但相对网络宣传而言费用较高,只适合那些大型的商业网站。

7.2 网站测试技术

在一个软件项目开发中,系统测试是保证整体项目质量的重要一环。基于 Web 的系统测试与传统的软件测试不同,它不但需要检查和验证是否按照设计的要求运行,而且还要测试系统在不同用户的浏览器端的显示是否合适。重要的是,还要从最终用户的角度进行安全性和可用性测试。

7.2.1 网站测试流程

一个网站建成后,需要通过下面三步测试才可以。

1. 制作者测试

在建好网站后,首先制作者本人进行测试,包括美工测试页面、程序员测试功能。

页面测试主要包括首页、二级页面、三级页面的页面在各种常用分辨率下有无错位,图片上有没有错别字,是否存在死连接,各栏目图片与内容是否对应等。功能测试主要包括功能达到客户要求,数据库连接正确,各个动态生成连接正确,传递参数格式、内容正确,试填测试内容没有报错,页面显示正确等。

2. 全面测试

根据交工标准和客户要求,由专人进行全面测试。也是包括页面和程序两方面,而且要结合起来测,保证填充足够的内容后不会导致页面变形。另外要检查是否有错别字,文字内容是否有常识错误。

3. 发布测试

网站发布到主服务器之后的测试,主要是防止环境不同而导致的错误。

7.2.2 网站测试项目

网站测试项目分为以下几个方面。

1. 功能测试

功能测试是指对页面中的各功能进行验证。根据功能测试用例,逐项测试,检查网站是否达到用户要求的功能。对于网站的测试而言,每一个独立的功能模块需要单独的测试,主要依据为《需求规格说明书》及《详细设计说明书》,对于应用程序模块需要设计者提供基本路径测试法的测试用例。一般功能测试主要进行下面几个方面的测试。

1) 链接测试

超链接是 Web 应用系统的一个主要特征,它是在页面之间切换和引导用户去一些不知道地址的页面的主要手段,对于用户而言意味着能不能流畅地使用整个网站提供的服务。

链接测试可分为三个方面：

(1) 测试所有链接是否按指示的那样确实链接到了该链接的页面；

(2) 测试所链接的页面是否存在；

(3) 保证 Web 应用系统上没有孤立的页面，所谓孤立页面是指没有链接指向该页面，只有知道正确的 URL 地址才能访问。

链接测试可以采用一些专用的工具软件自动进行。链接测试必须在集成测试阶段完成进行，即在整个 Web 应用系统的所有页面开发完成之后进行链接测试。

2）表单测试

当用户通过表单提交信息（如用户注册、登录等信息）时，必须测试提交操作的完整性，以校验提交给服务器的信息的正确性。例如，用户填写的出生日期与职业是否恰当，填写的所属省份与所在城市是否匹配等。如果使用了默认值，还要检验默认值的正确性。如果表单只能接受指定的某些值，则也要进行测试。例如，只能接受某些字符，测试时可以跳过这些字符，看系统是否会报错。

要测试这些，需要验证服务器能正确保存这些数据，而且后台运行的程序能正确解释和使用这些信息。

3）Cookies 测试

Cookies 通常用来存储用户信息和用户在某应用系统的操作，当一个用户使用 Cookies 访问了某一个应用系统时，Web 服务器将发送关于用户的信息，把该信息以 Cookies 的形式存储在客户端计算机上，这可用来创建动态和自定义页面或者存储登录等信息。

如果系统使用了 Cookies，就需要对它们进行检测。测试的内容可包括 Cookies 是否起作用，是否按预定的时间进行保存，刷新对 Cookies 有什么影响，如果在 Cookies 中保存了注册信息，应确认该 Cookies 能够正常工作而且已对这些信息已经加密，如果使用 Cookies 来统计次数，需要验证次数累计的正确性。

4）设计语言测试

Web 设计语言版本的差异可以引起客户端或服务器端严重的问题，例如使用哪种版本的 HTML 等。当在分布式环境中开发时，这个问题就显得尤为重要。除了 HTML 的版本问题外，不同的脚本语言，例如 Java、JavaScript、ActiveX、VBScript 或 Perl 等也要进行验证。

5）数据库测试

在 Web 应用技术中，数据库起着重要的作用，数据库为 Web 应用系统的管理、运行、查询和实现用户对数据存储的请求等提供空间。在 Web 应用中，最常用的数据库类型是关系型数据库，可以使用 SQL 对信息进行处理。

在使用了数据库的 Web 应用系统中，一般情况下，可能发生两种错误，分别是数据一致性错误和输出错误。数据一致性错误主要是由于用户提交的表单信息不正确而造成的，而输出错误主要是由于网络速度或程序设计问题等引起的，针对这两种情况，可分别进行测试。

2．性能测试

性能测试的目的是找出系统性能瓶颈并纠正需要纠正的问题。网站的性能测试对于网站的运行而言非常重要，主要从连接速度测试、负荷测试（load）和压力测试（stress）三个方面进行。

1）连接速度测试

连接速度测试指的是打开网页的响应速度测试,用户连接到 Web 应用系统的速度根据上网方式的变化而变化,他们或许是电话拨号,或是宽带上网。当下载一个程序时,用户可以等较长的时间,但如果仅仅访问一个页面就不会这样。如果 Web 系统响应时间太长(例如超过 5 秒钟),用户就会因没有耐心等待而离开。

另外,有些页面有超时的限制,如果响应速度太慢,用户可能还没来得及浏览内容,就需要重新登录了。而且,连接速度太慢,还可能引起数据丢失,使用户得不到真实的页面。

2）负载测试

负载测试是为了测量 Web 系统在某一负载级别上的性能,以保证 Web 系统在需求范围内能正常工作。负载级别可以是某个时刻同时访问 Web 系统的用户数量,也可以是在线数据处理的数量。例如,Web 应用系统能允许多少个用户同时在线? 如果超过了这个数量,会出现什么现象? Web 应用系统能否处理大量用户对同一个页面的请求?

负载测试应该安排在 Web 系统发布以后,在实际的网络环境中进行测试,其结果才是正确可信的。

3）压力测试

压力测试指实际破坏一个 Web 应用系统,测试系统的反应,它的倾向应该是致使整个系统崩溃。黑客常常提供错误的数据负载,直到 Web 应用系统崩溃,接着当系统重新启动时获得存取权。

压力测试的区域包括表单、登录和其他信息传输页面等。

3. 安全性测试

进一步完善网站的安全性能,确保用户信息、录入数据、传输数据和服务器运行中的相关数据的安全。Web 应用系统的安全性测试区域主要有如下几个。

1）目录设置

Web 安全的第一步就是正确设置目录。每个目录下应该有 index. html 或 main. html 页面,这样就不会显示该目录下的所有内容。如果没有执行这条规则。那么选中一幅图片,右击,找到该图片所在的路径"…com/objects/images"。然后在浏览器地址栏中手工输入该路径,发现该站点所有图片的列表。这可能没什么关系,但是进入上一级目录"…com/objects",单击 jackpot,在该目录下有很多资料,其中有些都是已过期页面。如果该公司每个月都要更改产品价格信息,并且保存过期页面,那么只要翻看一下这些记录,就可以估计他们的利润以及他们为了争取一个合同还有多大的降价空间。如果某个客户在谈判之前查看了这些信息,他们在谈判桌上肯定处于上风。

2）登录

现在的 Web 应用系统基本采用先注册,后登录的方式。因此,必须测试有效和无效的用户名和密码,要注意到是否大小写敏感,可以试多少次的限制,是否可以不登录而直接浏览某个页面等。

3）Session

Session 是指一个终端用户与交互系统进行通信的时间间隔,通常指从注册进入系统到注销退出系统之间所经过的时间,如果需要的话,可能还有一定的操作空间。具体到 Web 中的 Session 指的就是用户在浏览某个网站时,从进入网站到浏览器关闭所经过的这段时间,也就是用户浏览这个网站所花费的时间。

Web 应用系统应根据需要可设置超时的限制,也就是说,用户登录后在一定时间内(例如 15 分钟)没有单击任何页面,则需要重新登录才能正常使用。

4)日志文件

为了保证 Web 应用系统的安全性,日志文件是至关重要的。需要测试相关信息是否写进了日志文件、是否可追踪。

5)加密

当使用了安全套接字时,还要测试加密是否正确,检查信息的完整性。

6)安全漏洞

服务器端的脚本常常构成安全漏洞,这些漏洞又常常被黑客利用。所以,还要测试没有经过授权,就不能在服务器端放置和编辑脚本的问题。

4.用户界面测试

用户虽然不是专业人员但是对界面效果的印象是很重要的,所以验证网页是否易于浏览就非常重要了。

方法上可以根据设计文档,来确定整体页面风格(可以请专业美工人员),最后形成统一风格的页面或框架。

1)测试的基本内容

主要包括以下几个方面的内容:

(1)站点地图和导航条位置是否合理、是否可以导航等;

(2)内容布局是否合理,滚动条等简介说明文字是否合理,位置是否正确;

(3)背景、色调是否正确、美观,是否符合用户需求;

(4)页面在窗口中的显示是否正确、美观(在调整浏览器窗口大小时,屏幕刷新是否正确),表单样式大小、格式,是否对提交数据进行验证(如果在页面部分进行验证的话)等;

(5)链接的形式、位置是否易于理解等。

2)测试技术

通过页面浏览确定使用的页面是否符合需求。可以结合兼容性测试对不用分辨率下页面显示效果,如果有影响应该交给设计人员提出解决方案。

可以结合数据定义文档查看表单项的内容、长度等信息。

对于动态生成的页面最好也能进行浏览查看。如 Servelet 部分可以结合编码规范,进行代码检查。

3)界面测试要素

符合标准和规范、灵活性、正确性、直观性、舒适性、实用性和一致性。

(1)直观性

用户界面应洁净,不唐突,不拥挤,界面不应该为用户制造障碍,所需功能或者期待的响应应该明显,并在预期出现的地方。

① 界面组织和布局合理吗?

② 是否允许用户轻松地从一个功能转到另一个功能？

③ 下一步做什么明显吗？

④ 任何时刻都可以决定放弃或者退回、退出吗？

⑤ 输入得到确认承认了吗？

⑥ 菜单或者窗口是否深藏不露？

⑦ 有多余功能吗？

⑧ 软件整体抑或局部是否做得太多？

⑨ 是否有太多特性把工作复杂化了？

⑩ 是否感到信息太庞杂？

⑪ 如果其他所有努力失败，帮助系统真能帮忙吗？

（2）一致性

网站的每个页面都应当遵循一个主题，所以在格式设计上力求保持一致或者大体相仿。一致性主要包括结构的一致性、色彩的一致性、导航的统一和特别元素的一致性，另外还要注意下面列出的三个方面。

① 快捷键和菜单选项：如在 Windows 中按 F1 键总是得到帮助信息吗？

② 术语和命令：整个软件使用同样的术语吗？特性命名一致吗？例如，Find 是否一直叫 Find，而不是有时叫 Search？

③ 按钮位置和等价的按键：如"确定"按钮总是在上方或者左方，而"取消"按钮总是在下方或右方，同样，"取消"按钮的等价按键通常是 Esc 键，而"确定"按钮的等价按键通常是回车键。

（3）灵活性

① 状态跳转：灵活的软件实现同一任务有多种选择方式。

② 状态终止和跳过：具有容错处理能力。

③ 数据输入和输出：用户希望有多种方法输入数据和查看结果。例如，在文本框中输入文字可用键盘输入、粘贴，或者用鼠标从其他程序拖动。

（4）舒适性

① 恰当：软件外观和感觉应该与所做的工作和使用者相符。

② 错误处理：程序应该在用户执行严重错误的操作之前提出警告，并允许用户恢复由于错误操作导致丢失的数据。

③ 性能：快速移动或滚动不见得是好事，要让用户看清显示的信息以及在做什么。

5．兼容性测试

需要验证应用程序可以在用户使用的机器上运行。如果用户是全球范围的，需要测试各种操作系统、浏览器、视频设置和 modem 速度。最后，还要尝试各种设置的组合。

1）平台测试

市场上有很多不同的操作系统类型，最常见的有 Windows、UNIX、Macintosh、Linux 等。Web 应用系统的最终用户究竟使用哪一种操作系统，取决于用户系统的配置。这样，就可能会发生兼容性问题，同一个应用可能在某些操作系统下能正常运行，但在另外的操作系统下可能会运行失败。因此，在 Web 系统发布之前，需要在各种操作系统下对 Web 系统进行兼容性测试。

2）浏览器测试

浏览器是 Web 客户端最核心的构件,来自不同厂商的浏览器对 Java、JavaScript、ActiveX、plug-ins 或不同的 HTML 规格有不同的支持。例如,ActiveX 是 Microsoft 的产品,是为 Internet Explorer 而设计的,JavaScript 是 Netscape 的产品,Java 是 Sun 的产品等。另外,框架和层次结构风格在不同的浏览器中也有不同的显示,甚至根本不显示。不同的浏览器对安全性和 Java 的设置也不一样。

3）视频测试

页面版式在不同的分辨率模式下是否显示正常? 字体是否太小以至于无法浏览? 或者是太大? 文本和图片是否对齐?

4）打印机测试

有不少用户喜欢阅读而不是盯着屏幕,因此需要验证网页打印是否正常。有时在屏幕上显示的图片和文本的对齐方式可能与打印出来的东西不一样。测试人员至少需要验证订单确认页面打印是正常的。

6. 接口测试

在很多情况下,Web 网站不是孤立的,可能会与外部服务器通信,请求数据、验证数据或提交订单。

1）服务器接口

第一个需要测试的接口是浏览器与服务器的接口。测试人员提交事务,然后查看服务器记录,并验证在浏览器上看到的正好是服务器上发生的。测试还可以查询数据库,确认事务数据已正确保存。

2）外部接口

有些 Web 系统有外部接口,如网上商店可能要实时验证信用卡数据以减少欺诈行为的发生。测试的时候,要使用 Web 接口发送一些事务数据,分别对有效信用卡、无效信用卡和被盗信用卡进行验证。如果商店只使用 Visa 卡和 Mastercard 卡,可以尝试使用 Discover 卡的数据(简单的客户端脚本能够在提交事务之前对代码进行识别,例如 3 表示 American Express,4 表示 Visa,5 表示 Mastercard,6 代表 Discover)。通常,测试人员需要确认软件能够处理外部服务器返回的所有可能的消息。

3）错误处理

最容易被忽略测试的地方是接口错误处理。尝试在处理过程中中断事务,看看会发生什么情况,订单是否完成,尝试中断用户到服务器的网络连接,尝试中断 Web 服务器到信用卡验证服务器的连接。在这些情况下,系统能否正确处理这些错误,是否已对信用卡进行收费,如果用户自己中断事务处理,在订单已保存而用户没有返回网站确认的时候,需要由客户代表致电用户进行订单确认。

7. 可用性/易用性测试

使用科学的测试方法框架,对用户使用的网站导航及在网站上完成若干任务等方面进行测试,测试者观察其行为并做记录,进行分析得出结论。网站可用性测试整个过程就是用户使用网站最初以及最真实的体验,通过可用性测试,可以了解到代表性的目标用户对网站界面、功能、流程的认可程度,获知改良的可能性方案,特别在交互流程中能得出一些很不错的用户行为规律。

1）导航测试

导航描述了用户在一个页面内操作的方式,在不同的用户接口控制之间,例如按钮、对话框、列表和窗口等,或在不同的连接页面之间。考虑下列问题,可以决定一个 Web 应用系统是否易于导航。

（1）导航是否直观?

（2）Web 系统的主要部分是否可通过主页存取?

（3）Web 系统是否需要站点地图、搜索引擎或其他的导航帮助?

在一个页面上放太多的信息往往起到与预期相反的效果。Web 应用系统的用户趋向于目的驱动,很快地扫描一个 Web 应用系统,看是否有满足自己需要的信息,如果没有,就会很快地离开。很少有用户愿意花时间去熟悉 Web 应用系统的结构,因此,Web 应用系统导航帮助要尽可能地准确。

导航的另一个重要方面是 Web 应用系统的页面结构、导航、菜单、连接的风格是否一致。确保用户凭直觉就知道 Web 应用系统里面是否还有内容,内容在什么地方。Web 应用系统的层次一旦决定,就要着手测试用户导航功能,让最终用户参与这种测试,效果将更加明显。

2）图形测试

在 Web 应用系统中,适当的图片和动画既能起到快速传递信息的作用,又能起到美化页面的功能。一个 Web 应用系统的图形可以包括图片、动画、边框、颜色、字体、背景、按钮等。图形测试的内容有如下 4 个方面。

（1）要确保图形有明确的用途,Web 应用系统的图片尺寸要尽量地小,并且要能清楚地说明某件事情,一般都链接到某个具体的页面。

（2）验证所有页面字体的风格是否一致。

（3）背景颜色应该与字体颜色和前景颜色相搭配。

3）内容测试

内容测试用来检验 Web 应用系统提供信息的正确性、准确性和相关性。

信息的正确性是指信息是可靠的还是误传的。例如,在商品价格列表中,错误的价格可能引起财政问题甚至导致法律纠纷。

信息的准确性是指是否有语法或拼写错误。这种测试通常使用一些文字处理软件来进行,如使用 Microsoft Word 的"拼音与语法检查"功能。

信息的相关性是指是否在当前页面可以找到与当前浏览信息相关的信息列表或入口,也就是一般 Web 网站中的"相关文章列表"。

4）整体界面测试

整体界面是指整个 Web 应用系统的页面结构设计,是给用户的一个整体感。例如,当用户浏览 Web 应用系统时是否感到舒适,是否凭直觉就知道要找的信息在什么地方,整个 Web 应用系统的设计风格是否一致。对整体界面的测试过程,其实是一个对最终用户进行调查的过程,一般 Web 应用系统采取在主页上做一个调查问卷的形式,来得到最终用户的反馈信息。

对所有的可用性测试来说,都需要有外部人员(与 Web 应用系统开发没有联系或联系很少的人员)的参与,最好是最终用户的参与。

7.2.3 网站测试方法

1. 白盒测试

白盒测试(White Box Testing)也称结构测试或逻辑驱动测试,它是按照程序内部的结构测试程序,通过测试来检测产品内部动作是否按照设计规格说明书的规定正常进行,检验程序中的每条通路是否都能按预定要求正确工作。这一方法是把测试对象看作一个打开的盒子,测试人员依据程序内部逻辑结构相关信息,设计或选择测试用例,对程序所有逻辑路径进行测试,通过在不同点检查程序的状态,确定实际的状态是否与预期的状态一致。

白盒测试方法有代码检查法、静态结构分析法、静态质量度量法、逻辑覆盖法、基本路径测试法、域测试、符号测试、路径覆盖、程序变异。

2. 黑盒测试

黑盒测试(Black Box Testing)也称功能测试或数据驱动测试,它是针对已知产品所应具有的功能,通过测试来检测每个功能是否都能正常使用,在测试时,把程序看作一个不能打开的黑盒子,在完全不考虑程序内部结构和内部特性的情况下,测试者在程序接口进行测试,它只检查程序功能是否按照需求规格说明书的规定正常使用,程序是否能适当地接收输入数据而产生正确的输出信息,并且保持外部信息(如数据库或文件)的完整性。

黑盒测试方法主要有等价类划分、边值分析、因果图、错误推测等,主要用于软件确认测试。黑盒测试技术是功能部分的测试,即派生出执行程序所有功能需求的输入条件,从而导出测试用例,进行测试的方法。可以结合兼容、性能测试等方面进行,根据软件需求,设计文档,模拟客户场景随系统进行实际的测试,这种测试技术是使用最多的测试技术,涵盖了测试的方方面面,可以考虑以下方面。

正确性:计算结果、命名等方面。

可用性:是否可以满足软件的需求说明。

边界条件:输入部分的边界值,就是使用一般书中说的等价类划分,试试最大、最小和非法数据等。

性能:在正常使用的时间内,系统完成一个任务需要的时间,多人同时使用的时候响应时间,在可以接受范围内。J2EE 技术实现的系统在性能方面更是需要照顾的,一般原则是 3 秒以下接受,3～5 秒可以接受,5 秒以上就影响易用性了。如果在测试过程中发现性能问题,修复起来是非常艰难的,因为这常常意味着程序的算法不好、结构不好,或者设计有问题。因此在产品开发的开始阶段,就要考虑到软件的性能问题。

压力测试:多用户情况可以考虑使用压力测试工具,建议将压力和性能测试结合起来进行。如果有负载平衡的话还要在服务器端打开监测工具,查看服务器 CPU 使用率、内存占用情况,如果有必要可以模拟大量数据输入,看看对硬盘的影响等,如果影响较大则必须进行性能优化(软硬件都可以)。

错误恢复:错误处理,页面数据验证,包括突然间断电、输入脏数据等。

安全性测试:可以考虑破坏性测试。

兼容性:不同浏览器、不同应用程序版本在实现功能时的表现,即程序在各种不同的设置下表现如何。

3. 单元测试(Unit Test)

单元测试(Unit Test)是指对软件中的最小可测试单元进行检查和验证。单元测试是在软件开发过程中要进行的最低级别的测试活动,软件的独立单元将在与程序的其他部分相隔离的情况下进行测试。通常来说,程序员每修改一次程序就会进行最少一次单元测试,在编写程序的过程中前后很可能要进行多次单元测试,以证实程序达到软件规格书要求的工作目标,没有程序错误。

单元测试和白盒测试是不同的,虽然单元测试和白盒测试都是关注功能,它们都需要代码支持,但是级别不同。白盒测试关注的是类中一个方法的功能,是一个小的单位,但是完成一个单元测试则可能涉及多个类,做单元测试需要什么写驱动和稳定桩,比如查询单元是一个查询包,包含多个测试类、测试数据,运行它需要提供数据的部分,输入参数和发出命令的驱动等,是比类大的一个整体进行的。

7.3 网站的维护

网站维护是指网站投入运行后的所有工作,包括网站日常维护、更新和升级。网站日常维护是指对网站运行状况进行监控,发现运行问题及时解决,并将网站运行的相关情况进行统计和汇总。网站更新是指在不改变网站结构和页面形式的情况下,为网站的固定栏目增加或修改内容。网站升级是指对网站结构、风格、功能、服务器、操作系统、数据库等进行重新规划与开发,以适应新的业务需要。

7.3.1 网站文件管理

网站是相关文件信息的集合,这些文件必定要存放在具体的存储器中,并且通过网页的超链接得以互相跳转或形成一个完整的页面,网站文件管理应根据网站结构来进行组织和管理。网站结构是指网站中页面间的层次关系,按性质可分为逻辑结构及物理结构。

逻辑结构:指的是页面之间的链接层次关系。

物理结构:就是在 URL 地址上看见的网页的物理存放位置,涉及的概念是网站目录。

1. 网站页面信息的组织结构

网站页面的内容在组织上应该做到层次分明、清晰、易于信息浏览。常常采用顺序结构、层次结构、网状结构和复合结构来组织页面。

2．网站目录的组织结构

网站的目录是指建立网站时创建的目录，它是一个网站所有信息文件存放在实际物理存储空间的组织结构形式。网站目录结构的好坏，对于网站本身的维护，站点内容未来的扩充和移植却有着重要的影响。下面是规划目录结构时应当遵循的几个原则。

1）按栏目内容分别建立子目录

此方法是按站点内容的主要栏目建立对应的目录。例如：网页教程类站点可以根据技术类别分别建立相应的目录，如 Flash、XHTML、JavaScript 等；企业站点可以按公司简介、产品介绍、价格、在线订单、反馈联系等建立相应目录。其他的次要栏目，比如今日要闻、友情链接等内容较多，需要经常更新的栏目可以建立独立的子目录。而一些相关性强，不需要经常更新的栏目，例如，关于本站、关于站长、站点经历等可以合并放在一个统一目录下。所有的相关程序一般都存放在特定目录。

2）在每个主要目录下都建立独立的图像（images）目录

一般网站根目录下都有一个图像（images）目录，但是如果将所有图片都存放在这个目录里面，会造成很大的不便。当需要更新某个主栏目，或者将某个栏目删除时，图片的管理相当麻烦，往往反复几次后图像就成为一个庞大的垃圾目录了。为每个主栏目建立一个独立的图像目录可以方便站点图片文件的管理。而根目录下的图像目录只是用来存放根目录内页面文件使用的图片和一些通用栏目使用的图片。

3）目录的层次不要太深

当一个栏目内的内容比较多，可以建立下级子目录，如音乐（music）栏目下可以建立民歌、流行、校园、轻音乐等子栏目，这样便于一个网站及时方便地更新内容。但目录的层次建议不要过多，因为这样容易造成链接层次太深，会使用户单击多次才能找到需要的音乐。

4）其他需要注意的事项

（1）切忌使用中文目录

网络无国界，使用中文目录可能对网址的正确解析造成困难，尤其是国外的浏览者。

（2）不要使用过长的目录

尽管服务器支持长文件名，但是太长的目录名不便于记忆，也没有必要。

（3）尽量使用意义明确的目录

如上面提到的网页教程类站点例子中，可以用 Flash、XHTML、JavaScript 这几个名称来建立目录，便于记忆和管理呢。

3．页面间相互链接的组织结构

页面间相互链接的组织结构是指页面之间相互链接的拓扑结构。它建立在目录组织结构基础之上，但可以跨越目录。

一般建立网站链接的组织结构有树状链接结构（如图 7.6）和星型链接结构（如图 7.7）的两种基本方式。

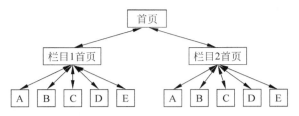

图 7.6　网站链接的树状组织结构

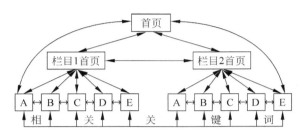

图 7.7　网站链接的星型组织结构

7.3.2　维护的基本内容

1．服务器软件维护

服务器软件维护包括服务器、操作系统、和 Internet 连接线路等，以确保网站的 24 小时不间断正常运行。一个好的网站需要定期或不定期地更新内容，才能不断地吸引更多的浏览者，增加访问量。

2．服务器硬件维护

计算机硬件在使用中常会出现一些问题，同样，网络设备也同样影响企业网站的工作效率，网络设备管理属于技术操作，非专业人员的误操作有可能导致整个企业网站瘫痪。没有任何操作系统是绝对安全的。维护操作系统的安全必须不断地留意相关网站，及时地为系统安装升级包或者打上补丁。

3．网站安全维护

随着黑客人数日益增长，网站的安全日益遭到挑战，像 SQL 注入、跨站脚本、文本上传漏洞等，而网站安全维护也成为日益重视的模块。而网站安全的隐患主要是源于网站的漏洞存在，所以网站安全维护关键在于早发现漏洞和及时修补漏洞。

4．网站内容维护

建站容易维护难，维护不良的网站不仅不能起到应有的作用，反而会对企业自身形象造成不良影响。网站维护时，除了日常内容的维护外，还要考虑以下内容的维护。

1）对留言板进行维护

网站制作好留言板或论坛后，要经常维护，总结意见。一方面尽可能快地答复，另一方面,要记录下来进行切实的改进。

2) 对客户的电子邮件进行维护

所有的企业网站都有自己的联系页面,通常是管理者的电子邮件地址,经常会有一些信息发到邮箱中,对访问者的邮件要答复及时。最好是在邮件服务器上设置一个自动回复的功能,这样能够使访问者对站点的服务有一种安全感和责任感,然后再对用户的问题进行细致的解答。

3) 维护投票调查的程序

企业的站点上部分也有一些投票调查的程序,用来了解访问者的喜好或意见。一方面对已调查的数据进行分析;另一方面,也可以经常变换调查内容。

4) 对 BBS 进行维护

BBS 是一个自由的天地,作为企业网站,可以自由地讨论技术问题。对于 BBS 的实时监控尤为重要,比如一些色情、反动的言论要马上删除,否则会影响企业的形象。

5. 维护时应注意的问题

网站维护是一个长期过程,维护过程中应注意以下 5 个问题,使网站能长期顺利地运转。

(1) 在网站建设初期,就要对后续维护给予足够的重视,要保证网站后续维护所需资金和人力。

(2) 要从管理制度上保证信息渠道的通畅和信息发布流程的合理性。确立一套从信息收集、信息审查到信息发布的良性运转的管理制度,既要考虑信息的准确性和安全性,又要保证信息更新的及时性。

(3) 在建设过程中要对网站的各个栏目和子栏目进行尽量细致的规划,在此基础上确定哪些是经常要更新的内容,哪些是相对稳定的内容。

(4) 对经常变更的信息,尽量用结构化的方式管理起来,以避免数据杂乱无章的现象。

(5) 要选择合适的网页更新工具。

7.3.3 访问数据分析

网站数据流量分析主要包含流量分析、用户分析和来源分析三个方面。

1. 流量分析

一般来说,每个 IP 地址可以有多个用户的访问(比如 IP 地址是代理服务器),每个用户又会产生多个会话,每个会话会包括多个页面浏览量(PV),所以它们的关系是 PV≥会话数≥用户数≥IP 数。如果网站在一段时间内会话数和页面浏览量在数值上比较接近,说明大部分的访问者查看了少量页面就会离去,甚至只看了主页页面,此时需要丰富自己网站的内容,设置合理的页面内部链接,引导访问者持续地了解网站信息。如果网站在这段时间内直接输入流量较多,说明大部分的访问者都是熟悉网站的老用户,如果想发展更多的新用户,需要在更广泛的范围内推广网站。

2．用户分析

用户分析是指分析访问网站的用户是发展用户还是回头用户。

发展用户是指该访问者以前没有访问过自己的网站，而本次访问是第一次到访的访问者，换个角度就是说网站新发展来的访问者。回头用户和发展用户相反，是指该访问者以前访问过网站，本次访问是再次到访。

发展用户和回头用户之和是这段时间内访问网站的用户数。如果网站在这段时间内发展用户较多，说明大部分的访问者都是初次到访的新发展用户，如果想保留住这些用户，需要及时更新网站内容，尽可能地的使网站内容丰富。合理的比例是发展用户和回头用户任意项指标都在 40％和 60％之间。

3．来源分析

来源分析是指分析用户通过什么途径访问自己的网站。通常包含三种方法，即直接输入、搜索引擎和外部链接，通过直接输入流量、搜索引擎流量和外部链接流量分析可知三种方法各自的多少。

1）直接输入流量

直接输入流量指访问者通过 3721 网络实名，CNNIC 通用网址和 Google 实名通等客户端插件访问网站所产生的流量。这反映了网站的黏度，直接输入的越多，对网站品牌的塑造越有帮助。

2）搜索引擎流量

搜索引擎流量指访问者通过搜索引擎访问网站所产生的流量。如果某一个时间段内，来自于搜索引擎的比重高了，而且流量的绝对值也增高了，这表明网站效果提升了。

另外，可以进一步分析用户在搜索引擎中使用什么样的关键词找到网站的，通过对此项内容的分析，可以找到关键词中的规律，如选定的关键词是不是有效，是否存在与内容相关甚至更佳但被忽略的关键词等。在此基础上，更改、调整或强化相应关键词，以求达到更好的网站优化效果。

3）外部链接流量

外部链接流量指访问者通过其他网站的友情链接或者其他网站的广告访问网站所产生的流量。通过对有效的用户来源分析，可以知道哪些页面最受欢迎及为什么受欢迎，又有哪些页面不受欢迎其原因在哪等，找到人们如何发现及以什么方式浏览网站的规律，从而能够为改进网站提供基本思路，这样，才可以使网站更具吸引力。

除了流量分析，还应分析用户在网站内的浏览行为，如用户在网站上停留多长时间，他们如何浏览网站等，此分析可以帮助发现网站结构是否合理，网站内的导航是否有效。对网站结构方面的分析还包括用户是否跳过多个页面，或者仅在某个页面上停留较短时间即离开网站，这往往意味着用户难以找到他们所需的具体内容，或者也可能表示网站页面的载入时间过长，导致用户失去兴趣。

7.3.4　远程与本地站点同步

本地站点与远程站点的同步更新,是其站点管理的主要功能之一。所谓同步更新,是指使本地站点与远程站点的文件随时保持一致。另外,同步更新操作可以针对文件、文件夹甚至是整个站点。

在 Dreamweaver 中同步本地和远程站点上的文件方法如下。

(1) 在"文件"面板中选择需要同步更新的文件或文件夹。

(2) 执行"站点"→"同步站点范围"命令,将弹出对话框。

(3) 如果希望整个站点进行同步更新,可在"同步"下拉列表中选择"整个站点"选项,如果只同步更新某些文件,那么在"同步"下拉列表中选择"仅选中的本地站点"选项。

(4) 接下来在"方向"下拉列表中设置问价传输方向,其右侧的下拉列表中提供了三种不同的设置。

(5) 单击"预览"按钮,Dreamweaver 就可以对远程站点和本地站点进行同步了。

如果远程站点是个 FTP 服务器(而不是网络服务器),那么使用 FTP 同步网站文件。在同步站点之前,Dreamweaver 会验证需要从远程服务器上传或下载的文件。Dreamweaver 在完成同步以后还会对被更新的文件进行确认。

若要查看本地站点和远程站点上哪个文件更新,且并不进行同步,可以选择"编辑"→"选取较新的本地文件"或"编辑"→"选取较新的远端文件"命令。

习题 7

一、填空题

1. 任何一个连接到因特网的计算机都可作为 Web 服务器,只要在它上面安装并运行(　　)即可。

2. 主页文档是在浏览器中输入网站域名,而未指定所要访问的网页文件时,(　　)访问的页面文件。

3. 一般上传文件分为(　　)上传和(　　)上传两种方法。

4. Cookies 通常用来存储(　　)和用户在某应用系统的操作。

5. Web 中的(　　)指的就是用户在浏览某个网站时,从进入网站到浏览器关闭所经过的这段时间,也就是用户浏览这个网站所花费的时间。

6. 通过(　　)测试,可以了解到各个代表性的目标用户对网站界面、功能、流程的认可程度,获知改良的可能性方案。

7. 内容测试用来检验 Web 应用系统提供信息的正确性、(　　)和(　　)。

8. (　　)按照程序内部的结构测试程序,通过测试来检测产品内部动作是否按照设计规格说明书的规定正常进行,检验程序中的每条通路是否都能按预定要求正确工作。

9. 网站维护是指网站投入运行后的所有工作,包括网站日常维护、(　　)和(　　)。

10. 网站数据流量分析主要包含(　　)、(　　)和(　　)三个方面。

二、选择题

1. CuteFTP 软件是目前使用最为广泛也是最好使用的（　　）。
    A. 图像处理软件　　　　　　　　　　B. 应用服务器软件
    C. Web 上传工具软件　　　　　　　　D. 文件上传工具软件

2. （　　）不是 Web 上传的应用。
    A. 在线撰写 E-mail　　　　　　　　　B. 在 QQ 空间或网易相册上传照片
    C. 上传文件到网络硬盘　　　　　　　D. 免费网站空间提供的上传服务

3. 下列关于 Session 说法正确的是（　　）。
    A. Session 的有效期时长默认为 90 秒，且不能修改
    B. 指一个终端用户与交互系统进行通信的时间间隔
    C. 用来存储用户信息和用户在某应用系统的操作
    D. 以上全都错

4. Web 服务器实质上是一套响应浏览器请求而发送给浏览器相应的数据的（　　）。
    A. 程序　　　　　B. 集合　　　　　C. 网页　　　　　D. 计算机

5. 网站的一致性主要体现在结构、色彩、导航和（　　）的一致性 4 个方面。
    A. 快速键和菜单选项　　　　　　　　B. 特别元素
    C. 术语和命令　　　　　　　　　　　D. 按钮位置和等价的按键

6. （　　）不是内容测试检验的项。
    A. 正确性　　　　　B. 准确性　　　　　C. 相关性　　　　　D. 易用性

7. 用户分析是指分析访问网站用户是发展用户还是回头用户。合理的比例是发展用户和回头用户任意项指标都在（　　）之间。
    A. 20% 和 80%　　B. 30% 和 70%　　C. 40% 和 60%　　D. 50%

8. 来源分析是指分析用户通过什么途径访问自己的网站，其中（　　）不是来源分析包含的方法。
    A. 直接输入　　　　B. 搜索引擎　　　　C. 页面浏览　　　　D. 外部链接

9. 如果网站在一段时间内会话数和页面浏览量在数值上比较接近，说明大部分的访问者查看了（　　）页面离去。
    A. 许多　　　　　B. 少量　　　　　C. 主页　　　　　D. 全部

10. 浏览器是 Web 客户端最核心的构件，不同厂商的浏览器对 Java、JavaScript、ActiveX、plug-ins 或不同的 HTML 规格具有（　　）的支持。
    A. 不同　　　　　B. 相同　　　　　C. 相反　　　　　D. 全部

三、简答题

1. 链接测试可分为三个方面，简述其具体是什么。
2. 用户界面测试主要包括哪些内容？
3. 图形测试的内容主要包括哪些？
4. 简述白盒测试、黑盒测试和单元测试的不同。
5. 规划目录结构时应当遵循的原则是什么？
6. 简要说明对网站的维护主要包括哪几个部分。

网站设计与建设应用实例

Dreamweaver CS5＋Fireworks CS5＋Flash CS5 的应用使网页设计与制作更为方便和简洁。本章将通过一个"计算机基础教学网"网站的简单实现来展示使用这三款软件配合设计网站的整个过程。网站制作完成后首页如图 8.1 所示。

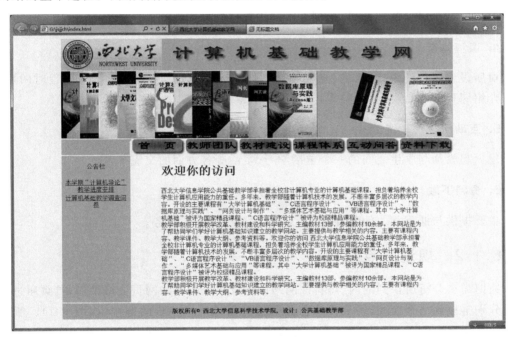

图 8.1　网站首页效果图

8.1　分析与设计

8.1.1　网站的需求分析

计算机基础教学网主要是为学校的公共基础课——"大学计算机基础"的教学所服务的,所以它的设计制作依据主要是学校的计算机基础教学需求。通过多次反复走访一线的"大学计算机基础"授课教师和正在修该课程以及修完该课程的同学,经过细致的分析归纳总结得出：网站至少应该设计实现6大块内容。

1．首页信息

对基础教学部的历史现状从科研教学等各个角度做一个整体性的简要介绍。通过公告栏公布一些教学动态、通知等内容。

2．教师团队

对基础部各位教师的教学科研工作以及特长和职责做详细的介绍，以方便学生遇到问题可以找到合适的老师解决。

3．教材建设

对所开课程使用的教材特点做详尽的介绍，以方便学生阅读使用教材。对基础部的教材建设进度做阶段性的展示等，达到对所出版教材的推广作用。

4．课程体系

对所设置课程的宗旨、目的、意义等做详细的介绍，以消除学生修该门课程时的疑惑。详细介绍课程的设置、构成内容等，方便教学的组织进行。

5．互动问答

建立起教师与学生之间的一个包括学习、生活等各方面的交流平台。

6．资料下载

主要提供与课程相关的各种软件、文档、视频等的下载服务。

8.1.2　规划站点结构

根据需求分析所得到的内容，将该网站设计成一个树形的网页链接结构，首页通过6个链接分别链接到6个模块，每个模块再分别按所需进行进一步的链接（如图8.2）。所有页面统一采用横向上中下划分为三部分的结构，其中上下的高度固定，中间作为主窗口显示相应的不同内容，设计效果如图8.2所示。

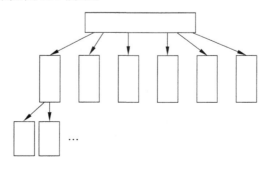

图 8.2　网站链接结构示意图

8.1.3　收集资料

根据需求分析结果,通过各个渠道搜集6个模块的相关内容,包括文字、图片、视频等并保存到一个指定的文件夹下备用。根据设计效果图8.1所示,准备西北大学的校徽图片存到计算机的"我的图片"文件夹下文件名为 xbdx.png,准备基础部教师所编写的教材封面图片存到计算机的"我的图片"文件夹下,文件名分别为 jc1001.jpg、jc1002.jpg、jc1003.jpg、jc1004.jpg、jc1005.jpg、jc2001.jpg、jc2002.jpg、jc2003.jpg、jc2004.jpg、jc3001.jpg、jc3002.jpg、jc4001.jpg、syjc1001.jpg、syjc1002.jpg。此时,计算机的"我的图片"文件夹中图片库如图8.3所示。

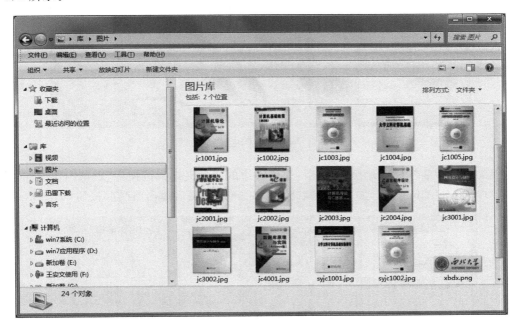

图 8.3　"我的图片"文件夹

8.2　站点制作

8.2.1　新建站点

通过开始菜单或桌面快捷方式启动 Dreamweaver CS5,单击菜单栏"站点"→"新建站点"命令(如图 8.4)。

图 8.4　操作示意图

在弹出的"站点设置对象"对话框中单击"站点"选项卡,在站点名称中输入"计算机基础网站",通过右边的文件夹选择按钮为"本地站点文件夹"选定路径"G:\jsjjch",如果文件夹不存在可新建(如图8.5)。

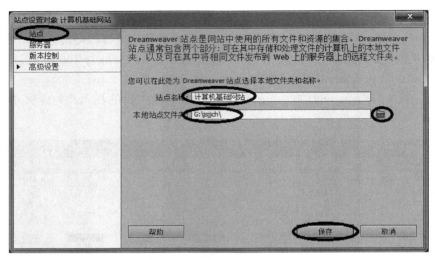

图8.5 "站点设置对象"对话框

单击"高级设置"→"本地信息"选项,通过右边的文件夹选择按钮为"默认图像文件夹"选定路径"G:\jsjjch\images",如果文件夹不存在可新建。最后单击"保存"按钮(如图8.6)。

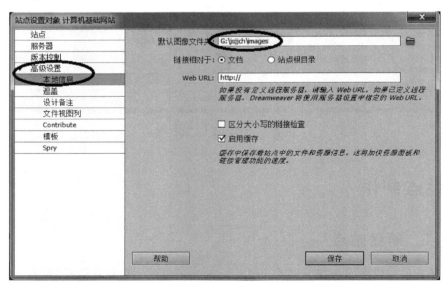

图8.6 "高级设置"选项卡

计算机基础网站就建好了(如图8.7)。

下面向网站中添加网页。单击菜单栏"文件"→"新建"命令(如图8.8)。

在弹出的"新建文档"对话框中单击"空白页"选项卡,在页面类型中选 HTML,最后单击"创建"按钮(如图8.9)。

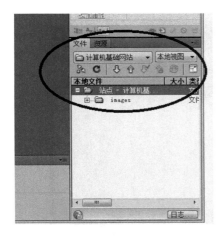

图 8.7 文件夹示意图

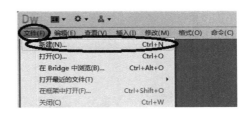

图 8.8 操作示意图

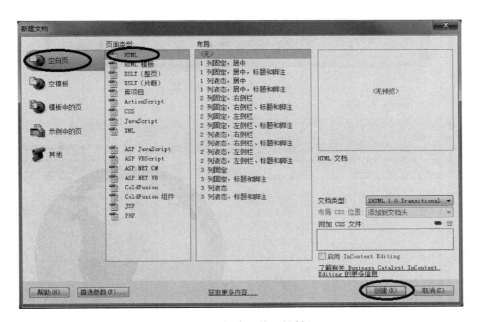

图 8.9 "新建文档"对话框

然后,单击菜单栏"文件"→"保存"命令(如图 8.10)。

在弹出的"另存为"对话框中"保存在"列表框中选择前面所建站点"计算机基础网站"使用的"本地站点文件夹"路径"G:\jsjjch",在文件名中输入 index.html,最后单击"保存"按钮(如图 8.11),添加 index.html 网页后如图 8.12 所示,就可以开始向页面中添加内容了。首先要用图片、视频制作工具把页面中要用到的多媒体材料进行编辑。

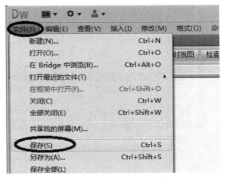

图 8.10 菜单操作示意图

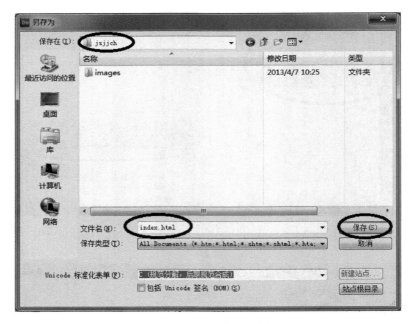

图 8.11 "另存为"对话框

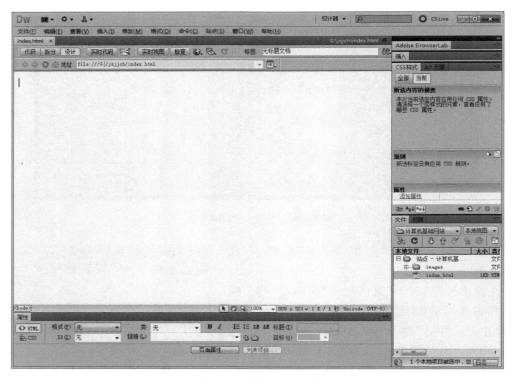

图 8.12 操作界面示意

8.2.2 制作网页图像

1. 制作页首图片

通过开始菜单或桌面快捷方式启动 Fireworks CS5,单击菜单栏"文件"→"新建"命令（如图 8.13）。

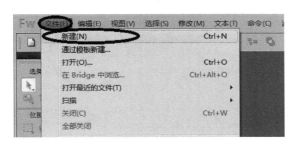

图 8.13 操作示意图

在弹出的"新建文档"对话框中"宽度"设为 1024 像素,"高度"设为 87 像素,画布颜色选自定义,值为♯CCCCFF,其他值默认,最后单击"确定"按钮（如图 8.14）。

单击菜单栏"文件"→"导入"命令（如图 8.15）。

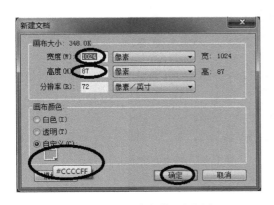

图 8.14 "新建文档"示意图

图 8.15 操作示意图

在弹出的"导入"对话框中的"查找范围"选"我的图片",主窗口中选定 xbdx.png,其他值默认,最后单击"打开"按钮（如图 8.16）。

在弹出的"导入页面"对话框中直接单击"导入"按钮（如图 8.17）。

沿画布左上角向右下拖动鼠标,使图片高度与画布高度一致（如图 8.18）。

然后,单击工具箱中的"文本"工具按钮（如图 8.19）。

在"属性"面板中设置字体为隶书,颜色为♯002C8A,大小为 54,其他值默认（如图 8.20）。

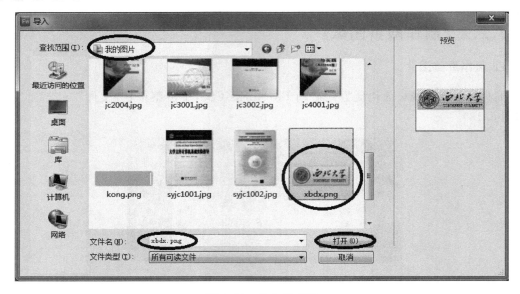

图 8.16　导入示意图

图 8.17　"导入页面"示意图

图 8.18　操作示意图

图 8.19　工具选择示意图

图 8.20　"属性"面板示意图

　　在图像中单击，输入文字"计算机基础教学网"（如图 8.21）。

　　使用工具栏的选择工具选定该文本对象，然后单击属性面板中"滤镜"→"阴影和光晕"→"投影"命令（如图 8.22）。

图 8.21　文字输入示意图

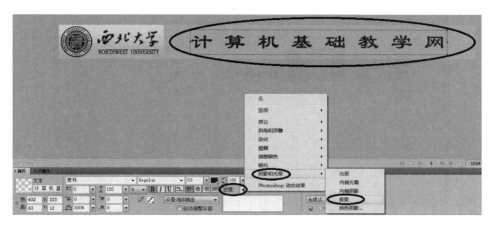

图 8.22　滤镜操作示意图

在弹出的小窗口中做对应值的设置（如图 8.23）。

结果如图 8.24 所示。

图 8.23　操作示意图　　　　　　　　　　　图 8.24　页首图片

单击菜单栏"文件"→"导出"命令（如图 8.25）。

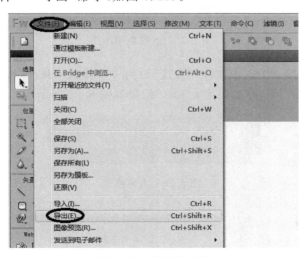

图 8.25　操作示意图

在弹出的"导出"对话框中"保存在"后选计算机基础网站的"默认图像文件夹"路径"G:\
jsjjch\images","文件名"中输入 bt.gif,其他值默认,最后单击"保存"命令(如图 8.26)。

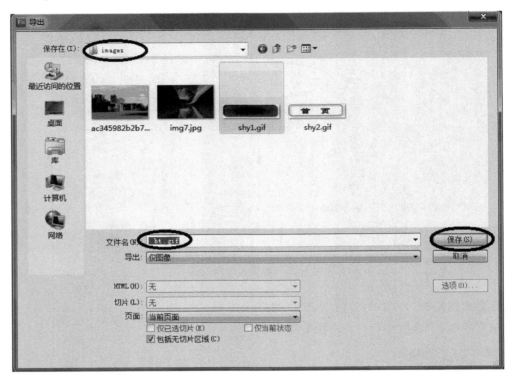

图 8.26　导出操作示意图

用同样的方法制作一个版权图片,"宽度"设为 1024 像素,"高度"设为 43 像素,画布颜
色选自定义,值为♯CCCCFF,导出存为 bq.gif。结果如图 8.27 所示。

版权所有© 西北大学信息科学技术学院,设计:公共基础教学部

图 8.27　版权申明图片

用同样的方法制作一个占位图片,"宽度"设为 183 像素,"高度"设为 43 像素,画布颜色
选自定义,值为♯CCCCFF,导出存为 k.gif。结果如图 8.28 所示。

图 8.28　占位图片

2.制作导航按钮

通过开始菜单或桌面快捷方式启动 Fireworks CS5,单击菜单栏"文件"→"新建"命令
(如图 8.29)。

图 8.29 菜单操作示意图

在弹出的"新建文档"对话框中"宽度"设为 660 像素,"高度"设为 440 像素,其他值默认,最后单击"确定"按钮(如图 8.30)。

图 8.30 "新建文档"示意图

然后,单击工具箱中的"矩形"→"圆角矩形"工具按钮(如图 8.31)。

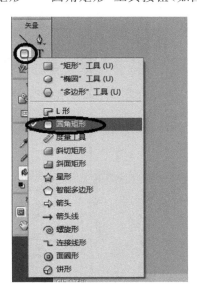

图 8.31 工具选择示意图

在画布中绘制一个圆角矩形，然后选中，在属性面板中设置宽 130，高 35，填充色为♯3366FF，填充类别为渐变中的椭圆形，边缘为消除锯齿，纹理为草，滤镜中选阴影和光晕里的投影，其他值默认（如图 8.32）。

图 8.32　"属性"设置示意图

此时矩形如图 8.33 所示。

单击工具箱中的"文本"工具按钮（如图 8.34）。

图 8.33　按钮示意图　　　　　　图 8.34　工具选择示意图

在属性面板中设置字体为隶书，颜色为♯FF6600，大小为 32，其他值默认（如图 8.35）。

图 8.35　属性设置示意图

在图像中单击，输入文字"首页"（如图 8.36）。

单击菜单栏"修改"→"画布"→"符合画布"命令（如图 8.37）。

图 8.36　按钮图

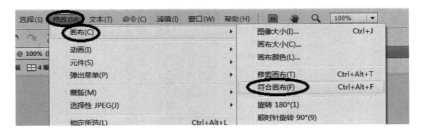

图 8.37　菜单操作示意图

使画布大小变得正合适（如图 8.38）。

单击菜单栏"文件"→"导出"命令（如图 8.39）。

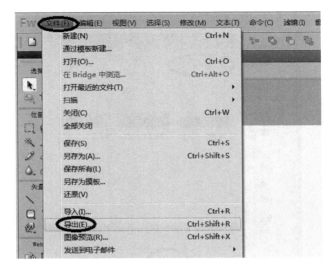

图 8.38　按钮图片　　　　　　　　　　　　　图 8.39　菜单操作示意图

在弹出的"导出"对话框中"保存在"列表框中选计算机基础网站的"默认图像文件夹"路径
"G:\jsjjch\images"，"文件名"中输入 shy1.gif，其他值默认，最后单击"保存"按钮（如图 8.40）。

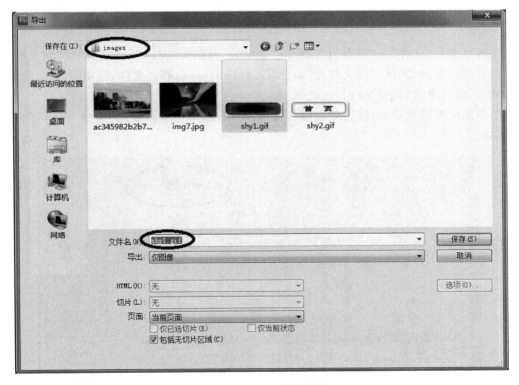

图 8.40　导出操作示意图

单击菜单栏"文件"→"保存"命令,弹出"另存为"对话框中"保存在"后选计算机基础网站的"默认图像文件夹"路径"G:\jsjjch\images","文件名"中输入 b1. png,其他值默认,最后单击"保存"按钮(如图 8.41)。

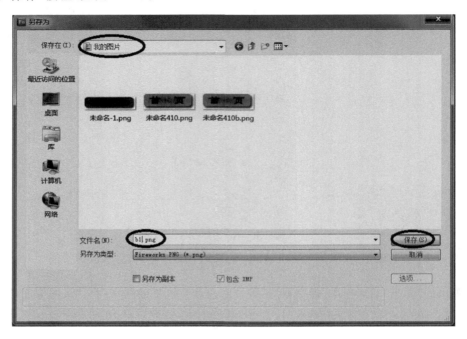

图 8.41 "另存为"示意图

单击菜单栏"文件"→"另存为"命令,在弹出的"另存为"对话框的"保存在"列表框中选计算机基础网站的"默认图像文件夹"路径"G:\jsjjch\images","文件名"中输入 b2. png,其他值默认,最后单击"保存"按钮(如图 8.41)。

单击图中的圆角矩形,然后单击属性面板中"滤镜"→"阴影和光晕"→"投影"命令(如图 8.42)。

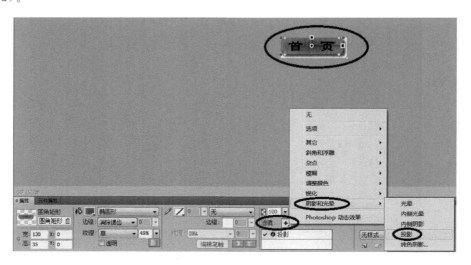

图 8.42 滤镜设置示意图

在弹出的小窗口中选定"去底色"复选框(如图 8.43)。

单击菜单栏"文件"→"导出"命令。在弹出的"导出"对话框中"保存在"后选计算机基础网站的"默认图像文件夹"路径"G:\jsjjch\images","文件名"中输入 shy2.gif,其他值默认,最后单击"保存"按钮(如图 8.26)。

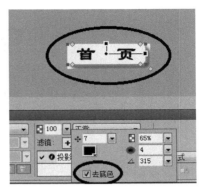

打开文件 b1.png,将文本修改为"教师团队"并导出存为 jshtd1.gif;再分别改为"课程体系"、"教材建设"、"互动问答"、"资料下载",并分别导出存为 kchtx1.gif、jcjsh1.gif、hdwd1.gif、zlxz1.gif。

打开文件 b2.png,将文本修改为"教师团队"并导出存为 jshtd2.gif;再分别改为"课程体系"、"教材建设"、"互动问答"、"资料下载",并分别导出存为 kchtx2.gif、jcjsh2.gif、hdwd2.gif、zlxz2.gif。

图 8.43　操作示意图

8.2.3　制作广告栏动画

通过开始菜单或桌面快捷方式启动 Flash CS5,单击菜单栏"文件"→"新建"命令(如图 8.44)。

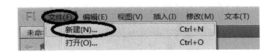

图 8.44　菜单操作示意图

在弹出的"新建文档"对话框中使用默认设置,单击"确定"按钮(如图 8.45)。

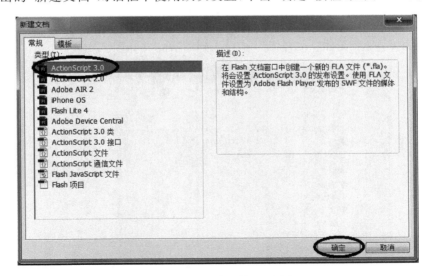

图 8.45　"新建文档"示意图

单击右侧"属性"→"编辑"按钮(如图 8.46)。

在弹出的"文档设置"对话框中设"宽度"设为 1024 像素,"高度"设为 185 像素,背景颜色值设为♯CCCCFF,其他使用默认值,单击"确定"按钮(如图 8.47)。

图 8.46　属性设置示意图

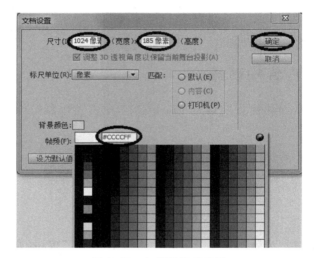

图 8.47　文档设置示意图

然后,单击菜单栏"文件"→"导入"→"导入到库"命令(如图 8.48)。

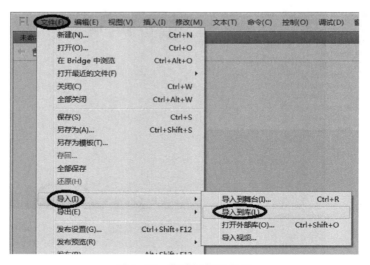

图 8.48　菜单操作示意图

在弹出的"导入到库"对话框中左侧树形目录中选择教材封面图存放位置,在右侧主窗口中选定要用的所有图像文件,最后单击"打开"按钮(如图 8.49)。

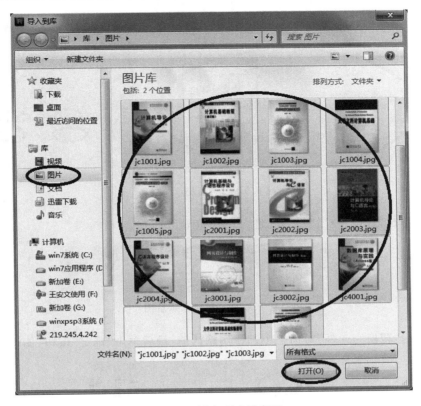

图 8.49　导入到库示意图

单击右侧"库"面板,单击时间轴中图层 1 的第 1 帧,拖动库中 jc1001.jpg 到舞台中(如图 8.50)。

图 8.50　操作示意图

单击右侧"属性"面板,然后修改 X 值为 262,Y 值为 0,宽为 131,高为 185(如图 8.51)。

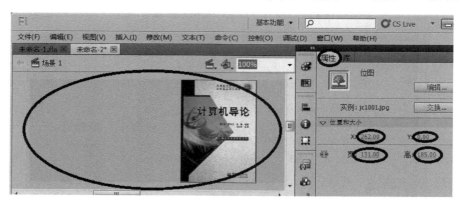

图 8.51　属性设置示意图

单击菜单栏"修改"→"转换为元件"命令(如图 8.52)。

图 8.52　菜单操作示意图

在弹出的"转换为元件"对话框中都使用默认值,最后单击"确定"按钮(如图 8.53)。

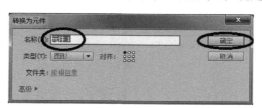

图 8.53　转换为元件示意图

单击时间轴中图层 1 的第 1 帧,单击菜单栏"插入"→"补间动画"命令(如图 8.54)。

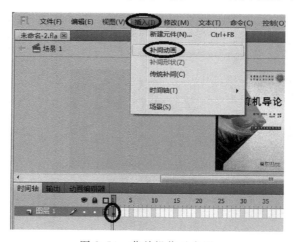

图 8.54　菜单操作示意图

右击时间轴中图层1的第25帧,单击弹出的快捷菜单"插入关键帧"→"位置"命令(如图8.55)。

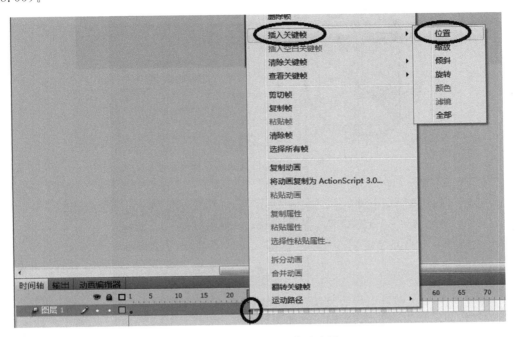

图8.55 快捷菜单操作示意图

将右侧属性面板中"旋转"改为1次,"方向"改为逆时针(如图8.56)。

图8.56 属性设置示意图

单击选中时间轴中图层1的第25帧,单击舞台中的"元件1",在右侧属性面板中修改X的值为0(如图8.57)。

单击菜单栏"控制"→"播放"命令(如图8.58)。

图 8.57　属性设置示意图

图 8.58　菜单操作示意图

可以看到图片在舞台中逆时针滚动一周到达最左边的效果。

单击"新建图层"按钮,新建图层 2(如图 8.59)。

单击右侧"库"面板,然后拖动库中 jc1002.jpg 到舞台中(如图 8.60)。

图 8.59　操作示意图

图 8.60　操作示意图

单击右侧"属性"面板,然后修改 X 值为 311,Y 值为 0,宽为 131,高为 185(如图 8.61)。

右击时间轴中图层 2 的第 26 帧,单击弹出的快捷菜单"插入关键帧"命令(如图 8.62)。

单击菜单栏"修改"→"转换为元件"命令(如图 8.63)。

在弹出的"转换为元件"对话框中都使用默认值,最后单击"确定"按钮(如图 8.64)。

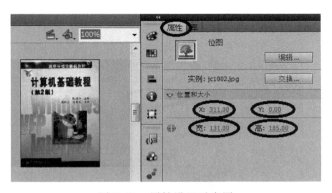

图 8.61 属性设置示意图

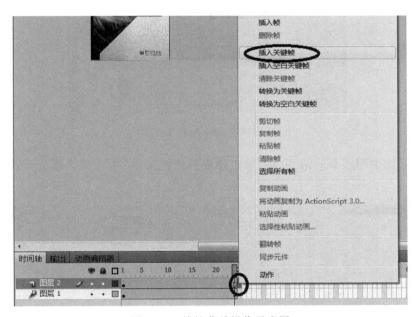

图 8.62 快捷菜单操作示意图

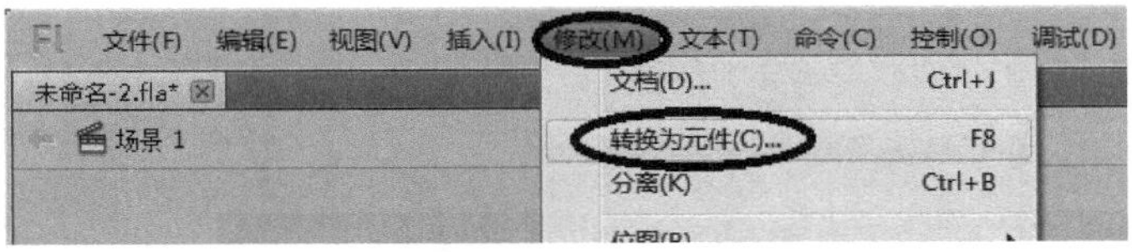

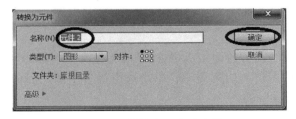

图 8.63 菜单操作示意图

图 8.64 转换为元件示意图

单击时间轴中图层 2 的第 26 帧,单击菜单栏"插入"→"补间动画"命令(如图 8.65)。

图 8.65　菜单操作示意图

右击时间轴中图层 2 的第 50 帧,单击弹出的快捷菜单"插入关键帧"→"位置"命令(如图 8.66)。

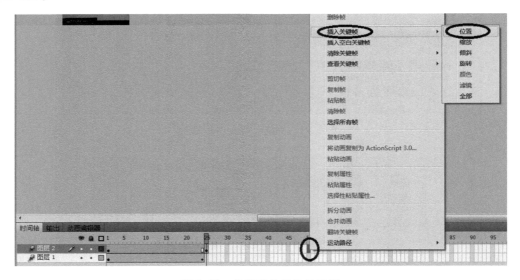

图 8.66　快捷菜单操作示意图

将右侧属性面板中"旋转"改为 1 次,"方向"改为逆时针(如图 8.67)。

单击选中时间轴中图层 2 的第 50 帧,单击选中舞台中的"元件 2",在右侧属性面板中修改 X 的值为 49(如图 8.68)。

单击菜单栏"控制"→"播放"命令(如图 8.69)。

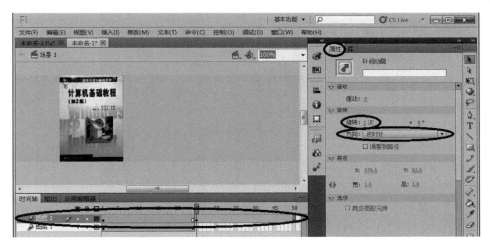

图 8.67 属性设置示意图 1

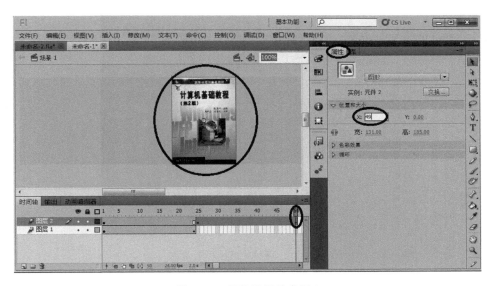

图 8.68 属性设置示意图 2

图 8.69 菜单操作示意图

可以看到两幅图片依次在舞台中逆时针滚动一周到达左边的效果。

继续重复操作新建图层到本位置之前的步骤,分别将库中图片 jc1003.jpg、jc1004.jpg、jc1005.jpg、jc2001.jpg、jc2002.jpg、jc2003.jpg、jc2004.jpg、jc3001.jpg、jc3002.jpg、jc4001.jpg、syjc1001.jpg、syjc1002.jpg 拖入舞台并制作成动画。不同的是后一幅图的 X 值是相邻前一幅对应 X 值加 49,后一幅图的帧数是相邻前一幅对应帧数加 25。制作完成后"时间轴"面板如图 8.70 所示。

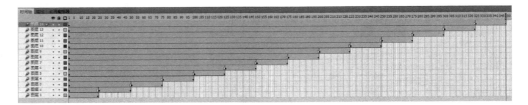

图 8.70　时间轴操作示意图

右击时间轴中图层 13 的第 350 帧，单击弹出的快捷菜单中的"插入帧"命令（如图 8.71）。

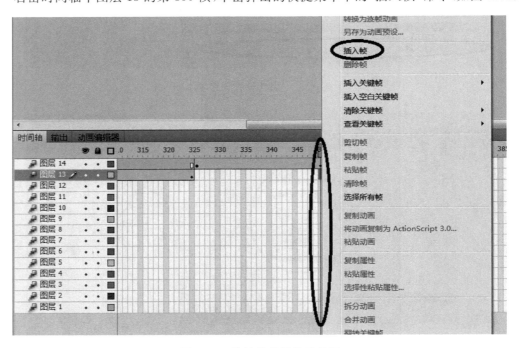

图 8.71　快捷菜单操作示意图

重复操作分别向图层 1～图层 12 的第 350 帧插入帧。完成后时间轴面板如图 8.72 所示。

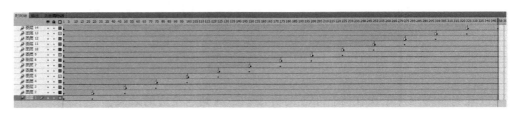

图 8.72　时间轴结果图

可以通过单击菜单栏"控制"→"测试影片"→"测试"命令来观看影片效果（如图 8.73）。
单击菜单栏"文件"→"导出"→"导出影片"命令来导出影片（如图 8.74）。
在弹出的"导出影片"对话框中"保存在"列表框中选计算机基础网站的"默认图像文件

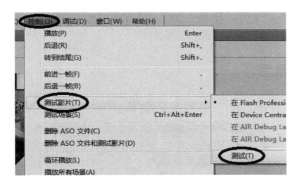

图 8.73　菜单操作示意图

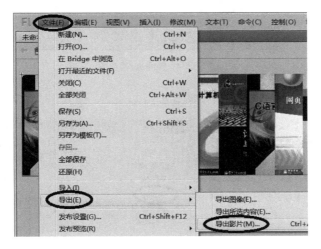

图 8.74　菜单操作示意图

夹"路径"G:\jsjjch\images","文件名"中输入 ggl. swf,其他值默认,最后单击"保存"按钮
(如图 8.75)。

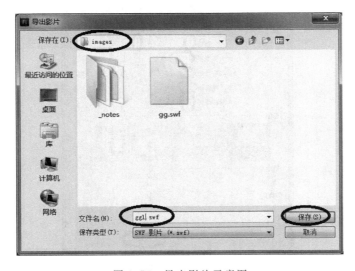

图 8.75　导出影片示意图

单击菜单栏"文件"→"保存"按钮。在弹出的对话框中选默认值将 Flash 文件保存,关闭 Flash CS5。

8.2.4　制作网页

启动 Dreamweaver CS5,双击右侧"文件面板"中的 index.html 打开文件(如图 8.76)。

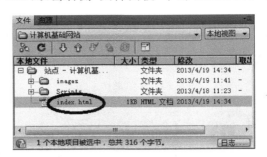

图 8.76　文件夹列表图

单击菜单栏"插入"→"表格"命令(如图 8.77)。

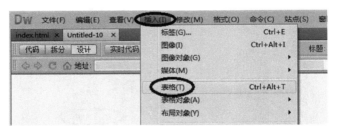

图 8.77　菜单操作示意图

在弹出的"表格"对话框中设"行数"为 5,"列"为 1,"表格宽度"为 1024 像素,"边框粗细"为 0,"单元格边距"为 0,"单元格间距"为 2,其他使用默认值,单击"确定"按钮(如图 8.78)。

图 8.78　表格设置示意图

修改属性面板中的"对齐"方式为"居中对齐"(如图 8.79)。

图 8.79 属性设置示意图

展开右侧"文件"面板中的 images 目录,然后拖动文件夹中的 bt.gif 到表格中第一行内(如图 8.80)。

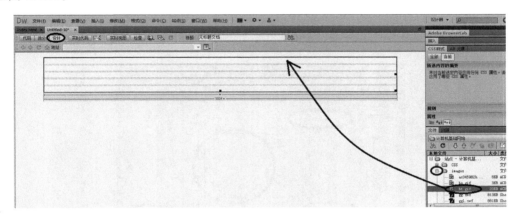

图 8.80 操作示意图

在弹出的"图像标签辅助功能属性"对话框中设置"替换文本"为"标题",其他使用默认值,单击"确定"按钮(如图 8.81)。

图 8.81 替换文本设置示意图

光标停到表格第二行单元格内,单击菜单栏"插入"→"媒体"→SWF 命令(如图 8.82)。

在弹出的"选择 SWF"对话框中"查找范围"列表框中选择选计算机基础网站的"默认图像文件夹"路径"G:\jsjjch\images",单击主窗口中的 ggl.swf 文件,单击"确定"按钮(如图 8.83)。

在弹出的"图像标签辅助功能属性"对话框中设置"替换文本"为"广告动画",其他使用默认值,单击"确定"按钮(如图 8.84)。

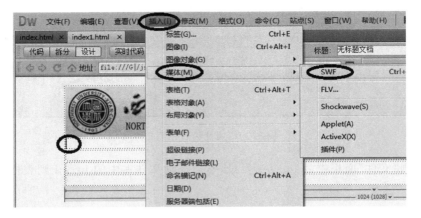

图 8.82　菜单操作示意图

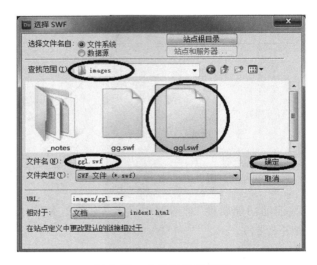

图 8.83　文件选择示意图

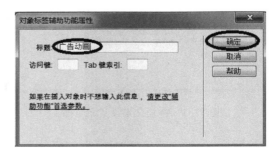

图 8.84　标题设置示意图

　　光标停到表格第三行单元格内，单击菜单栏"插入"→"表格"命令（如图 8.85）。

　　在弹出的"表格"对话框中设"行数"为 1，"列"为 7，"表格宽度"为 1024 像素，"边框粗细"为 0，"单元格边距"为 0，"单元格间距"为 0，其他使用默认值，单击"确定"按钮（如图 8.86）。

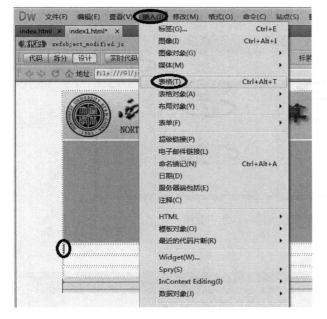

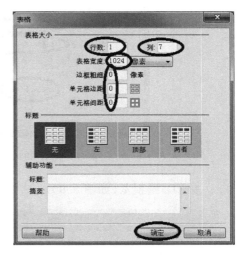

图 8.85 菜单操作示意图　　　　　　图 8.86 表格设置示意图

展开右侧"文件"面板中的 images 目录,然后拖动文件夹中 k.gif 到新建表格中第一个单元格内(如图 8.87)。

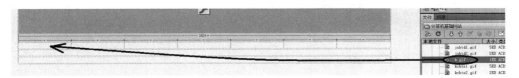

图 8.87 操作示意图

在弹出的"图像标签辅助功能属性"对话框中直接单击"确定"按钮。

光标停到表格第二个单元格内,单击菜单栏"插入"→"图像对象"→"鼠标经过图像"命令(如图 8.88)。

图 8.88 菜单操作示意图

在弹出的"插入鼠标经过图像"对话框中通过"浏览"按钮为"原始图像",选计算机基础网站的"默认图像文件夹"路径"G:\jsjjch\images"下的 shy1.gif 文件。通过"浏览"按钮为"鼠标经过图像"选计算机基础网站的"默认图像文件夹"路径"G:\jsjjch\images"下的 shy2.gif 文件。通过"浏览"按钮为"按下时,前往的 URL"选计算机基础网站的"默认图像文件夹"路径"G:\jsjjch"下的 index.html 文件,单击"确定"按钮(如图 8.89)。

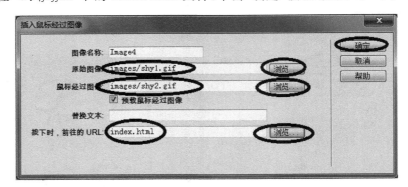

图 8.89　插入鼠标经过图像操作示意图

按 F12 键预览(如图 8.90)。

图 8.90　结果示意图

　　光标停到表格第 3 个单元格内,重复前面三步,在弹出的"插入鼠标经过图像"对话框中通过"浏览"按钮为"原始图像"选计算机基础网站的"默认图像文件夹"路径"G:\jsjjch\images"下的 jshtd1.gif 文件。通过"浏览"按钮为"鼠标经过图像"选计算机基础网站的"默认图像文件夹"路径"G:\jsjjch\images"下的 jshtd2.gif 文件,为"按下时,前往的 URL"直接输入 jshtd.html,单击"确定"按钮。

　　光标停到表格第 4 个单元格内,继续重复前面三步,在弹出的"插入鼠标经过图像"对话框中通过"浏览"按钮为"原始图像"选计算机基础网站的"默认图像文件夹"路径"G:\jsjjch\

images"下的 jcjsh 1. gif 文件。通过"浏览"按钮为"鼠标经过图像"选计算机基础网站的"默认图像文件夹"路径"G:\jsjjch\images"下的 jcjsh2. gif 文件,为"按下时,前往的 URL"直接输入 jcjsh. html,单击"确定"按钮。

光标停到表格第 5 个单元格内,继续重复前面三步,在弹出的"插入鼠标经过图像"对话框中通过"浏览"按钮为"原始图像"选计算机基础网站的"默认图像文件夹"路径"G:\jsjjch\images"下的 kchtx 1. gif 文件。通过"浏览"按钮为"鼠标经过图像"选计算机基础网站的"默认图像文件夹"路径"G:\jsjjch\images"下的 kchtx2. gif 文件,为"按下时,前往的 URL"直接输入 kchtx. html,单击"确定"按钮。

光标停到表格第 6 个单元格内,继续重复前面三步,在弹出的"插入鼠标经过图像"对话框中通过"浏览"按钮为"原始图像"选计算机基础网站的"默认图像文件夹"路径"G:\jsjjch\images"下的 hdwd 1. gif 文件,通过"浏览"按钮为"鼠标经过图像"选计算机基础网站的"默认图像文件夹"路径"G:\jsjjch\images"下的 hdwd2. gif 文件,为"按下时,前往的 URL"直接输入 hdwd. html,单击"确定"按钮。

光标停到表格第 7 个单元格内,继续重复前面三步,在弹出的"插入鼠标经过图像"对话框中通过"浏览"按钮为"原始图像"选计算机基础网站的"默认图像文件夹"路径"G:\jsjjch\images"下的 zlxz 1. gif 文件,通过"浏览"按钮为"鼠标经过图像"选计算机基础网站的"默认图像文件夹"路径"G:\jsjjch\images"下的 zlxz2. gif 文件,为"按下时,前往的 URL"直接输入 zlxz. html,单击"确定"按钮。

按 F12 键预览(如图 8.91)。

图 8.91　结果示意图

光标停到表格第 4 行单元格内,单击菜单栏"插入"→"表格"命令(如图 8.92)。

在弹出的"表格"对话框中设"行数"为 1,"列"为 2,"表格宽度"为 1024 像素,"边框粗细"为 0,"单元格边距"为 0,"单元格间距"为 0,其他使用默认值,单击"确定"按钮(如图 8.93)。

单击选定左侧单元格,修改下方属性面板中的"宽"为 179,"背景颜色"为♯CCCCFF(如图 8.94)。

插入一个 5 行 1 列的表格,输入公告栏内容,并制作针对公告内容的超链接。按 F12 键预览(如图 8.95)。

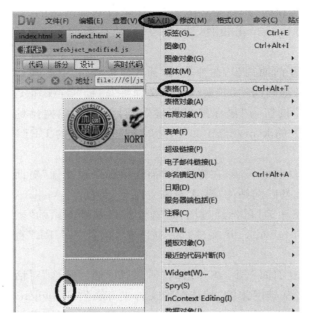

图 8.92　菜单操作示意图　　　　　　　　图 8.93　表格设置示意图

图 8.94　属性设置示意图

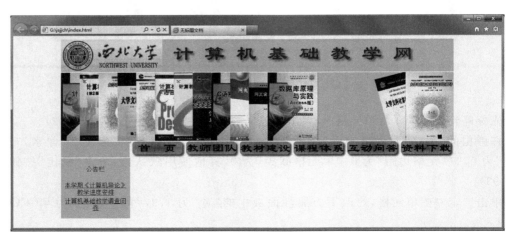

图 8.95　结果示意图

单击选定右侧单元格,输入所收集的关于计算机基础部的介绍内容,并排版。按 F12 键预览(如图 8.96)。

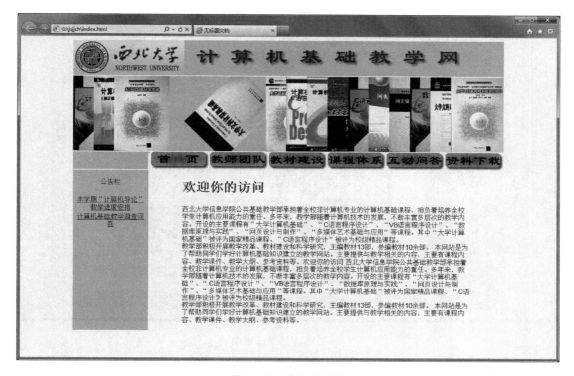

图 8.96 结果示意图

展开右侧"文件"面板中的 images 目录,然后拖动文件夹中 bq.gif 到表格最后一行内(如图 8.97)。

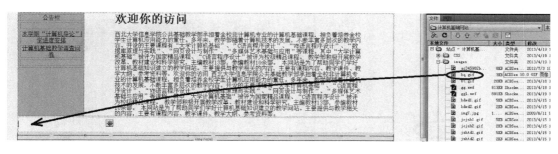

图 8.97 操作示意图

在弹出的"图像标签辅助功能属性"对话框中设置"替换文本"为"版权",其他使用默认值,单击"确定"按钮。网站的首页就制作好了,按 F12 键预览(如图 8.98)。

单击菜单栏"文件"→"另存为模板"命令(如图 8.99)。

在弹出的"另存模板"对话框的"另存为"后输入 index,单击"保存"按钮(如图 8.100)。

单击选定第 4 行中左单元格内的表格(如图 8.101)。

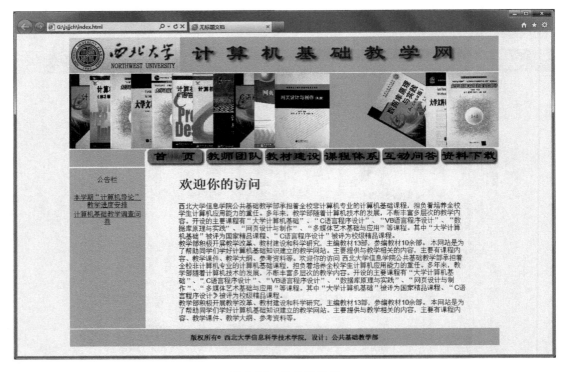

图 8.98　结果示意图

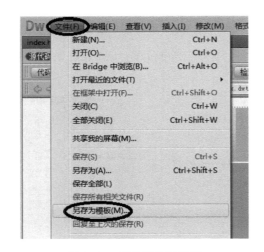

图 8.99　菜单操作示意图

图 8.100　"另存模板"示意图

单击菜单栏"插入"→"模板对象"→"可编辑区域"命令（如图 8.102）。

在弹出的"新建可编辑区域"对话框中修改名称，这里使用默认名称，单击"确定"按钮（如图 8.103）。

选定第 4 行中右单元格，重复上两步操作建立可编辑区域（如图 8.104）。

单击菜单栏"文件"→"新建"命令（如图 8.105）。

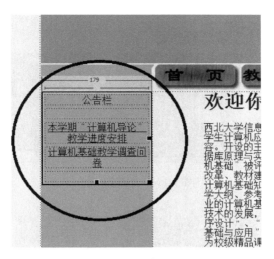

图 8.101　操作结果示意图

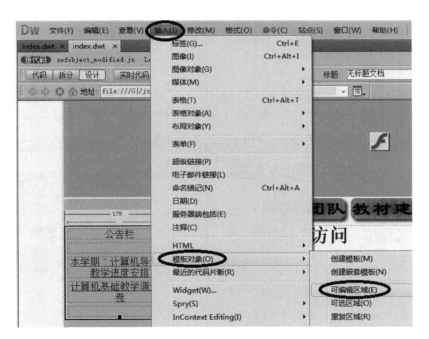

图 8.102　菜单操作示意图

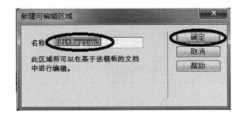

图 8.103　"新建可编辑区域"示意图

图 8.104　结果示意图

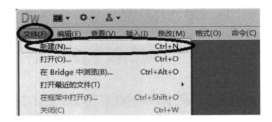

图 8.105　菜单操作示意图

　　在弹出的"新建文档"对话框中单击"模板中的页"选项卡,在"站点"中选"计算机基础网站",在"站点'计算机基础网站'的模板"中选 index,最后单击"创建"按钮(如图 8.106)。

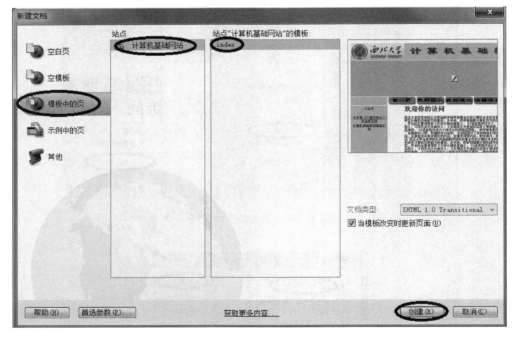

图 8.106　"新建文档"示意图

将 Editregion3 和 Editregion4 中的内容对应修改为教师团队对应的内容,然后单击菜单栏"文件"→"保存"命令(如图 8.107)。

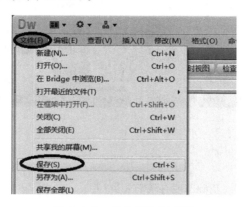

图 8.107　菜单操作示意图

在弹出的"另存为"对话框的"保存在"后选择前面所建站点"计算机基础网站"使用的"本地站点文件夹"路径"G:\jsjjch",在文件名中输入 jshtd.html,最后单击"保存"按钮(如图 8.108)。

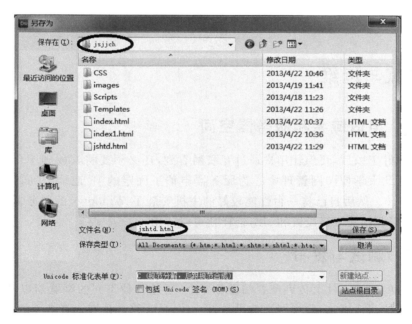

图 8.108　"另存为"示意图

按 F12 键预览(如图 8.109)。

重复前面 5 步,分别根据对应内容新建"教材建设"对应文件 jcjsh.html、"课程体系"对应文件 kchtx.html、"互动问答"对应文件 hdwd.html、"资料下载"对应文件 zlxz.html。按F12 键预览即可单击链接各个网页了。

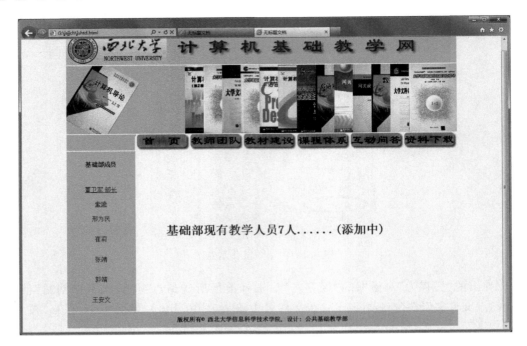

图 8.109　结果示意图

8.3　测试与运维

8.3.1　申请域名和服务器空间

网站制作好了以后,要想让用户通过互联网看到,还必须要将其放到一台服务器上去。这里首先向西北大学校园网管理中心为服务器申请了固定的 IP 地址,并同时申请了域名 jsj. nwu. edu. cn。然后自己将一台性能较好的主机安装了 Windows 的服务器版,并用申请的 IP 和域名配置相关网络设置和 IIS,这样就可以使用了。

8.3.2　测试与发布

将制作好的网站文件上传到配置的服务器上,通过各种不同的浏览器以及每种浏览器的不同版本来访问该网站,检视网页效果是否一致、是否符合预期。有必要的话对网页文件做进一步的调整,然后重新测试,直到符合预期为止。

8.3.3　维护与推广

测试通过后,网站就可以投入使用了,此时让用户知道网站的存在是最重要的,可以通过搜索引擎注册、做广告、友情链接、论坛帖子等方式进行推广。而在运行过程中,还要对网站功能和内容做及时的更新维护。

习题 8

操作题

1. 使用 Dreamweaver CS5＋Fireworks CS5＋Flash CS5 设计制作一个个人网站,内容不限。

2. 设计制作一个博客网站。

3. 设计制作一个校园网站,要求具有简约的风格。

4. 设计制作一个企业宣传网站,要求有"公司简介"、"案例展示"、"公告"、"联系我们"等子页面。

5. 模仿现有的一些网上购物网站的功能设计制作一个网上购物网站。

中国传统色彩名录

1. 红色系

丹：丹砂的鲜艳红色。

彤：赤色。

炎：红色。

赤：本义火的颜色，即红色。

檀：浅红色，浅绛色。

赭：赤红如赭土的颜料，古人用以饰面。

粉红：浅红色，别称有妃色、杨妃色、湘妃色、妃红色。

品红：比大红浅的红色。

桃红：桃花的颜色，比粉红略鲜润的颜色。

银红：银朱和粉红色颜料配成的颜色。用来形容有光泽的各种红色，尤指有光泽浅红。

大红：正红色，传统的中国红，又称绛色。

绛紫：紫中略带红的颜色。

绯红：艳丽的深红。

胭脂：国画暗红色颜料。

朱红：朱砂的颜色，比大红活泼，也称铅朱、朱色、丹色。

杏红：成熟杏子偏红色的一种颜色。

橘红：柑橘皮所呈现的红色。

枣红：即深红。

棕红：红褐色。

茜色：茜草染的色彩，呈深红色。

火红：火焰的红色，赤色。

赫赤：深红、火红，泛指赤色、火红色。

嫣红：鲜艳的红色。

洋红：橘红色。

殷红：发黑的红色。

酡红：像饮酒后脸上泛现的红色。

海棠红：淡紫红色、较桃红色深一些，是非常妖媚娇艳的颜色。

石榴红：石榴花的颜色，高色度和纯度的红色。

2．黄色系

赤金：足金的颜色。

金色：深黄色带光泽的颜色。

鹅黄：淡黄色。

鸭黄：小鸭毛的黄色。

杏黄：成熟杏子的黄色。

橘黄：柑橘的黄色。

姜黄：指人脸色不正，呈黄白色。

缃色：浅黄色。

橙色：界于红色和黄色之间的混合色。

茶色：一种比栗色稍红的棕橙色至浅棕色。

驼色：一种比肉桂色黄而稍淡和比核桃棕色黄而暗的浅黄棕色。

昏黄：形容天色、灯光等呈幽暗的黄色。

牙色：与象牙相似的淡黄色。

棕色：棕毛的颜色，即褐色。在红色和黄色之间的任何一种颜色。

棕黑：深棕色。

棕黄：浅褐色。

褐色：黄黑色。

枯黄：干枯焦黄。

柳黄：像柳芽样的浅黄色。

葱黄：黄绿色，嫩黄色。

樱草色：淡黄色。

秋香色：浅橄榄色，浅黄绿色。

3．绿色系

缥：绿色而微白。

葱绿：浅绿又略显微黄的颜色。

嫩绿：像刚长出的嫩叶的浅绿色。

柳绿：柳叶的青绿色。

棕绿：绿中泛棕色的一种颜色。

竹青：竹子的绿色。

葱青：淡淡的青绿色。

碧色：青绿色。

碧绿：鲜艳的青绿色。

青碧：鲜艳的青蓝色。

黛绿：墨绿。

草绿：绿而略黄的颜色。

豆绿：浅黄绿色。

艾绿：艾草的颜色，偏苍白的绿色。

油绿：光润而浓绿的颜色。

翡翠色：翡翠鸟羽毛的青绿色。

松柏绿：经冬松柏叶的深绿。

松花绿：亦作松花、松绿，指偏黑的深绿色，墨绿。

4．青色系

黛：青黑色的颜料，古代女子用以画眉。

黛螺：绘画或画眉所使用的青黑色颜料。

黛色：青黑色。

青色：本义是蓝色，一般指深绿色，也指黑色。

青翠：鲜绿。

青白：白而发青，尤指脸没有血色。

鸦青：鸦羽的颜色，即黑而带有紫绿光的颜色。

豆青：浅青绿色。

石青：淡灰绿色。

玉色：玉的颜色，高雅的淡绿、淡青色。

鸭卵青：淡青灰色，极淡的青绿色。

蟹壳青：深灰绿色。

5．蓝色系

蓝：三原色的一种，像晴天天空的颜色。

靛蓝：由植物得到的蓝色染料。

碧蓝：青蓝色。

蔚蓝：类似晴朗天空的颜色的一种蓝色。

宝蓝：鲜艳明亮的蓝色。

藏青：蓝而近黑。

藏蓝：蓝里略透红色。

黛蓝：深蓝色。

蓝灰色：一种近于灰略带蓝的深灰色。

6．紫色系

黛紫：深紫色。

紫色：蓝和红组成的颜色。

紫酱：浑浊的紫色。

酱紫：紫中略带红的颜色。

紫檀：檀木的颜色，也称乌檀色、乌木色。

绀紫：纯度较低的深紫色。

紫棠：黑红色。

青莲：偏蓝的紫色。

栗色：栗壳的颜色，即紫黑色。

雪青：浅蓝紫色。

丁香色：紫丁香的颜色，浅浅的紫色，很娇柔淡雅的色彩。

7．灰白色系

缟：白色。

素：白色、无色。

黪：黑中带黄的颜色。

黎：黑中带黄似黎草色。

黝：淡黑色或微青黑色。

雪白：如雪般洁白。

月白：淡蓝色。

精白：纯白、洁白、净白、粉白。

花白：白色和黑色混杂的。

铅白：铅粉的白色。

银白：带银光的白色。

斑白：夹杂有灰色的白。

灰色：黑色和白色混合成的一种颜色。

藕色：浅灰而略带红的颜色。

苍色：即各种颜色掺入黑色后的颜色，如苍翠、苍黄、苍黑、苍白。

霜色：白霜的颜色。

玄色：赤黑色，黑中带红的颜色，又泛指黑色。

秋色：古以秋为金，其色白，故代指白色。

玄青：深黑色。

乌色：暗而呈黑的颜色。

乌黑：深黑。

漆黑：非常黑的颜色。

墨色：即黑色。

黑色：亮度最低的非彩色的或消色差的物体的颜色，最暗的灰色。

缁色：帛黑色。

黝黑：皮肤暴露在太阳光下而晒成的青黑色。

象牙白：乳白色。

鱼肚白：似鱼腹部的颜色，多指黎明时东方的天色颜色。

8．国画用色

银朱：呈暗粉色。

胭脂：色暗红。用红蓝花、茜草、紫梗三种植物制成的颜料，年代久则有褪色的现象。

朱砂：色朱红。用以画花卉、禽鸟羽毛。

朱膘：色橘红。明度比朱砂高，彩度比朱砂低，用以画花卉。

赭石：色红褐。用以画山石、树干、老枝叶。

石青：色青，依深浅分为头青、二青、三青。用以画叶或山石。

石绿：依深浅分为头绿、二绿、三绿。用以画山石、树干、叶、点苔等。

白粉：亦称胡粉，色白，有蛤粉和铅粉两种。用以画白花、鸟，或调配其他颜料使用。

花青：色藏青。用以画枝叶、山石、水波等。用蓼蓝或大蓝的叶子制成蓝靛，再提炼出来的青色颜料，蓝绿色或藏蓝色。用途相当广，可调藤黄成草绿或嫩绿色。

广花：即广东产的花青。

雌黄：古人用雌黄来涂改文字。

雄黄：中药名。为含硫化砷的矿石。别名石黄、黄石。

石黄：国画颜料，即雄黄。

洋红：色橘红。用以画花卉。

9. 古典文学中的常见用色词语

鎏金：中国传统的一种镀金方法，把溶解在水银里的金子涂刷在银胎或铜胎器物上。

描金：为使器物美观而在其上用金银粉勾图、描绘作为装饰。

花黄：古代妇女的面饰。用金黄色纸剪成星月花鸟等形贴在额上，或在额上涂点黄色。

撒花：织物上的碎花图案。

云斑：在颜色比较淡的或半透明的材料上的暗黑的或无光泽的条纹或斑点。

云母纹：像云母断面及沙子闪烁光泽的纹理。

飞金、泥金、洒金：用金粉或金属粉制成金色涂料，用来装饰笺纸或调和在油漆中涂饰器物。